2025

전기기능사

900제

강성원

2025

전기기능사 필기 900제

인쇄일 2025년 1월 1일 3판 1쇄 인쇄
발행일 2025년 1월 5일 3판 1쇄 발행
등　록 제17-269호
판　권 시스컴2025

ISBN 979-11-6941-490-6 13560
정　가 16,000원

발행처 시스컴 출판사
발행인 송인식
지은이 강성원

주소 서울시 금천구 가산디지털1로 225, 514호(가산포휴) | **홈페이지** www.nadoogong.com
E-mail siscombooks@naver.com | **전화** 02)866-9311 | **Fax** 02)866-9312

발간 이후 발견된 정오 사항은 나두공 홈페이지 도서 정오표에서 알려드립니다(나두공 홈페이지 → 자격증 → 도서정오표).

INTRO

전기는 모든 생활에 있어서 필수적인 동력으로, 사용하는 영역이 점점 늘어나고 있다. 대부분의 에너지를 전기를 통하여 사용하고 있으므로 전기에 기본적인 상식을 가져야 하는 것은 당연한 일이다. 전기에 대한 잘못된 상식은 여러 가지 사고나 화재로 이어질 수 있으므로 각별히 주의해야 한다.

전기기능사는 다른 기능사 시험과 마찬가지로 문제은행식 출제가 이루어지고 있다. 어렵다고 생각되는 공식은 외워서 몇몇 문제에 적용시켜 풀어보면 어렵다고 느껴지지 않을 것이다. 문제의 유형과 공식을 처음에는 외우다시피 하면 다음 문제를 푸는 데 굉장한 도움이 된다. 어렵다는 생각을 버리고 부딪쳐 보자는 식으로 접근하면 쉽게 적응할 수 있다.

이 책의 특징을 보면

첫째, 문제은행식 출제유형에 맞추어 문제를 출제하였다.

둘째, 자주 출제되는 문제는 그대로 수록하여 시험장에서 쉽게 풀 수 있도록 하였다.

셋째, 각 영역마다 빠짐없이 문제를 출제하여 수험에 만전을 기하였다.

넷째, 문제마다 꼼꼼한 해설을 수록하여 반복학습할 수 있도록 하였다.

이 책을 읽는 모든 이들이 고통에서 벗어나 완전한 평화와 행복에 이르기를 기원한다.

전기기능사 시험안내

개요

전기로 인한 재해를 방지하기 위하여 일정한 자격을 갖춘 사람으로 하여금 전기기기를 제작, 제조 조작, 운전, 보수 등을 하도록 하기 위해 자격제도 제정

수행직무

전기에 필요한 장비 및 공구를 사용하여 회전기, 정지기, 제어장치 또는 빌딩, 공장, 주택, 및 전력시설물의 전선, 케이블, 전기기계 및 기구를 설치, 보수, 검사, 시험 및 관리하는 일

실시기관명

한국산업인력공단

실시기관 홈페이지

http://www.q-net.or.kr

진로 및 전망

① 발전소, 변전소, 전기공작물시설업체, 건설업체, 한국전력공사 및 일반사업체나 공장의 전기부서, 가정용 및 산업용 전기 생산업체, 부품제조업체 등에 취업하여 전기와 관련된 제반시설의 관리 및 검사업무 보조 및 담당할 수 있다.

② 전기공사산업기사, 전기공사기사, 전기산업기사, 전기기사 자격증 취득의 첫단계이다.

③ 설치된 전기시설을 유지 · 보수하는 인력과 전기제품을 제작하는 인력수요는 계속될 전망이며, 새롭게 등장하는 신기술의 개발로 상위의 기술수준 습득이 요구되므로 꾸준한 자기개발을 하는 노력이 필요하다.

관련학과

전문계 고등학교의 전기과, 전기제어과, 전기설비과, 전기기계과, 디지탈전기과 등 관련학과

시험과목 및 수수료

구분	시험과목	수수료
필기	1과목 : 전기이론 2과목 : 전기기기 3과목 : 전기설비	14,500원
실기	전기설비작업	106,200원

출제문항수

구분	검정방법	시험시간	문제수
필기	객관식 4지 택일형	1시간	60문항
실기	작업형	5시간 정도 (전기설비작업)	–

합격기준

필기	실기
100점을 만점으로 60점 이상	

전기기능사 시험안내

필기시험 출제기준

(2024.1.1.~2026.12.31. 출제기준)

주요항목	세부항목	세세항목
1. 전기의 성질과 전하에 의한 전기장	1. 전기의 본질	① 원자와 분자 ② 도체와 부도체 ③ 단위계 등
	2. 정전기의 성질 및 특수현상	① 정전기현상 ② 정전기의 특성 ③ 정전기의 특수현상 등
	3. 콘덴서(커패시터)	① 콘덴서(커패시터)의 구조와 원리 ② 콘덴서(커패시터)의 종류 ③ 콘덴서(커패시터)의 연결방법과 용량계산법 ④ 정전에너지 등
	4. 전기장과 전위	① 전기장 ② 전기장의 방향과 세기 ③ 전위와 등전위면 ④ 평행극판 사이의 전기장 등
2. 자기의 성질과 전류에 의한 자기장	1. 자석에 의한 자기현상	① 영구자석과 전자석 ② 자석의 성질 ③ 자석의 용도와 기능 ④ 자기에 관한 쿨롱의 법칙 ⑤ 자기장의 성질 등
	2. 전류에 의한 자기현상	① 전류에 의한 자기장 ② 자기력선의 방향 ③ 도체가 자기장에서 받는 힘 등
	3. 자기회로	① 자기저항 ② 자속밀도 등
3. 전자력과 전자유도	1. 전자력	① 전자력의 방향과 크기 등
	2. 전자유도	① 전자유도작용 ② 자기유도 ③ 상호유도작용 ④ 코일의 접속 ⑤ 전자에너지 등

주요항목	세부항목	세세항목
4. 직류회로	1. 전압과 전류	① 전기회로의 전류 ② 전기회로의 전압 등
	2. 전기저항	① 고유저항 ② 옴의 법칙과 전압강하 ③ 저항의 접속 ④ 전위의 평형 등
5. 교류회로	정현파 교류회로	① 교류 발생원의 특성 ② RLC직병렬접속 ③ 교류전력 등
	3상 교류회로	① 3상교류의 발생과 표시법 ② 3상교류의 결선법 ③ 평형3상회로 ④ 3상전력 등
	비정현파 교류회로	① 비정현파의 의미 ② 비정현파의 구성 ③ 비선형 회로 ④ 비정현파 교류의 성분 등
6. 전류의 열작용과 화학작용	1. 전류의 열작용	① 전류의 발열 작용 ② 전력량과 전력 등
	2. 전류의 화학작용	① 전류의 화학작용 ② 전지 등
7. 변압기	1. 변압기의 구조와 원리	① 변압기의 원리 ② 변압기의 전압과 전류와의 관계 ③ 변압기의 등가회로 ④ 변압기의 종류, 극성, 구조 등
	2. 변압기 이론 및 특성	① 변압기의 정격, 손실, 효율 등
	3. 변압기 결선	① 3상 결선 등
	4. 변압기 병렬운전	① 병렬운전 조건 및 특성 등
	5. 변압기 시험 및 보수	① 변압기의 시험 ② 변압기의 점검 및 보수 등

전기기능사 시험안내

주요항목	세부항목	세세항목
8. 직류기	1. 직류기의 원리와 구조	① 직류기의 개요 ② 직류기의 동작 원리 등
	2. 직류발전기의 종류 및 특성	① 직류발전기의 종류 및 특성 등
	3. 직류전동기의 종류 및 특성	① 직류전동기의 종류 및 특성 등
	4. 진류전동기의 이론 및 용도	① 직류전동기의 유도기전력 ② 속도 및 토크 특성 ③ 속도변동률 등
	5. 직류기의 시험법	① 접지시험 ② 단선 여부에 대한 시험 ③ 권선저항과 절연 저항값 등
9. 유도전동기	1. 유도전동기의 원리와 구조	① 회전원리 ② 회전자기장 ③ 단상유도전동기의 원리 및 구조 등
	2. 유도전동기의 속도제어 및 용도	① 3상 유도전동기 속도제어 원리와 특성 ② 유도전동기의 출력과 토크 특성 등
10. 동기기	1. 동기기의 원리와 구조	① 동기발전기의 원리 및 구조 ② 동기전동기의 원리 등
	2. 동기발전기의 이론 및 특성	① 동기발전기 이론 및 특성에 관한 사항 등
	3. 동기발전기의 병렬운전	① 병렬운전에 필요한 조건 ② 동기발전기의 병렬운전법 등
	4. 동기발전기의 운전	① 동기전동기의 운전에 관한 사항 ② 특수전동기에 관한 사항 등

주요항목	세부항목	세세항목
11. 정류기 및 제어기기	1. 정류용 반도체 소자	① 정류용반도체소자의 종류
	2. 정류회로의 특성	① 다이오드를 이용한 정류회로와 특성 등
	3. 제어 정류기	① 제어정류기에 대한 원리 및 특성 등
	4. 사이리스터의 응용회로	① 사이리스터의 원리 및 특성 등
	5. 제어기 및 제어장치	① 제어기 및 제어장치의 종류와 특성 등
12. 보호계전기	1. 보호계전기의 종류 및 특성	① 보호계전기의 종류 ② 보호계전기의 구조 및 원리 ③ 보호계전기 특성 등
13. 배선재료 및 공구	1. 전선 및 케이블	① 나선 ② 절연전선 ③ 기타절연전선 ④ 코드 ⑤ 케이블 등
	2. 배선재료	① 개폐기 ② 점멸스위치 ③ 콘센트 및 플러그 ④ 소켓류 ⑤ 과전류차단기 ⑥ 누전차단기 등
	3. 전기설비에 관련된 공구	① 게이지의 종류 ② 공구 및 기구 등
14. 전선접속	1. 전선의 피복 벗기기	① 전선 피복 벗기는 방법 등
	2. 전선의 각종 접속방법	① 단선접속 ② 연선접속 ③ 와이어 커넥터를 이용한 접속 ④ 슬리브를 이용한 접속 등
	3. 전선과 기구단자와의 접속	① 직선단자와 기구접속 ② 고리형 단자와 기구접속 등

전기기능사 시험안내

주요항목	세부항목	세세항목
15. 배선설비공사 및 전선허용전류 계산	1. 전선관시스템	① 합성수지관공사 방법 등 ② 금속관공사 방법 등 ③ 금속제 가용전전관공사 방법 등
	2. 케이블트렁킹시스템	① 합성수지몰드공사 방법 등 ② 금속몰드공사 방법 등 ③ 금속트렁킹공사 방법 등 ④ 케이블트렌치공사 방법 등
	3. 케이블턱팅시스템	① 금속덕트공사 방법 등 ② 플로어덕트공사 방법 등 ③ 셀룰러덕트공사 방법 등
	4. 케이블트레이시스템	① 케이블트레이공사 방법 등
	5. 케이블공사	① 케이블공사 방법 등
	6. 저압 옥내배선 공사	① 전등배선 및 배선기구 ② 접지 및 누전차단기 시설 등
	7. 특고압 옥내배선 공사	① 고압 및 특고압 옥내배선 등
	8. 전선 허용전류	① 전선 허용전류 및 단면적 산정 ② 복수 회로 등 전선 허용전류 및 단면적 산정
16. 전선 및 기계기구의 보안공사	1. 전선 및 전선로의 보안	① 전선 및 전선로의 보안공사 등
	2. 과전류 차단기 설치공사	① 과전류 차단기 설치공사 등
	3. 각종 전기기기 설치 및 보안공사	① 각종 전기기기 설치 및 보안공사 등
	4. 접지공사	① 접지공사의 규정 등
	5. 피뢰설비 설치공사	① 피뢰설비 설치공사 등

주요항목	세부항목	세세항목
17. 가공인입선 및 배전선 공사	1. 가공인입선 공사	① 가공인입선의 굵기 및 높이 등
	2. 배전선로용 재료와 기구	① 지지물, 완금, 완목, 애자 및 배선용 기구 등
	3. 장주, 건주(전주세움) 및 가선(전선설치)	① 배전선로의 시설 ② 장주 및 건주 (전주세움) ③ 가선(전선설치)공사 등
	4. 주상기기의 설치	① 주상기기 설치공사 등
18. 고압 및 저압 배전반 공사	1. 배전반 공사	① 배전반의 종류 ② 배전반설치 및 접지공사 ③ 수 · 변전설비 등
	2. 분전반 공사	① 분전반의 종류와 공사 등
19. 특수장소 공사	1. 먼지가 많은 장소의 공사	① 폭연성 분진 또는 화약류 분말이 존재하는 곳의 공사 ② 가연성분진이 존재하는 곳의 공사 ③ 기타공사 등
	2. 위험물이 있는 곳의 공사	① 위험물이 있는 곳의 공사 등
	3. 가연성 가스가 있는 곳의 공사	① 가연성 가스가 있는 곳의 공사 등
	4. 부식성 가스가 있는 곳의 공사	① 부식성 가스가 있는 곳의 공사 등
	5. 흥행장, 광산, 기타 위험 장소의 공사	① 흥행장, 광산, 기타 위험 장소의 공사 등
20. 전기응용시설 공사	1. 조명배선	① 조명공사 등
	2. 동력배선	① 동력배선공사 등
	3. 제어배선	① 제어배선공사 등
	4. 신호배선	① 신호배선공사 등
	5. 전기응용기기 설치공사	① 전기응용기기 설치공사 등

구성 및 특징

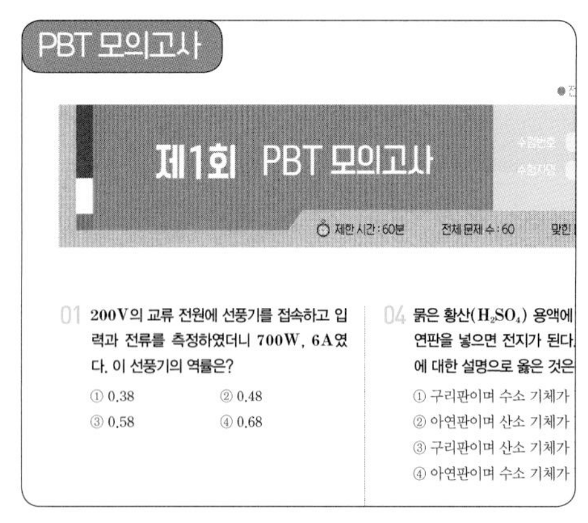
PBT 모의고사

제1회 PBT 모의고사

제한 시간 : 60분 전체 문제 수 : 60 맞힌

01 200V의 교류 전원에 선풍기를 접속하고 입력과 전류를 측정하였더니 700W, 6A였다. 이 선풍기의 역률은?

① 0.38 ② 0.48

③ 0.58 ④ 0.68

04 묽은 황산(H_2SO_4) 용액에 연판을 넣으면 전지가 된다. 에 대한 설명으로 옳은 것은

① 구리판이며 수소 기체가

② 아연판이며 산소 기체가

③ 구리판이며 산소 기체가

④ 아연판이며 수소 기체가

수험생 여러분이 다양한 문제 형식을 접했으면 하는 마음으로 PBT 모의고사를 준비하였습니다. 핵심이론과 관련된 문제들을 수록하였습니다.

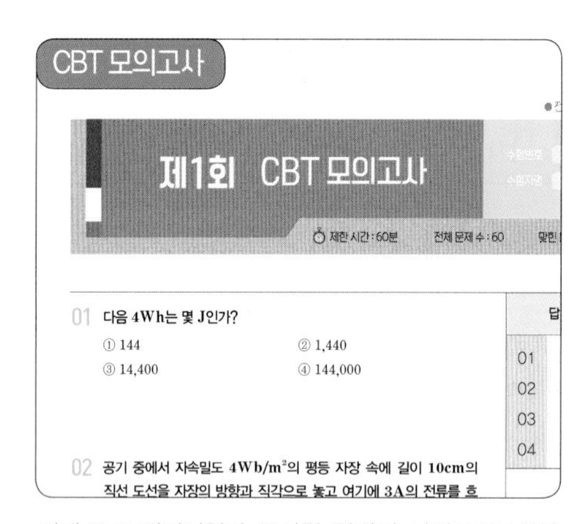
CBT 모의고사

제1회 CBT 모의고사

제한 시간 : 60분 전체 문제 수 : 60 맞힌

01 다음 4Wh는 몇 J인가?

① 144 ② 1,440

③ 14,400 ④ 144,000

02 공기 중에서 자속밀도 $4Wb/m^2$의 평등 자장 속에 길이 10cm의 직선 도선을 자장의 방향과 직각으로 놓고 여기에 3A의 전류를 흐

답

01

02

03

04

실제 CBT 필기시험과 유사한 형태의 실전모의고사를 통해 실제로 시험을 마주하더라도 문제없이 시험에 응시할 수 있도록 5회분을 실었습니다.

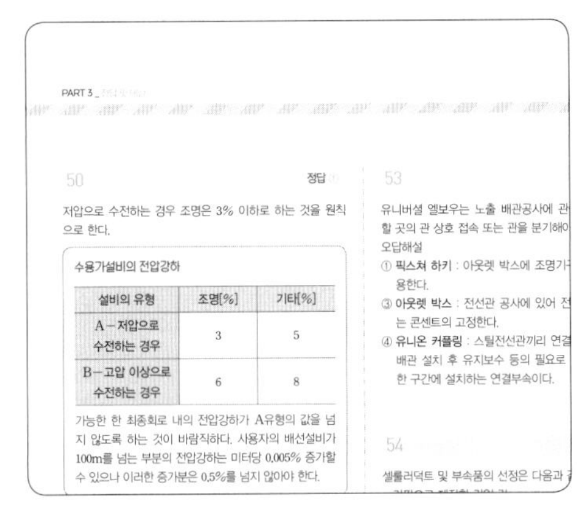
PART 3

50 정답

저압으로 수전하는 경우 조명은 3% 이하로 하는 것을 원칙으로 한다.

수용가설비의 전압강하

설비의 유형	조명[%]	기타[%]
A－저압으로 수전하는 경우	3	5
B－고압 이상으로 수전하는 경우	6	8

가능한 한 최종회로 내의 전압강하가 A유형의 값을 넘지 않도록 하는 것이 바람직하다. 사용자의 배선설비가 100m를 넘는 부분의 전압강하는 미터당 0.005% 증가할 수 있으나 이러한 증가분은 0.5%를 넘지 않아야 한다.

53

유니버설 엘보우는 노출 배관공사에 관
할 곳의 관 상호 접속 또는 관을 분기해야
오답해설
① **픽스쳐 하키** : 아웃렛 박스에 조명기
용한다.
③ **아웃렛 박스** : 전선관 공사에 있어 전
는 콘센트의 고정한다.
④ **유니온 커플링** : 스틸전선관끼리 연결
배관 설치 후 유지보수 등의 필요로
한 구간에 설치하는 연결부속이다.

54

셀룰러덕트 및 부속품의 선정은 다음과

빠른 정답 찾기로 문제를 빠르게 채점할 수 있고, 각 문제의 해설을 상세하게 풀어내어 문제 개념을 이해하기 쉽도록 하였습니다.

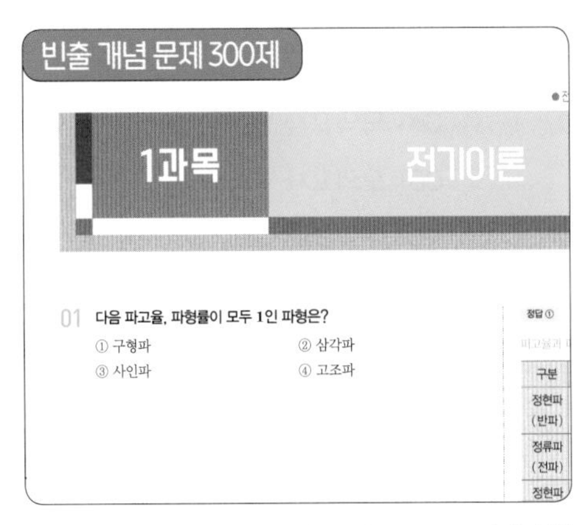
빈출 개념 문제 300제

1과목 전기이론

01 다음 파고율, 파형률이 모두 1인 파형은?

① 구형파 ② 삼각파
③ 사인파 ④ 고조파

정답 ①

구분
정현파 (반파)
정류파 (전파)
정현파

단원별 빈출 개념을 모아서 시험 전 꼭 보고 들어가야 할 300문제를 수록하였습니다. 동일 페이지에서 정답을 바로 확인할 수 있도록 우측에 답안을 배치하였습니다.

목 차

PART 1 PBT 모의고사

PART 2 CBT 모의고사

PART 3 정답 및 해설

PART 4 빈출 개념 문제 300제

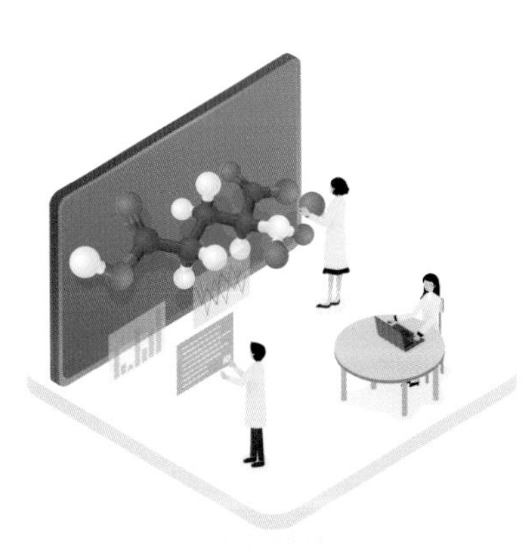

Study Plan

영역		학습일	학습시간	정답 수
PBT 모의고사	1회			/60
	2회			/60
	3회			/60
	4회			/60
	5회			/60
CBT 모의고사	1회			/60
	2회			/60
	3회			/60
	4회			/60
	5회			/60
빈출 개념 문제 300제	전기이론			/100
	전기기기			/100
	전기설비			/100

전기기능사 필기

Craftsman Electricity

CRAFTSMAN ELECTRICITY

PART 1

PBT 모의고사

제1회 PBT 모의고사

수험번호

수험자명

제한 시간 : 60분 전체 문제 수 : 60 맞힌 문제 수 :

01 200V의 교류 전원에 선풍기를 접속하고 입력과 전류를 측정하였더니 700W, 6A였다. 이 선풍기의 역률은?

① 0.38 ② 0.48
③ 0.58 ④ 0.68

02 히스테리시스 곡선에서 가로축과 만나는 점과 관계있는 것은?

① 보자력 ② 기자력
③ 자속밀도 ④ 잔류자기

03 저항의 병렬접속에서 합성저항을 구하는 설명으로 옳은 것은?

① 각 저항값의 역수에 대한 합을 구하면 된다.
② 연결된 저항을 모두 합하면 된다.
③ 저항값의 역수에 대한 합을 구하고 다시 그 역수를 취하면 된다.
④ 각 저항값을 모두 합하고 저항 숫자로 나누면 된다.

04 묽은 황산(H_2SO_4) 용액에 구리(Cu)와 아연판을 넣으면 전지가 된다. 이때 양극(+)에 대한 설명으로 옳은 것은?

① 구리판이며 수소 기체가 발생한다.
② 아연판이며 산소 기체가 발생한다.
③ 구리판이며 산소 기체가 발생한다.
④ 아연판이며 수소 기체가 발생한다.

05 $40\mu F$과 $50\mu F$의 콘덴서를 병렬로 접속한 후 100V의 전압을 가했을 때 전 전하량은 몇 C인가?

① 30×10^{-4} ② 50×10^{-4}
③ 70×10^{-4} ④ 90×10^{-4}

06 어떤 회로의 소자에 일정한 크기의 전압으로 주파수를 2배로 증가시켰더니 흐르는 전류의 크기가 $\frac{1}{2}$로 되었다. 이 소자의 종류는?

① 코일 ② 저항
③ 콘덴서 ④ 다이오드

07 기전력 1.4V, 내부저항이 0.2Ω인 전지 5개를 직렬로 연결하고 이를 단락했을 때의 단락전류(A)는?

① 5　② 7
③ 9　④ 11

08 진공 중에서 같은 크기의 두 자극을 1m 거리에 놓았을 때 작용하는 힘이 6.33×10^4N이 되는 자극의 단위는?

① 1N　② 1J
③ 1Wb　④ 1C

09 물질에 따라 자석에 반발하는 물체를 무엇이라 하는가?

① 비자성체　② 가역성체
③ 상자성체　④ 반자성체

10 다음 (　　)에 들어갈 내용으로 알맞은 것은?

> 자기 인덕턴스 1H는 전류의 변화율이 1A/s일 때 (　　)이/가 발생할 때의 값이다.

① 1N의 힘　② 1V의 기전력
③ 1J의 에너지　④ 1Hz의 주파수

11 콘덴서의 정전용량에 대한 설명으로 틀린 것은?

① 극판의 넓이에 비례한다.
② 전압에 반비례한다.
③ 극판의 간극에 비례한다.
④ 이동 전하량에 비례한다.

12 3kW의 전열기를 정격 상태에서 20분간 사용하였을 때의 열량은 몇 kcal인가?

① 864　② 732
③ 638　④ 562

13 기전력 150V, 내부저항(r)이 25Ω인 전원이 있다. 여기에 부하저항(R)을 연결하여 얻을 수 있는 최대 전력 W은?(단, 최대 전력 전달조건은 $r=R$이다.)

① 210 ② 215
③ 220 ④ 225

14 다음 (   )안에 알맞은 내용으로 적절한 것은?

> 회로에 흐르는 전류의 크기는 저항에 (㉮)하고, 가해진 전압에 (㉯)한다.

① ㉮ 비례, ㉯ 비례
② ㉮ 비례, ㉯ 반비례
③ ㉮ 반비례, ㉯ 비례
④ ㉮ 반비례, ㉯ 반비례

15 R_1Ω, R_2Ω, R_3Ω의 저항 3개를 직렬 접속했을 때의 합성저항 Ω은?

① $R=R_1+R_2+R_3$
② $R=R_1 \cdot R_2 \cdot R_3$
③ $R=\frac{R_1+R_2+R_3}{R_1 \cdot R_2 \cdot R_3}$
④ $R=\frac{R_1 \cdot R_2 \cdot R_3}{R_1+R_2+R_3}$

16 0.2℧의 컨덕턴스 2개를 직렬로 접속하여 3A의 전류를 흘리면서 몇 V의 전압을 공급하면 되는가?

① 25 ② 30
③ 40 ④ 55

17 자속밀도 4Wb/m^{2}의 평등 자장 안에 길이 40cm의 도선을 자장과 30°의 각도로 놓고 5A의 전류를 흘리면 도선에 작용하는 힘은 몇 N인가?

① 4 ② 5
③ 6 ④ 7

18 평행판 콘덴서가 있다. 전극은 반지름이 30cm의 원판이고 전극간격은 0.1cm이며, 유전체의 비유전율은 4이다. 이 콘덴서의 정전 용량 μF은?

① 0.04 ② 0.03
③ 0.02 ④ 0.01

19 변압기의 2차 저항이 0.1Ω일 때 1차로 환산하면 640Ω이 된다. 이 변압기의 권수비는?

① 40 ② 60
③ 80 ④ 100

20 도체가 운동하여 자속을 끊었을 때 기전력의 방향을 알아내는데 편리한 법칙은?

① 렌츠의 법칙
② 플레밍의 왼손법칙
③ 플레밍의 오른손법칙
④ 패러데이의 법칙

21 ON, OFF를 고속도로 변환할 수 있는 스위치이고 직류 변압기 등에 사용되는 회로는?

① 인버터 회로 ② 초퍼 회로
③ 정류기 회로 ④ 컨버터 회로

22 동기 전동기를 송전선의 전압 조정 및 역률 개선에 사용한 것을 무엇이라 하는가?

① 댐퍼 ② 제동권선
③ 동기 이탈 ④ 동기 조상기

23 상전압 400V의 3상 반파 정류회로의 직류 전압은 약 몇 V인가?

① 468V ② 478V
③ 488V ④ 498V

24 다음 중 기동 토크가 가장 큰 전동기는?

① 분상 기동형 ② 콘덴서 모터형
③ 반발 기동형 ④ 셰이딩 코일형

25 전압 변동률이 적고 자여자이므로 다른 전원이 필요 없으며 계자 저항기를 사용한 전압 조정이 가능하므로 전기 화학용, 전지의 충전용 발전기로 가장 적합한 것은?

① 타여자 발전기
② 직류 복권발전기
③ 직류 직권발전기
④ 직류 분권발전기

26 통전 중인 사이리스터를 턴 오프(turn off)하려면?

① 순방향 Anode 전류를 증가시킨다.
② 순방향 Anode 전류를 유지전류 이하로 한다.
③ 역방향 Anode 전류를 통전한다.
④ 게이트 전압을 0 또는 −로 한다.

27 전기 철도에 사용하는 직류전동기로 가장 적합한 것은?

① 직권전동기
② 분권전동기
③ 가동 복권전동기
④ 차동 복권전동기

28 다음 중 변압기의 1차측은?

① 저압측　　② 고압측
③ 부하측　　④ 전원측

29 사용 중인 변류기의 2차를 개방하면?

① 개방단의 전압은 불변하고 안전하다.
② 2차 권선에 110V가 걸린다.
③ 2차 권선에 고압이 유도된다.
④ 1차 전류가 감소한다.

30 직류전동기의 규약 효율을 표시하는 식은?

① $\frac{\text{입력}-\text{손실}}{\text{입력}}\times 100$
② $\frac{\text{입력}}{\text{출력}+\text{입력}}\times 100$
③ $\frac{\text{출력}}{\text{출력}+\text{손실}}\times 100$
④ $\frac{\text{출력}}{\text{입력}}\times 100$

31 슬립이 일정한 경우 유도전동기의 공급 전압이 $\frac{1}{2}$로 감소되면 토크는 처음에 비해 어떻게 되는가?

① $\frac{1}{2}$배가 된다.
② $\frac{1}{4}$배가 된다.
③ 2배가 된다.
④ 4배가 된다.

32 3상 유도전동기의 2차 저항을 2배로 하면 그 값이 2배로 되는 것은?

① 역률 ② 토크
③ 전류 ④ 슬립

33 3상 교류발전기의 기전력에 대하여 90° 늦은 전류가 통할 때의 반작용 기자력은?

① 자극축과 직교하는 교차자화작용
② 자극축보다 90° 늦은 감자작용
③ 자극축과 일치하고 감자작용
④ 자극축보다 90° 빠른 증자작용

34 3상 유도전동기의 회전 방향을 바꾸기 위한 방법으로 옳은 것은?

① 기동보상기를 사용하여 권선을 바꾸어준다.
② 전동기의 1차 권선에 있는 3개의 단자 중 어느 2개의 단자를 서로 바꾸어준다.
③ 전원의 전압과 주파수를 바꾸어준다.
④ Δ−Y 결선으로 결선법을 바꾸어준다.

35 3상 유도전동기의 정격 전압을 V_nV, 출력을 PkW, 1차 전류를 I_1A, 역률을 $\cos\theta$라 하면 효율을 나타내는 식은?

① $\frac{P\times10^3}{3V_nI_1\cos\theta}\times100\%$
② $\frac{3V_nI_1\cos\theta}{P\times10^3}\times100\%$
③ $\frac{P\times10^3}{\sqrt{3}V_nI_1\cos\theta}\times100\%$
④ $\frac{\sqrt{3}V_nI_1\cos\theta}{P\times10^3}\times100\%$

36 부흐홀츠 계전기의 설치 위치로 가장 적당한 곳은?

① 변압기 주 탱크와 콘서베이터 사이
② 콘서베이터 내부
③ 변압기 고압측 부싱
④ 변압기 주 탱크 내부

37 동기발전기의 돌발 단락 전류를 주로 제한하는 것은?

① 권선저항 ② 누설 리액턴스
③ 동기 리액턴스 ④ 역상 리액턴스

38 동기전동기의 V곡선(위상 특성 곡선)에서 종축이 표시하는 것은?

① 단자 전압 ② 계자 전류
③ 토크 ④ 전기자 전류

39 직류발전기의 철심을 규소 강판으로 성층하여 사용하는 주된 이유는?

① 전기자 반작용의 감소
② 기계적 강도 개선
③ 맴돌이 전류손과 히스테리시스손의 감소
④ 브러시에서의 불꽃방지 및 정류개선

40 역률이 좋아 가정용 선풍기, 세탁기, 냉장고 등에 주로 사용되는 것은?

① 콘덴서 기동형
② 분상 기동형
③ 셰이딩 코일형
④ 반발 기동형

41 저압 연접인입선의 시설 방법으로 틀린 것은?

① 옥내를 통과하지 않도록 할 것
② 일반적으로 인입선 접속점에서 인입구 장치까지의 배선은 중도에 접속점을 두지 않도록 할 것
③ 폭 5m를 넘는 도로를 횡단하지 않도록 할 것
④ 인입선에서 분기되는 점에서 150m를 넘지 않도록 할 것

42 금속 덕트 공사에서 전광표시장치 또는 제어회로용 배선만을 공사할 때 절연전선의 단면적은 금속 덕트 내 몇 % 이하이어야 하는가?

① 20% ② 50%
③ 60% ④ 90%

43 금속 전선관 공사에 사용되는 후강 전선관의 규격이 아닌 것은?

① 12 ② 16
③ 28 ④ 82

44 금속몰드공사 시 사용전압은 몇 V 이하이어야 하는가?

① 100V ② 200V
③ 400V ④ 500V

45 애자공사에서 전선의 지지점 간의 거리는 전선을 조영재의 윗면 또는 옆면에 따라 붙이는 경우에는 몇 m 이하인가?

① 1m ② 2m
③ 3m ④ 5m

46 전기공사 시공에 필요한 공구사용법의 설명 중 틀린 것은?

① 합성수지 가요전선관의 굽힘 작업을 위해 토치램프를 사용한다.
② 금속 전선관의 굽힘 작업을 위해 파이프 벤더를 사용한다.
③ 콘크리트의 구멍을 뚫기 위한 공구로 타격용 임팩트 전기드릴을 사용한다.
④ 스위치 박스에 전선관용 구멍을 뚫기 위해 녹아웃 펀치를 사용한다.

47 전주의 길이가 16m이고, 설계하중이 6.8kN 이하의 철근콘크리트주를 시설할 때 땅에 묻히는 깊이는 몇 m 이상이어야 하는가?

① 1m ② 1.5m
③ 2m ④ 2.5m

48 애자공사에서 전선 상호 간의 간격은 몇 cm 이상이어야 하는가?

① 3cm ② 5cm
③ 6cm ④ 10cm

49 금속관을 구부릴 때 금속관의 단면이 심하게 변형되지 아니하도록 구부려야 하며 그 안쪽의 반지름은 관 안지름의 몇 배 이상이 되어야 하는가?

① 3 ② 6
③ 9 ④ 10

50 전선을 접속할 경우에 대한 설명으로 옳지 않은 것은?

① 전선의 세기를 80% 이상 감소시키지 않아야 한다.
② 접속 부분의 전기저항이 증가되지 않아야 한다.
③ 알루미늄 전선과 동선을 접속하는 경우 전기적 부식이 생기지 않도록 해야 한다.
④ 접속부분은 접속기구를 사용하거나 납땜을 하여야 한다.

51 연피 케이블을 직접 매설식에 의하여 차량 기타 중량물의 압력을 받을 우려가 있는 장소에 시설하는 경우 매설 깊이는 몇 m 이상이어야 하는가?

① 0.3m ② 0.5m
③ 0.8m ④ 1.0m

52 3상 4선식 380/220V 전로에서 전원의 중성극에 접속된 전선을 무엇이라 하는가?

① 접지측선 ② 중성선
③ 접지선 ④ 전원선

53 역률 개선의 효과로 볼 수 없는 것은?

① 설비용량의 이용률 증가
② 전력손실 감소
③ 감전사고 감소
④ 전압강하 감소

54 450/750V 일반용 유연성 단심 비닐절연전선의 약호는?

① NR ② NRI
③ NF ④ NFI

55 빛의 밝기를 표현할 때 사용하는 것으로 단위면적당 입사광속은?

① 휘도 ② 광도
③ 광속 ④ 조도

56 다음 중 금속전선관의 호칭을 맞게 서술한 것은?

① 박강은 내경, 후강은 외경으로 mm로 나타낸다.
② 박강은 외경, 후강은 내경으로 mm로 나타낸다.
③ 박강, 후강 모두 내경으로 mm로 나타낸다.
④ 박강, 후강 모두 외경으로 mm로 나타낸다.

57 $10mm^2$ 이상의 굵은 단선의 분기 접속은 어떤 분기 접속으로 하는가?

① 단권 분기접속
② 트위스트 분기접속
③ 브리타니어 분기접속
④ 복권 분기접속

58 저압 가공전선 또는 고압 가공전선을 일반장소에 설치할 경우 전선의 표시상 최소 높이는?

① 6m ② 7m
③ 8m ④ 9m

59 지지물의 지선에 연선을 사용하는 경우 소선 몇 가닥 이상의 연선을 사용하는가?

① 2 ② 3
③ 5 ④ 10

60 절연전선의 피복에 “15kV NRV”라고 표시되어 있다. 여기서 NRV는 무엇을 나타내는가?

① 고무절연 폴리에틸렌 시스 네온전선
② 폴리에틸렌 절연 비닐 시스 네온전선
③ 형광등 전선
④ 고무절연 비닐 시스 네온전선

제2회 PBT 모의고사

수험번호
수험자명

제한 시간 : 60분 전체 문제 수 : 60 맞힌 문제 수 :

01 공기 중에서 자기장의 세기가 100A/m인 점에 4×10^{-2}Wb의 자극을 놓을 때 이 자극에 작용하는 기자력은?

① 4×10^{-4}N ② 4N
③ 40N ④ 4×10^{2}N

02 평행한 두 도체에 같은 방향의 전류를 흘렸을 때 두 도체 사이에 작용하는 힘은 어떻게 되는가?

① 흡인력이 작용한다.
② 반발력이 작용한다.
③ 힘은 0이다.
④ $\frac{I}{2\pi r}$의 힘이 작용한다.

03 L－C 병렬 회로에 EV의 전압을 가할 때 전전류가 0이 되려면 주파수 fHz는?

① $f=2\pi\sqrt{LC}$ ② $f=\frac{\sqrt{LC}}{2\pi}$
③ $f=\frac{1}{2\pi\sqrt{LC}}$ ④ $f=\frac{2\pi}{\sqrt{LC}}$

04 다음 콘덴서의 정전 용량이 커지면 용량 리액턴스는?

① 무한대가 된다.
② 같다.
③ 커진다.
④ 작아진다.

05 평형 3상 교류회로에서 △부하의 한 상의 임피던스가 $Z_\triangle$일 때 등가 변환한 Y부하의 한 상의 임피던스 Z_Y는 얼마인가?

① $Z_Y=\frac{1}{\sqrt{3}}Z_\triangle$ ② $Z_Y=\frac{1}{3}Z_\triangle$
③ $Z_Y=3Z_\triangle$ ④ $Z_Y=\sqrt{3}Z_\triangle$

06 $R=3\Omega$, $\omega L=8\Omega$, $\frac{1}{\omega C}=4\Omega$인 RLC 직렬회로의 임피던스는 몇 Ω인가?

① 5 ② 6.5
③ 9.4 ④ 12

07 다음 중 전기 화학당량에 대한 설명 중 옳지 않은 것은?

① 화학당량은 원자량을 원자가로 나눈 값이다.
② 전기 화학당량의 단위는 g/C이다.
③ 1g 당량을 석출하는데 필요한 전기량은 물질에 따라 다르다.
④ 전기 화학당량은 화학당량에 비례한다.

08 다음 전기장에 대한 설명으로 옳지 않은 것은?

① 대전된 도체 내부의 전하 및 전기장은 모두 0이다.
② 대전된 무한장 원통의 내부 전기장은 0이다.
③ 대전된 구(球)의 내부 전기장은 0이다.
④ 도체 표면의 전기장은 그 표면에 평행이다.

09 다음 중 상자성체는 어느 것인가?

① 철　② 공기
③ 탄소　④ 금

10 전선에 안전하게 흘릴 수 있는 최대 전류는?

① 허용전류　② 과도전류
③ 맥동전류　④ 전도전류

11 다음 무효전력의 단위를 나타낸 것은?

① VA　② W
③ Var　④ kW

12 정전용량이 같은 콘덴서가 100개가 있다. 이것을 병렬 접속할 때의 값은 직렬 접속할 때의 값보다 어떻게 되는가?

① $\frac{1}{10,000}$로 감소한다.
② $\frac{1}{100}$로 감소한다.
③ 100배 증가한다.
④ 10,000배 증가한다.

13 1Ah는 몇 C인가?

① 2,400 ② 3,600
③ 4,800 ④ 6,200

14 3분간에 432,000J의 일을 하였다. 그 전력은 얼마인가?

① 2.4kW ② 24kW
③ 7.3kW ④ 73kW

15 역률 0.8, 유효전력 4,000kW인 부하의 역률을 100%로 하기 위한 콘덴서의 용량 kVA은?

① 1,000 ② 2,000
③ 3,000 ④ 4,000

16 자체 인덕턴스가 L_1, L_2인 두 코일을 직렬로 접속하였을 때 합성 인덕턴스를 나타낸 식은?

① $L_1+L_2\pm M$
② $L_1-L_2\pm M$
③ $L_1-L_2\pm 2M$
④ $L_1+L_2\pm 2M$

17 어떤 콘덴서에 V[V]의 전압을 가해서 Q[C]의 전하를 충전할 때 저장되는 에너지 J는?

① $\frac{1}{2}QV$ ② $\frac{1}{2}QV^2$
③ $2QV$ ④ $2QV^2$

18 다음 중 도전율을 나타내는 단위는?

① ℧ · m ② ℧/m
③ Ω ④ Ω · m

19 공기 중에서 mWb의 자극으로부터 나오는 자력선의 총 수는 얼마인가?(단, μ는 물체의 투자율이다.)

① m ② μm
③ $\frac{m}{\mu}$ ④ $\frac{\mu}{m}$

20 전기 전도도가 좋은 순서대로 도체를 나열한 것은?

① 은 → 구리 → 금 → 알루미늄
② 구리 → 은 → 금 → 알루미늄
③ 금 → 은 → 구리 → 알루미늄
④ 알루미늄 → 은 → 구리 → 금

21 일정 전압 및 일정 파형에서 주파수가 상승하면 변압기 철손은 어떻게 변하는가?

① 감소한다.
② 증가한다.
③ 불변이다.
④ 어떤 기간 동안 증가한다.

22 복권발전기의 병렬 운전을 안전하게 하기 위하여 두 발전기의 전기자와 직권 권선의 접촉점에 연결해야 하는 것은?

① 집전환 ② 합성저항
③ 균압선 ④ 브러시

23 4극 80Hz, 슬립 3%인 유도전동기의 회전수는 몇 rpm인가?

① 1,890 ② 2,328
③ 2,456 ④ 2,984

24 전기자 반작용을 보상하는데 효과가 큰 것은?

① 탄소 브러시 ② 보극
③ 균압환 ④ 보상 권선

25 직류 직권전동기의 회전수(N)와 토크(τ)와의 관계는?

① $\tau \propto \frac{1}{N}$
② $\tau \propto \frac{1}{N^2}$
③ $\tau \propto N$
④ $\tau \propto N^{\frac{3}{2}}$

26 단락비가 1.2인 동기발전기의 %동기 임피던스는 약 몇 %인가?

① 83
② 92
③ 102
④ 224

27 변압기의 여자전류가 일그러지는 이유는 무엇 때문인가?

① 선간의 정전용량 때문에
② 누설 리액턴스 때문에
③ 자기 포화와 히스테리시스 현상 때문에
④ 와류 때문에

28 1차 전압이 13,200V, 무부하 전류 0.2A, 철손 100W일 때 여자 어드미턴스는 약 몇 ℧인가?

① 3×10^{-3}℧
② 3×10^{-5}℧
③ 1.5×10^{-3}℧
④ 1.5×10^{-5}℧

29 직류전동기의 출력이 70kW, 회전수가 2,400rpm일 때 토크는 약 몇 kg · m인가?

① 21
② 28
③ 32
④ 45

30 4극 직류 중권발전기의 전기자 도체수 152, 매극의 자속수 0.035Wb, 회전수 1,200rpm 때 기전력은 약 몇 V인가?

① 106
② 153
③ 180
④ 220

31 직류기에서 전기자 반작용을 방지하기 위한 보상권선의 전류의 방향은 어떻게 되는가?

① 계자전류의 방향과 반대이다.
② 전기자 권선의 전류 방향과 같다.
③ 전기자 권선의 전류 방향과 반대이다.
④ 계자권선의 전류 방향과 반대이다.

32 직류발전기의 전기자 반작용에 의하여 나타나는 현상은?

① 직류 전압은 증가한다.
② 코일이 자극의 중성축에 있을 때도 브러시 사이에 전압을 유지시켜 불꽃을 발생한다.
③ 주자속을 감소시켜 유도전압을 증가시킨다.
④ 주자속 분포를 찌그러뜨려 중성축을 고정시킨다.

33 다음 변압기의 자속에 관한 설명으로 옳은 것은?

① 전압과 주파수에 비례한다.
② 전압과 주파수에 반비례한다.
③ 전압에 반비례하고 주파수에 비례한다.
④ 전압에 비례하고 주파수에 반비례한다.

34 전기기기의 냉각 매체로 활용되지 않는 것은?

① 탄소　② 수소
③ 공기　④ 물

35 변압기의 철손은 부하전류와 어떤 관계인가?

① 부하전류에 반비례한다.
② 부하전류에 비례한다.
③ 부하전류와 관계없다.
④ 부하전류의 자승에 비례한다.

36 병렬 운전중인 동기 임피던스 5Ω인 2대의 3상 동기발전기의 유도 기전력에 200V의 전압 차이가 있다면 무효순환전류 A는?

① 10　② 20
③ 50　④ 80

37 직류발전기에서 급전선의 전압강하 보상용으로 사용되는 것은?

① 과복권기 ② 분권기
③ 직권기 ④ 차동복권기

38 슬립이 0.05이고 전원 주파수가 80Hz인 유도전동기의 회로의 주파수 Hz는?

① 1 ② 2
③ 4 ④ 5

39 다음 20kW의 농형 유도전동기를 기동하려고 할 때 가장 적당한 것은?

① 2차저항기동법 ② 권선형기동법
③ 분상기동법 ④ 기동보상기법

40 다음 동기전동기에 관한 설명으로 틀린 것은?

① 여자기가 필요하다.
② 역률을 조정할 수 없다.
③ 기동토크가 작다.
④ 난조가 발생하기 쉽다.

41 다음 접지저항의 측정에 사용되는 측정기는?

① 어스테스터 ② 검류기
③ 변류기 ④ 회로 시험기

42 배전반 및 분전반의 설치 장소로 적합하지 않은 것은?

① 안정된 장소
② 전기회로를 쉽게 조작할 수 없는 장소
③ 은폐된 장소
④ 개폐기를 쉽게 조작할 수 없는 장소

43 가정용 저압 배전전압을 100V에서 220V로 승압하게 된 경우 이점은?

① 정전이 적다.
② 전력손실이 적다.
③ 역률이 좋다.
④ 공사가 간단하다.

44 옥내 배선을 합성수지관 공사에 의하여 실시할 때 사용할 수 있는 단선의 최대 굵기 mm^2는?

① $3mm^2$ ② $5mm^2$
③ $7mm^2$ ④ $10mm^2$

45 전선의 굵기를 측정할 때 사용하는 것은?

① 스패너 ② 와이어 게이지
③ 파이프 포트 ④ 프레셔 툴

46 전선의 단말 처리를 위하여 사용하는 동관 단자는?

① 스프링 와셔 ② 압착단자
③ 코드 패스너 ④ 십자머리볼트

47 전압의 구분에서 고압에 대한 설명으로 옳은 것은?

① 교류는 1kV 이하, 직류는 1.5kV 이하인 것
② 교류는 1kV 이하, 직류는 1.5kV 이상인 것
③ 교류는 1kV를, 직류는 1.5kV를 초과하고 7kV 이하인 것
④ 7kV를 초과하는 것

48 옥외용 비닐 절연전선의 약호는?

① CV ② DV
③ OW ④ OC

49 지선의 중간에 넣는 애자의 명칭은?

① 핀애자 ② 구형애자
③ 인류애자 ④ 곡핀애자

50 저압으로 수전한다고 할 때 수용가 설비의 인입구로부터 기기까지의 전압 강하는 조명인 경우 몇 % 이하로 하는 것을 원칙으로 하는가?

① 3% ② 5%
③ 9% ④ 153%

51 애자공사에 대한 설명 중 틀린 것은?

① 사용전압이 400V 이하이면 전선과 조영재의 간격은 2.5cm 이상일 것
② 사용전압이 220V이면 전선과 조영재의 이격거리는 2.5cm 이상일 것
③ 전선을 조영재의 옆면을 따라 붙일 경우 전선 지지점 간의 거리는 3m 이하일 것
④ 사용전압이 400V 이하이면 전선 상호 간의 간격은 6cm 이상일 것

52 주상 작업을 할 때 안전 허리띠용 로프는 허리 부분보다 위로 약 몇° 정도 높게 걸어야 가장 안전한가?

① 2~3° ② 3~5°
③ 5~10° ④ 10~15°

53 금속관 공사를 노출로 시공할 때 직각으로 구부러지는 곳에는 어떤 배선기구를 사용하는가?

① 픽스쳐 하키 ② 유니버셜 엘보우
③ 아웃렛 박스 ④ 유니온 커플링

54 셀룰러덕트 공사 시 덕트 상호 간을 접속하는 것과 셀룰러덕트 끝에 접속하는 부속품에 대한 설명으로 적합하지 않은 것은?

① 알루미늄 판으로 특수 제작할 것
② 덕트의 내면과 외면은 녹을 방지하기 위하여 도금 또는 도장을 한 것일 것
③ 부속품의 판 두께는 1.6mm 이상일 것
④ 덕트 끝과 내면은 전선의 피복을 손상하지 않도록 매끈한 것일 것

55 펜치로 절단하기 힘든 굵은 전선의 절단에 사용되는 공구는?

① 와이어 게이지 ② 파이프 렌치
③ 클리퍼 ④ 파이프 커터

56 저압 옥내배선에 애자공사를 할 때 올바른 것은?

① 400V 초과인 경우 전선과 조영재 사이의 이격거리는 30cm 미만
② 전선의 지지점 간의 거리는 조영재의 윗면 및 옆면에 따라 붙일 경우에는 2m 이상일 것
③ 애자공사에 사용되는 애자는 절연성, 난연성 및 내수성과 무관
④ 전선 상호 간의 간격은 6cm 이상

57 금속 전선관 작업에서 나사를 내는 공구는?

① 파이프 렌치 ② 오스터
③ 볼트클리퍼 ④ 파이프 벤더

58 배전반 및 분전반과 연결된 배관을 변경하거나 이미 설치되어 있는 캐비닛에 구멍을 뚫을 때 필요한 공구는?

① 녹아웃펀치 ② 클리퍼
③ 토치캠프 ④ 오스터

59 금속덕트를 조영재에 붙이는 경우 지지점 간의 거리는 몇 m 이하로 하여야 하는가?

① 1m ② 2m
③ 3m ④ 5m

60 금속관 배관공사를 할 때 금속관을 구부리는데 사용하는 공구는?

① 파이프 렌치 ② 파이프 커터
③ 오스터 ④ 히키

제3회 PBT 모의고사

수험번호
수험자명

제한 시간 : 60분 전체 문제 수 : 60 맞힌 문제 수 :

01 Q[C]의 전기량이 도체를 이동하면서 한 일을 W[J]이라 했을 때 전위차 V[V]를 나타내는 관계식으로 옳은 것은?

① $V=QW$ ② $V=\frac{W}{Q}$
③ $V=\frac{Q}{W}$ ④ $V=\frac{1}{QW}$

02 전류에 만들어지는 자기장의 자기력선 방향을 간단하게 알아내는 방법은?

① 앙페르의 오른나사 법칙
② 플레밍의 왼손 법칙
③ 렌츠의 자기 유도 법칙
④ 패러데이의 전자유도 법칙

03 가정용 전등 전압이 300V이다. 이 교류의 최댓값은 몇 V인가?

① 125.2 ② 236.9
③ 282.8 ④ 424.3

04 자기 인덕턴스에 축적되는 에너지에 대한 설명으로 가장 옳은 것은?

① 자기 인덕턴스에 비례하고 전류의 제곱에 비례한다.
② 자기 인덕턴스 및 전류에 비례한다.
③ 자기 인덕턴스와 전류의 제곱에 반비례한다.
④ 자기 인덕턴스 및 전류에 반비례한다.

05 평균 반지름이 5cm이고 감은 횟수 12회의 원형 코일에 5A의 전류를 흐르게 하면 코일 중심의 자장의 세기AT/m는?

① 150 ② 250
③ 600 ④ 700

06 정상상태에서의 원자를 설명한 것으로 옳지 않은 것은?

① 원자는 전체적으로 보면 전기적으로 중성이다.
② 원자를 이루고 있는 양성자의 수는 전자의 수와 같다.
③ 양성자 1개가 지니는 전기량은 전자 1개가 지니는 전기량과 크기가 같다.
④ 양성자와 전자의 극성은 같다.

07 비유전물이 큰 산화티탄 등을 유전체로 사용한 것으로 극성이 없으며 가격에 비해 성능이 우수하여 널리 사용되고 있는 콘덴서는?

① 세라믹 콘덴서 ② 마이카 콘덴서
③ 마일러 콘덴서 ④ 전해 콘덴서

08 가장 일반적인 저항기로 세라믹 봉에 탄소계의 저항체를 구워 붙이고 여기에 나선형으로 홈을 파서 원하는 저항값을 만든 저항기는?

① 어레이 저항기 ② 가변 저항기
③ 탄소피막 저항기 ④ 금속 피막 저항기

09 권수 300회인 코일에 2A의 전류를 흐르게 했을 때 9×10^{-2}Wb의 자속이 쇄교하였다. 이 코일의 자체 인덕턴스 H는?

① 4.5 ② 9
③ 13.5 ④ 15

10 자기력선에 대한 설명으로 틀린 것은?

① 자기력선은 상호간에 교차한다.
② 자석의 N극에서 시작하여 S극에서 끝난다.
③ 자기장의 크기는 그 점에 있어서의 자기력선의 밀도를 나타낸다.
④ 자기장의 방향은 그 점을 통과하는 자기력선의 방향으로 표시한다.

11 전자 냉동기의 원리로 이용되는 것은?

① 패러데이 효과 ② 제어백 효과
③ 톰슨 효과 ④ 펠티에 효과

12 자체 인덕턴스 0.1H의 코일에 5A의 전류가 흐르고 있을 때 축적되는 전자 에너지는?

① 0.5J ② 0.75J
③ 1.25J ④ 1.75J

13 기전력 2.5V, 내부저항 0.2Ω인 전지 10개를 직렬로 연결하여 3Ω의 저항을 가진 전구에 연결할 때 전구에 흐르는 전류 A는?

① 5　② 6
③ 7　④ 8

14 강자성체의 투자율에 대한 설명으로 옳은 것은?

① 투자율은 자속 밀도에 반비례한다.
② 투자율은 자화력에 따라서 크기가 달라진다.
③ 투자율은 매질의 두께에 비례한다.
④ 투자율은 큰 것은 자속이 통하기 어렵다.

15 공심 솔레노이드 내부 자장의 세기가 200AT/m일 때 자속밀도 Wb/m^2는?

① $4\pi \times 10^{-8}$　② $4\pi \times 10^{-7}$
③ $8\pi \times 10^{-6}$　④ $8\pi \times 10^{-5}$

16 일정 전압을 가하고 평행한 전극에 극판 간격을 $\frac{1}{5}$로 줄이면 전기장의 세기는 몇 배로 되는가?

① $\sqrt{5}$　② 5
③ 10　④ 25

17 전기와 자기의 요소를 서로 대칭되게 나타내지 않는 것은?

① 전속밀도－자기량
② 전계－자계
③ 전속－자속
④ 유전율－투자율

18 어떤 정현파 교류의 최댓값이 $V_m = 220V$라면 평균값 V_a는?

① 120.1V　② 130.1V
③ 140.1V　④ 150.1V

19 다음 1kWh는 몇 J인가?

① 1.6×10^6 ② 2.6×10^6
③ 2.6×10^5 ④ 3.6×10^6

20 자기 인덕턴스 20mH와 180mH의 두 코일이 있다. 두 코일 간의 누설 자속이 없다고 하면 코일 상호 인덕턴스 mH는?

① 60 ② 80
③ 90 ④ 120

21 부하의 변동에 대하여 단자전압의 변화가 가장 적은 발전기는?

① 평복권 ② 과복권
③ 직권 ④ 분권

22 그림은 전력제어 소자를 이용한 위상제어 회로이다. 전동기의 속도를 제어하기 위해서 '가' 부분에 사용되는 소자는?

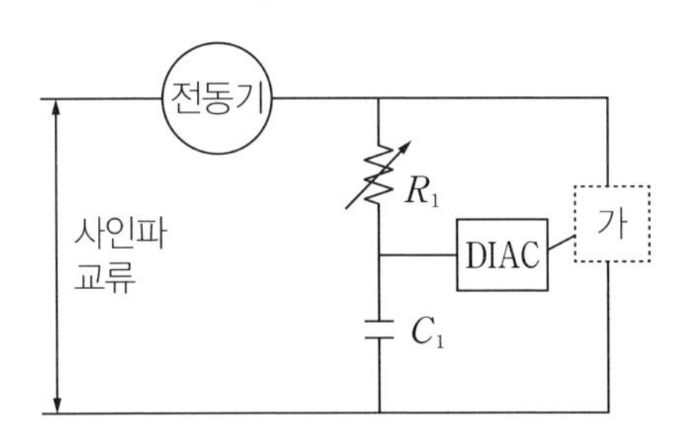

① 레귤레이터 78XX 시리즈
② 제너 다이오드
③ 전력용 트랜지스터
④ 트라이악

23 다음 제동방법 중 급정지하는데 가장 좋은 제동방법은?

① 단상제동 ② 역상제동
③ 발전제동 ④ 회생제동

24 1차 전압 4,800V, 2차 전압 160V, 주파수 60Hz의 변압기가 있다. 이 변압기의 권수비는?

① 10 ② 20
③ 30 ④ 50

25 발전기를 정격전압 120V로 전부하 운전하다가 무부하로 운전하였더니 단자전압이 132V가 되었다. 이 발전기의 전압변동률 %은?

① 5 ② 10
③ 20 ④ 45

26 6극 36슬롯 3상 동기 발전기의 매극 매상당 슬롯수는?

① 2 ② 5
③ 8 ④ 10

27 주파수 60Hz인 동기발전기의 동기속도 rpm는?(단, 극수는 2극이다.)

① 600 ② 1,200
③ 2,400 ④ 3,600

28 일정 전압 및 일정 파형에서 주파수가 상승하면 변압기 히스테리시스손은 어떻게 변하는가?

① 감소한다.
② 증가한다.
③ 불변이다.
④ 어떤 기간 동안 감소한다.

29 단상 유도 전압조정기에서 1차 전원전압을 V_1이라 하고 2차 유도전압을 E_2이라 할 때 부하 단자전압을 연속적으로 가변할 수 있는 조정 범위는?

① V_1+E_2까지
② V_1+E_2에서 V_1-E_2까지
③ $0-V_1$까지
④ V_1-E_2까지

30 전력 계통에 접속되어 있는 변압기나 장거리 송전 시 정전 용량으로 인한 충전특성 등을 보상하기 위한 기기는?

① 동기발전기 ② 유도발전기
③ 동기조상기 ④ 유도전동기

31 동기발전기를 회전계자형으로 하는 이유가 아닌 것은?

① 기계적으로 튼튼하게 만드는데 용이하다.
② 고전압에 견딜 수 있게 전기자 권선을 절연하기가 쉽다.
③ 전기자 단자에 발생한 고전압을 슬립링 없이 간단하게 외부회로에 인가할 수 있다.
④ 전기자가 고정되어 있지 않아 제작비용이 저렴하다.

32 다음 설명에서 (　　)에 들어갈 내용이 바른 것은?

> 권선형 유도전동기에서 2차 저항을 증가시키면 기동전류는 (㉠)하고, 기동 토크는 (㉡)하며, 2차 회로의 역률이 (㉢)되고 최대 토크는 일정하다.

① ㉠ 감소, ㉡ 증가, ㉢ 나빠지게
② ㉠ 감소, ㉡ 감소, ㉢ 좋아지게
③ ㉠ 증가, ㉡ 증가, ㉢ 나빠지게
④ ㉠ 증가, ㉡ 감소, ㉢ 좋아지게

33 B종 절연물의 최고 허용 온도는 몇 ℃인가?

① 90　　② 130
③ 155　　④ 180

34 전기자 저항이 0.1Ω, 전기자 전류 95A, 유도 기전력 124.5V인 직류 분권전동기의 단자 전압은 몇 V인가?

① 80　　② 95
③ 100　　④ 115

35 단상 전압 220V에 소형 선풍기를 접속하였더니 2.5A의 전류가 흘렀다. 이때의 역률이 75%이었다면 이 전동기의 소비전력[W]은?

① 412.5W　　② 375.3W
③ 246.7W　　④ 123.9W

36 변류기 개방 시 2차측을 단락하는 이유는?

① 변류기 유지
② 측정오차 감소
③ 2차측 과전류 보호
④ 2차측 절연보호

37 동기조상기를 부족여자로 운전하면 어떻게 되는가?

① 일부 부하에 대하여 뒤진 역률을 보상한다.
② 리액터로 작용한다.
③ 콘덴서로 작용한다.
④ 여자 전압의 이상 상승이 발생한다.

38 유도전동기에서 원선도 작성 시 필요하지 않는 시험은?

① 무부하 시험 ② 저항측정 시험
③ 슬립측정 ④ 구속시험

39 3상 100kVA, 13,200/200V 변압기의 저압측 선전류의 유효분은 약 몇 A인가?(단, 역률은 80%이다.)

① 230 ② 160
③ 110 ④ 90

40 주상변압기의 고압 측에 여러 개의 탭을 설치하는 이유는?

① 선로 과부하 방지
② 선로 고장 대비
③ 선로 역률 개선
④ 선로 전압조정

41 전기 난방기구인 전기담요나 전기장판의 보호용으로 사용되는 퓨즈는?

① 온도퓨즈 ② 절연퓨즈
③ 유리관퓨즈 ④ 플러그퓨즈

42 하나의 콘센트에 둘 또는 세 가지의 기계기구를 끼워서 사용할 때 사용하는 것은?

① 아이언 플러그 ② 노출형 콘센트
③ 키이리스 소켓 ④ 멀티 탭

43 자동화재탐지설비의 구성요소가 아닌 것은?

① 수신기 ② 비상콘센트
③ 발신기 ④ 감지기

44 옥내배선 공사에서 절연전선의 피복을 벗길 때 사용하면 편리한 공구는?

① 압착펜치 ② 플라이어
③ 와이어 스트리퍼 ④ 드라이버

45 최대 사용 전압이 220V인 3상 유도전동기가 있다. 이것의 절연 내력시험 전압은 몇 V로 하여야 하는가?

① 200V ② 300V
③ 400V ④ 500V

46 가공전선로의 지지물에서 다른 지지물을 거치지 아니하고 수용장소의 인입선 접속점에 이르는 가공전선은?

① 가공인입선 ② 구내인입선
③ 연접인입선 ④ 구내전선로

47 중성선은 어떤 색으로 표시하여야 하는가?

① 갈색 ② 녹색－노란색
③ 청색 ④ 흑색

48 4개소에서 한 등을 자유롭게 점등 점멸할 수 있도록 하기 위해 배선하고자 할 때 필요한 스위치의 수는?(단, SW_3는 3로 스위치, SW_4는 4로 스위치이다.)

① SW_3 4개
② SW_4 4개
③ SW_3 1개, SW_4 3개
④ SW_3 2개, SW_4 2개

49 가연성 가스가 새거나 체류하여 전기설비가 발화원이 되어 폭발할 우려가 있는 곳에 저압 옥내전기설비의 시설방법으로 적합한 것은?

① 금속제가요전선공사
② 금속관공사
③ 애자공사
④ 셀룰러덕트공사

50 저압 연접인입선의 시설과 관련된 설명으로 틀린 것은?

① 전선의 굵기는 0.5mm 이하일 것
② 인입선에서 분기하는 점으로부터 100m를 초과하는 지역에 미치지 아니할 것
③ 폭 5m를 초과하는 도로를 횡단하지 아니할 것
④ 옥내를 통과하지 아니할 것

51 연선 결정에 있어서 중심 소선을 뺀 층수가 2층이다. 소선의 총수 N은 얼마인가?

① 7　② 10
③ 19　④ 25

52 폭발성 분진이 존재하는 곳의 금속관공사에 있어서 관 상호 및 관과 박스 기타의 부속품이나 풀박스 또는 전기 기계기구와의 접속은 몇 턱 이상의 나사 조임으로 접속하여야 하는가?

① 3턱　② 5턱
③ 7턱　④ 9턱

53 작업면에서 천장까지의 높이가 3m일 때 직접 조명인 경우의 광원의 높이는 몇 m인가?

① 0.5m　② 1m
③ 2m　④ 3m

54 물탱크의 수위를 조절하는데 필요로 하는 자동 스위치는?

① FLS　② CS
③ TDR　④ TLRS

55 조명기구를 배광에 따라 분류하는 경우 특정한 장소만을 고조도로 하기 위한 조명기구는?

① 광천장 조명기구 ② 반직접 조명기구
③ 직접 조명기구 ④ 전반확산 조명기구

56 다음 과전류 차단기를 설치해야 하는 곳은?

① 다선식 전로의 중성선
② 인입선
③ 접지공사의 접지도체
④ 저압가공선로의 접지측 전선

57 전선 약호가 CN－CV－W인 케이블의 품명은?

① 동심중성선 수밀형 저독성 난연 전력케이블
② 동심중성선 차수형 저독성 난연 전력케이블
③ 동심중성선 차수형 전력케이블
④ 동심중성선 수밀형 전력케이블

58 배전 선로의 보안장치로서 주상변압기의 2차측이나 저압 분기회로의 분기점에 설치하는 것은?

① 캐치 홀더 ② 콘덴서
③ 피뢰기 ④ 컷 아웃 스위치

59 엘리베이터 장치를 시설할 때 승강기 내에 사용하는 전등 및 전기 기계기구에 사용할 수 있는 최대 전압은?

① 200V ② 300V
③ 400V ④ 500V

60 다음 지중전선로의 매설방법이 아닌 것은?

① 암거식 ② 행거식
③ 관로식 ④ 직접 매설식

제4회 PBT 모의고사

수험번호
수험자명

제한 시간 : 60분 전체 문제 수 : 60 맞힌 문제 수 :

01 그림과 같은 회로에서 합성저항은 몇 [Ω]인가?

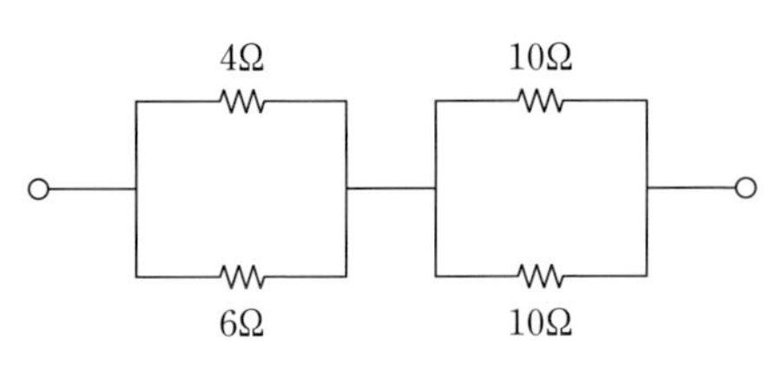

① 7.4 ② 6.3
③ 5.1 ④ 4.9

02 다음 ( ) 안에 들어갈 내용이 바르게 된 것은?

> 배율기는 (㉠)의 측정범위를 넓히기 위한 목적으로 사용하는 것으로서 (㉡)로 접속하는 저항기를 말한다.

① ㉠ 전압계, ㉡ 병렬
② ㉠ 전압계, ㉡ 직렬
③ ㉠ 전류계, ㉡ 직렬
④ ㉠ 전류계, ㉡ 병렬

03 다음 VA는 무엇을 나타내는 단위인가?

① 역률 ② 무효전력
③ 유효전력 ④ 피상전력

04 다음 정전용량 C_1, C_2를 병렬로 접속하였을 때의 합성 정전용량은?

① C_1+C_2 ② $\frac{1}{C_1+C_2}$
③ $\frac{1}{C_1}+\frac{1}{C_2}$ ④ $\frac{C_1C_2}{C_1+C_2}$

05 다음 자기저항의 단위는?

① AT/m ② X/AT
③ AT/Wb ④ Wb/AT

06 26C의 전기량이 이동해서 169J의 일을 했을 때 기전력은?

① 3V ② 6.5V
③ 13V ④ 15.5V

07 진공 중의 두 점전하 Q_1[C], Q_2[C]가 거리 r[m] 사이에서 작용하는 정전력 [N]의 크기를 옳게 나타낸 것은?

① $9\times10^9\times\dfrac{Q_1Q_2}{r_2}$

② $9\times10^9\times\dfrac{Q_1Q_2}{r}$

③ $6.33\times10^4\times\dfrac{Q_1Q_2}{r_2}$

④ $6.33\times10^4\times\dfrac{Q_1Q_2}{r}$

08 $\omega L=10\Omega$, $\dfrac{1}{\omega C}=35\Omega$의 LC 직렬회로에 150V의 교류를 가할 때 전류(A)는?

① 3A, 유도성 ② 3A, 용량성
③ 6A, 유도성 ④ 6A, 용량성

09 임의의 폐회로에서 키르히호프의 제2법칙을 가장 잘 나타낸 것은?

① 전압 강하의 합=합성 저항의 합
② 기전력의 합=전압 강하의 합
③ 기전력의 합=합성 저항의 합
④ 합성 저항의 합=회로 전류의 합

10 전원과 부하가 다 같이 △결선된 3상 평형회로가 있다. 상전압이 200V, 부하 임피던스가 $Z=6+j8\Omega$인 경우 선전류는 몇 A인가?

① 10 ② 20
③ $20\sqrt{3}$ ④ $30\sqrt{3}$

11 다음 자기회로에 자성체를 사용하는 이유는?

① 자기저항을 감소시키기 위하여
② 주자속을 감소시키기 위해
③ 자기저항을 증가시키기 위해
④ 주자속을 증가기 위해

12 그림과 같은 RL 병렬회로에서 $R=25\Omega$, $\omega L=\dfrac{100}{3}\Omega$일 때 200V의 전압을 가하면 코일에 흐르는 전류 I_LA은?

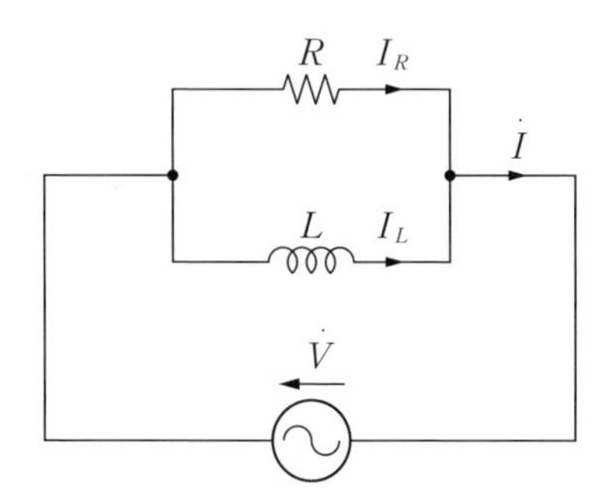

① 2.6 ② 4.2
③ 5.8 ④ 6.0

13 $I=8+j6\mathrm{A}$로 표시되는 전류의 크기 I는 몇 A인가?

① 6　② 10
③ 14　④ 20

14 전류에 의한 자기장과 직접적으로 관련이 없는 것은?

① 플레밍의 왼손 법칙
② 비오－사바르의 법칙
③ 줄의 법칙
④ 앙페르의 오른나사의 법칙

15 5V의 기전력으로 300C의 전기량이 이동할 때 몇 J의 일을 하게 되는가?

① 900　② 1,200
③ 1,500　④ 1,800

16 2전력계법으로 3상 전력을 측정할 때 지시값이 $P_1=200\mathrm{W}$, $P_2=200\mathrm{W}$이었다. 부하전력 W은?

① 100　② 200
③ 300　④ 400

17 기전력 1.5V, 내부저항 0.1Ω인 전지 20개를 직렬로 연결하고 이를 1Ω의 외부저항에 연결했을 때의 전류 A는?

① 3　② 5
③ 10　④ 20

18 Y결선에서 선간전압이 380V이면 상전압은 약 몇 V인가?

① 100　② 152
③ 220　④ 258

19 **전류를 흐르게 하는 능력을 무엇이라 하는가?**

① 저항　　② 중성자
③ 전기량　　④ 기전력

20 **$L = 0.05\text{H}$의 코일에 흐르는 전류가 0.05sec 동안에 2A가 변했다. 코일에 유도되는 기전력 V은?**

① 2V　　② 5V
③ 10V　　④ 20V

21 **동기발전기의 권선을 분포권으로 사용하는 이유로 옳은 것은?**

① 권선의 누설 리액턴스가 커진다.
② 집중권에 비하여 합성 유기기전력이 높아진다.
③ 전기자 권선이 과열되어 소손되기 쉽다.
④ 파형이 좋아진다.

22 **동기전동기를 송전선의 전압 조정 및 역률 개선에 사용한 것은?**

① 동기 조상기　　② 댐퍼
③ 제동권선　　④ 동기 이탈

23 **변압기 기름의 구비조건이 아닌 것은?**

① 절연내력이 클 것
② 점도가 낮을 것
③ 응고점이 높을 것
④ 산화하지 않을 것

24 **직류전동기 운전 중에 있는 기동저항기에서 정전이 되거나 전원 전압이 저하되었을 때 핸들을 기동 위치에 두어 전압이 회복될 때 재가동할 수 있도록 하는 것은?**

① 기동저항기　　② 무전압계전기
③ 계자제어기　　④ 과부하개방기

25 아크 용접용 변압기가 일반 전력용 변압기와 다른 점은?

① 누설 리액턴스가 크다.
② 효율이 높다.
③ 역률이 좋다.
④ 권선의 저항이 크다.

26 변압기의 백분율전압강하가 2%, 백분율리액턴스강하가 3%일 때 부하역률이 80인 변압기의 전압변동률 %은?

① 3.1　② 3.2
③ 3.3　④ 3.4

27 권수비 30인 변압기의 저압측 전압이 10V인 경우 극성시험에서 가극성과 감극성의 전압 차이는 몇 V인가?

① 10　② 20
③ 30　④ 40

28 3상 동기발전기 병렬운전의 조건이 아닌 것은?

① 회전수가 같을 것
② 주파수가 같을 것
③ 전압 위상이 같을 것
④ 전압의 크기가 같을 것

29 다음 중 유도전동기에서 비례추이를 할 수 있는 것은?

① 출력　② 효율
③ 역률　④ 2차 동손

30 동기기 운전 시 안정도 증진법이 아닌 것은?

① 동기 임피던스를 작게 한다.
② 단락비를 크게 한다.
③ 회전자의 플라이휠 효과를 크게 한다.
④ 역상 임피던스를 작게 한다.

31 직류 스테핑 모터의 특징으로 다음 중 가장 옳은 것은?

① 공작 기계에 많이 사용한다.
② 출력을 이용하여 특수기계의 속도, 거리, 방향 등을 정확하게 제어할 수 있다.
③ 교류 동기 서보 모터에 비하여 효율이 나쁘고 토크 발생이 작다.
④ 입력되는 전기신호에 따라 계속하여 회전한다.

32 부하의 저항을 어느 정도 감소시켜도 전류는 일정하게 되는 수하특성을 이용하여 정전류를 만드는 곳이나 아크용접 등에 사용되는 직류발전기는?

① 분권발전기　② 직권발전기
③ 차동복권발전기　④ 가동복권발전기

33 다음 변압기의 극성에 관한 설명으로 틀린 것은?

① 1차와 2차 권선에 유기되는 전압의 극성이 서로 반대이면 감극성이다.
② 우리나라는 감극성이 표준이다.
③ 병렬운전 시 극성을 고려해야 한다.
④ 3상결선 시 극성을 고려해야 한다.

34 슬립 $S=5\%$, 2차 저항 $r_2=0.1\Omega$인 유도전동기의 등가저항 $R\Omega$은 얼마인가?

① 0.1　② 0.7
③ 1.3　④ 1.9

35 3상 동기발전기의 상간 접속을 Y결선으로 하는 이유 중 틀린 것은?

① 선간전압에 제3고조파가 나타나지 않는다.
② 같은 선간전압의 결선에 비하여 절연이 어렵다.
③ 선간전압이 상전압의 $\sqrt{3}$배가 된다.
④ 중성점을 이용할 수 있다.

36 6극 직렬권 발전기의 전기자 도체수 300, 매극 자속 0.02Wb, 회전수 900rpm일 때 유도기전력 V은?

① 270　② 230
③ 120　④ 70

37 주파수 60Hz의 회로에 접속되어 슬립 3%, 회전수 $1{,}164\text{rpm}$으로 회전하고 있는 유도 전동기의 극수는?

① 2 ② 4
③ 6 ④ 10

38 변압기의 2차 저항이 0.2Ω일 때 1차로 환산하면 720Ω이 된다. 이 변압기의 권수비는?

① 30 ② 60
③ 90 ④ 100

39 3상 유도전동기의 회전 방향을 바꾸기 위한 방법으로 가장 옳은 것은?

① 전동기에 가해지는 3개의 단자 중 어느 2개의 단자를 서로 바꾸어준다.
② 전원의 주파수를 바꾼다.
③ 기동보상기를 사용한다.
④ $\Delta-\text{Y}$결선을 한다.

40 동기발전기의 전기자 반작용에서 어떤 역률 $\cos\theta$의 전류 I가 흐를 때 $I\cos\theta$를 나타내는 것은?

① 자화작용 ② 감자작용
③ 직축 자화작용 ④ 횡축 반작용

41 전선을 접속하는 방법으로 틀린 것은?

① 전선의 세기는 40% 이상 감소시키지 않아야 한다.
② 전기저항이 증가되지 않아야 한다.
③ 알루미늄을 접속할 때는 고시된 규격에 맞는 접속관 등의 접속기구를 사용한다.
④ 접속 부분은 와이어 커넥터 등 접속기구를 사용하거나 납땜을 한다.

42 절연전선을 서로 접속할 때 사용하는 방법이 아닌 것은?

① 압축 슬리브에 의한 접속
② 슬리브에 의한 접속
③ 와이어 커넥터에 의한 접속
④ 커플링 접속

43 저압 가공 인입선의 인입구에 사용하여 금속관 공사에서 끝 부분의 빗물 침입을 방지하는데 적당한 것은?

① 부싱 ② 엔트런스 캡
③ 터미널 캡 ④ 플로어 박스

44 일반적으로 과전류 차단기를 설치하여야 할 곳은?

① 저압 가공선로의 접지측 전선
② 다선식 전로의 중성선
③ 송배전선의 보호용, 인입선 등 분기선을 보호하는 곳
④ 접지공사의 접지선

45 교통신호등의 제어장치로부터 신호등의 전구까지의 전로에 사용하는 전압은 몇 V 이하인가?

① 100V ② 200V
③ 300V ④ 500V

46 연선 결정에 있어서 중심 소선을 뺀 층수가 3층이다. 소선의 총수 N은 얼마인가?

① 19 ② 37
③ 41 ④ 75

47 제1종 가요전선관을 구부릴 때 곡률 반지름은 관 안지름의 몇 배 이상으로 하는가?

① 3배 ② 6배
③ 9배 ④ 10배

48 과전류 차단기 B종 퓨즈는 정격전류의 몇 %에서 용단되지 않아야 하는가?

① 80 ② 90
③ 110 ④ 130

49 다음 (　　) 안에 알맞은 내용은?

> 고압 및 특고압용 기계기구의 시설에 있어 고압은 지표상 (㉠) 이상(시가지에 시설하는 경우), 특고압은 지표상 (㉡) 이상의 높이에 시설하고 사람이 접촉될 우려가 없도록 시설하여야 한다.

① ㉠ 4.5m, ㉡ 5m
② ㉠ 4.5m, ㉡ 10m
③ ㉠ 5.5m, ㉡ 5m
④ ㉠ 5.5m, ㉡ 10m

50 합성수지관 상호 간 및 관과 박스 접속 시에 삽입하는 깊이를 관 바깥지름의 몇 배 이상으로 하여야 하는가?

① 0.6　② 0.9
③ 1.2　④ 2.0

51 접지 저항값에 가장 큰 영향을 주는 것은?

① 온도　② 대지저항
③ 접지선의 굵기　④ 접지전극의 크기

52 다음 합성수지관 공사에 관한 설명으로 틀린 것은?

① 전선은 절연전선(옥외용 비닐 절연전선을 제외한다.)일 것
② 관의 지지점 간의 거리는 1.2m 이하로 할 것
③ 합성수지관 안에는 전선에 접속점이 없도록 할 것
④ 관 상호 간 및 박스와는 관을 삽입하는 관의 바깥지름의 1.2배 이상으로 할 것

53 다음 중 특고압인 것은?

① 2,000V 이하　② 5,000V 이하
③ 7,000V 초과　④ 7,000V 이하

54 셀룰로이드, 성냥, 석유류 등 기타 가연성 위험물질을 제조 또는 저장하는 장소의 배선으로 적합하지 않은 것은?

① 플로어덕트공사　② 합성수지관공사
③ 케이블공사　④ 금속관공사

55 전기설비기술기준에 의하여 애자공사를 건조한 장소에 시설하고자 한다. 사용 전압이 400V 이하인 경우 전선과 조영재 사이에 이격거리는 최소 몇 cm 이상이어야 하는가?

① 2.1cm ② 2.5cm
③ 3.2cm ④ 5.6cm

56 금속전선관 공사에 사용되는 후강 전선관의 규격이 아닌 것은?

① 16 ② 22
③ 50 ④ 104

57 다음 중 덕트 도중에 부하를 접속할 수 없도록 한 것은?

① 트롤리 버스 덕트
② 플러그인 버스 덕트
③ 플로어 버스 덕트
④ 피더 버스 덕트

58 수전설비의 저압 배전반 앞에서 계측기를 판독하기 위하여 앞면과 최소 몇 m 이상 유지할 것을 원칙으로 하고 있는가?

① 1.5m ② 1.4m
③ 1.2m ④ 0.6m

59 정크션 박스 내에서 전선을 접속할 수 있는 것은?

① 코드 파스너 ② 슬리버
③ 와이어 커넥터 ④ 코드놋트

60 다음 지선의 중간에 넣는 애자는?

① 인류애자 ② 구형애자
③ 내장애자 ④ 고압애자

제5회 PBT 모의고사

수험번호
수험자명

제한 시간 : 60분 전체 문제 수 : 60 맞힌 문제 수 :

01 10Ω의 저항회로에 $e=100\sin(377t+\frac{\pi}{3})$V의 전압을 가했을 때 $t=0$에서의 순시전류는 몇 V인가?

① 5 ② $5\sqrt{3}$
③ 6 ④ $6\sqrt{2}$

02 RL 직렬회로에서 임피던스(Z)의 크기를 나타내는 식은?

① $R^2+X_L^2$ ② $R^2-X_L^2$
③ $\sqrt{R^2+X_L^2}$ ④ $\sqrt{R^2-X_L^2}$

03 다음 자기회로의 누설계수를 나타낸 식은?

① $\frac{\text{누설자속}+\text{유효자속}}{\text{유효자속}}$
② $\frac{\text{누설자속}+\text{유효자속}}{\text{전자속}}$
③ $\frac{\text{누설자속}}{\text{전자속}}$
④ $\frac{\text{누설자속}}{\text{유효자속}}$

04 4Ω, 9Ω, 12Ω의 3개 저항을 병렬 접속할 때 합성저항은 약 몇 Ω인가?

① 9 ② 8.33
③ 3.65 ④ 2.25

05 공기 중에서 전하로부터 3×10^{-7}C인 10cm 떨어진 점의 전위 V는?

① 27×10^{-3} ② 27×10^{3}
③ 18×10^{3} ④ 18×10^{-3}

06 다음 회로의 합성 정전용량 μF은?

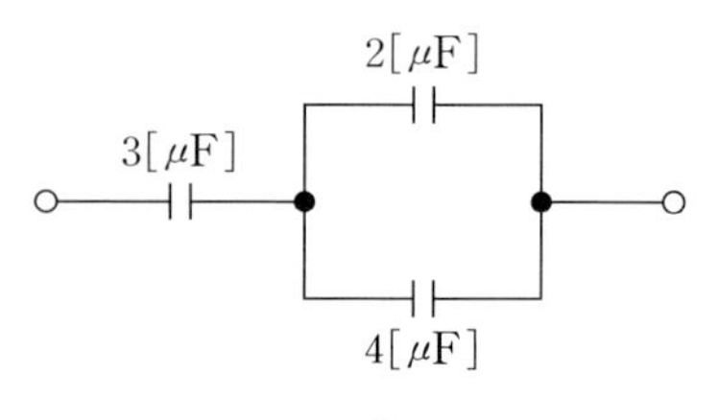

① 2 ② 3
③ 4 ④ 5

07 전류의 열작용과 관계가 있는 법칙은?

① 옴의 법칙 ② 플레밍의 법칙
③ 줄의 법칙 ④ 키르히호프의 법칙

08 10^{-3}F의 콘덴서에 100V의 전압을 가할 때 충전되는 전하는 몇 C인가?

① 0.1 ② 0.5
③ 0.8 ④ 1

09 공기 중 1Wb의 자극에서 나오는 자력선의 수는 몇 개인가?

① 5.465×10^4 ② 7.958×10^5
③ 8.452×10^6 ④ 9.468×10^7

10 어떤 회로에 $e = 100\sqrt{2}\sin\omega t$ V의 교류전압을 가해서 $i = 10\sqrt{2}\sin(\omega t - \frac{\pi}{6})$ A의 전류가 흘렀다. 무효전력 Var은?

① 200 ② 300
③ 500 ④ 900

11 저항 100Ω의 부하에서 10kW의 전력이 소비되었다면 이때 흐르는 전류는 몇 A인가?

① 10 ② 15
③ 20 ④ 30

12 자기 인덕턴스 10mH의 코일에 50Hz, 314V의 교류전압을 가했을 때 몇 A의 전류가 흐르는가?

① 50 ② 60
③ 70 ④ 100

13 회로에 흐르는 전류와 고리에 걸리는 전압에 대한 법칙은?

① 줄의 법칙
② 오른나사의 법칙
③ 키르히호프의 법칙
④ 주회적분의 법칙

14 정전용량이 $10\mu F$인 콘덴서 2개를 병렬로 했을 때의 합성 정전용량은 직렬로 했을 때의 방성 정전용량보다 어떻게 되는가?

① 2배로 늘어난다.
② $\frac{1}{2}$로 줄어든다.
③ 4배로 늘어난다.
④ $\frac{1}{4}$로 줄어든다.

15 다음 중 상자성체는 어느 것인가?

① 백금 ② 물
③ 철 ④ 구리

16 $R\Omega$인 저항 3개가 △결선으로 되어 있는 것을 Y결선으로 환산하면 1상의 저항 Ω은?

① $3R$ ② $\frac{1}{3R}$
③ R ④ $\frac{1}{3}R$

17 $i = I_m \sin\omega t$ A인 정현파 교류에서 ωt가 몇 °일 때 순시값과 실효값이 같게 되는가?

① 30° ② 45°
③ 60° ④ 90°

18 출력 PkVA의 단상변압기 2대를 V결선한 때의 3상 출력 kVA은?

① P ② $2P$
③ $\sqrt{3}P$ ④ $3P$

19 다음 중 자기작용에 관한 설명으로 옳지 않은 것은?

① 자기장 내에 있는 도체에 전류를 흘리면 힘이 작용하는데 이 힘을 기전력이라 한다.
② 기자력의 단위는 AT를 사용한다.
③ 자기회로의 자기저항이 작은 경우는 누설자속이 거의 발생하지 않는다.
④ 평행한 두 도체 사이에 전류가 동일한 방향으로 흐르면 흡인력이 작용한다.

20 단면적 $5\mathrm{cm}^2$, 길이 1m, 비투자율 10^3인 환상 철심에 300회의 권선을 감고 이것에 0.5A의 전류를 흐르게 한 경우 기자력은?

① 50AT ② 100AT
③ 150AT ④ 300AT

21 단상 전파 정류회로에서 $\alpha=60°$일 때 정류 전압은?(단, 전원측 실효값 전압은 100V이며, 유도성 부하를 가지는 제어정류기이다.)

① 약 45V ② 약 35V
③ 약 25V ④ 약 15V

22 다음 변압기의 규약 효율은?

① $\eta=\dfrac{출력}{입력}\times 100\%$
② $\eta=\dfrac{출력}{출력+손실}\times 100\%$
③ $\eta=\dfrac{출력}{입력-손실}\times 100\%$
④ $\eta=\dfrac{출력+손실}{입력}\times 100\%$

23 직류기의 손실 중에서 부하의 변화에 따라서 현저하게 변하는 손실은?

① 철손 ② 기계손
③ 풍손 ④ 표유부하손

24 인버터의 스위칭 주기가 1msec이면 주파수는 몇 Hz인가?

① 10 ② 100
③ 1,000 ④ 10,000

25 동기발전기의 권선을 분포권으로 하면 어떻게 되는가?

① 난조를 방지한다.
② 파형이 좋아진다.
③ 권선의 리액턴스가 작아진다.
④ 집중권에 비하여 합성 유도기전력이 높아진다.

26 슬립이 일정한 경우 유도전동기의 공급 전압이 $\frac{1}{2}$로 감소하면 토크는 처음에 비하여 어떻게 되는가?

① $\frac{1}{4}$배가 된다.
② $\frac{1}{2}$배가 된다.
③ 1배가 된다.
④ 2배가 된다.

27 직류전동기에서 무부하가 되면 속도가 대단히 높아져서 위험하기 때문에 무부하 운전이나 벨트를 연결한 운전을 해서는 안되는 전동기는?

① 타려전동기 ② 분권전동기
③ 직권전동기 ④ 복권전동기

28 직류전동기의 회전 방향을 바꾸기 위해 어떻게 해야 하는가?

① 발전기로 운전한다.
② 전원 극성을 반대로 한다.
③ 차동 복권을 가동 복권으로 한다.
④ 전류의 방향이나 계자의 극성을 바꾼다.

29 다음 유도전동기에서 슬립이 0이란 어느 것과 같은가?

① 유도전동기가 전부하 운전 상태이다.
② 유도전동기가 정지 상태이다.
③ 유도전동기가 동기 속도로 회전한다.
④ 유도제동기가 역할을 한다.

30 동기기의 전기자 권선법 중 단절권과 분포권을 사용하는 이유 중 가장 중요한 목적은?

① 효율을 좋게 하기 위해서
② 좋은 파형을 얻기 위해서
③ 일정한 주파수를 얻기 위해서
④ 높은 전압을 얻기 위해서

31 자극수 6, 파권 전기자 도체수 400의 직류 발전기를 600rpm의 회전 속도로 무부하 운전할 때 기전력 120V이다. 1극당 주자속 Wb은?

① 0.01　② 0.16
③ 0.25　④ 0.68

32 평행 2회선의 선로에서 단락 고장회선을 선택하는데 사용하는 계전기는?

① 거리단락계전기　② 방향단락계전기
③ 선택단락계전기　④ 차동단락계전기

33 변압기의 여자 전류가 일그러지는 이유로 옳은 것은?

① 누설 리액턴스 때문에
② 선간 정전 용량 때문에
③ 와류 때문에
④ 자기 포화와 히스테리시스 현상 때문에

34 동기기에서 전기자 전류가 기전력보다 90° 만큼 위상이 앞설 때의 전기자 반작용은?

① 감자작용　② 증자작용
③ 편사작용　④ 교차 자화작용

35 직류전동기의 전기자에 가해지는 단자전압을 변화하여 속도를 조정하는 제어법이 아닌 것은?

① 계자제어
② 일그너 방식
③ 워드 레오나드 방식
④ 직 · 병렬 제어

36 용량이 적은 전동기로 직류와 교류를 겸용할 수 있는 전동기는?

① 리니어전동기
② 셰이딩전동기
③ 단상반발전동기
④ 단상 직권 정류자전동기

37 슬립 7%인 유동전동기의 2차 동손이 0.7kW일 때 회전자 입력은 kW은?

① 2　② 5
③ 10　④ 20

38 다음 중 인버터(inverter)는?

① 교류를 직류로 변환한다.
② 직류를 교류로 변환한다.
③ 직류를 직류로 변환한다.
④ 교류를 교류로 변환한다.

39 동기발전기에서 비돌극기의 출력이 최대가 되는 부하각은?

① 15°　② 30°
③ 45°　④ 90°

40 변압기의 1차 권회수 60회, 2차 권회수 240회일 때 2차측의 전압이 100V이면 1차 전압 V은?

① 25　② 75
③ 125　④ 225

41 관을 시설하고 제거하는 것이 자유롭고 점검 가능한 은폐장소에서 가요전선관을 구부리는 경우 곡률 반지름은 2종 가요전선관 안지름의 몇 배 이상으로 하여야 하는가?

① 3　② 6
③ 7　④ 9

42 다음 중 고압에 속하는 것은?

① 교류 600V　② 교류 900V
③ 직류 1,200V　④ 직류 1,600V

43 합성수지관 공사에 대한 설명 중 틀린 것은?

① 합성수지관 안에는 전선의 접속점이 없도록 한다.
② 관의 지지점 간의 거리는 3m 이상으로 한다.
③ 습기가 많은 장소 또는 물기가 있는 장소에 시설하는 경우에는 방습장치를 한다.
④ 관 상호 간 및 박스와는 관을 삽입하는 길이를 관 바깥지름의 1.2배 이상으로 한다.

44 나전선 상호 간 또는 나전선과 절연전선 접속 시 접속부분의 전선의 세기는 일반적으로 어느 정도 유지해야 하는가?

① 60%　② 70%
③ 80%　④ 90%

45 다음 접지의 목적으로 알맞지 않은 것은?

① 이상 전압의 억제
② 보호계전기의 동작확보
③ 감전방지
④ 전로의 대지 전압 상승

46 금속 덕트 공사에 있어서 금속 덕트에 넣은 전선의 단면적의 합계는 덕트 내부 단면적의 몇 % 이하여야 하는가?

① 20%　② 30%
③ 50%　④ 80%

47 현수애자와 인류 크램프의 충전부를 방호하기 위해 사용되는 활선 작업용 기구는?

① 와이어 통　② 데드앤드 커버
③ 애자 커버　④ 활선 커버

48 다음 중 전선의 슬리브 접속에 있어서 펜치와 같이 사용되고 금속관 공사에서 로크너트를 조일 때 사용하는 공구는?

① 히키　② 비트 익스텐션
③ 펌프 플라이어　④ 클리퍼

49 계전기가 설치된 위치에서 고장점까지의 임피던스에 비례하여 동작하는 보호계전기는?

① 거리 계전기
② 과전압 계전기
③ 방향단락 계전기
④ 단락회로 선택 계전기

50 합성수지제 가요전선관의 규격이 아닌 것은?

① 14 ② 20
③ 28 ④ 42

51 합성수지관 공사에서 옥외 등 온도차가 큰 장소에 노출배관을 할 때 사용하는 커플링은?

① 신축커플링(0C) ② 신축커플링(1C)
③ 신축커플링(2C) ④ 신축커플링(3C)

52 소구경의 동관을 절단하는 데 쓰이는 손공구로 강관용도 있는 공구는?

① 클리퍼 ② 파이프 커터
③ 프레셔 툴 ④ 노크 아웃 펀치

53 45cd의 점광원으로부터 3m의 거리에서 그 방향과 직각인 면과 60° 기울어진 평면위의 조도 lx는?

① 2.5lx ② 5lx
③ 9lx ④ 15.5lx

54 옥내 분전반의 설치에 대한 설명으로 틀린 것은?

① 각 층마다 하나 이상을 설치한 회로수가 6이하인 경우 2개 층을 담당할 수 있다.
② 분전반에서 분기회로의 길이가 30m 이하가 되도록 설치한다.
③ 분전반에서 분기회로를 위한 배관의 상승 또는 하강이 용이한 곳에 설치한다.
④ 분전반에 넣는 금속제의 함 및 이를 지지하는 구조물은 접지를 하여야 한다.

55 다음 중 금속전선관의 부속품이 아닌 것은?

① 커플링 ② 록너트
③ 노말 밴드 ④ 앵글 커넥터

56 옥내배선공사 중 금속관공사에 사용되는 공구의 설명으로 틀린 것은?

① 전선관의 굽힘 작업에 사용되는 공구는 토치램프나 스프링 벤더를 사용한다.
② 아웃렛 박스의 천공작업에 사용되는 공구는 녹아웃 펀치를 사용한다.
③ 전선관을 절단하는 공구에는 쇠톱 또는 파이프 커터를 사용한다.
④ 전선관의 나사를 내는 작업에 오스터를 사용한다.

57 다음 중 교류 차단기에 속하지 않는 것은?

① OCB ② ABB
③ HSCB ④ VCB

58 가공 배전선로 시설에는 전선을 지지하고 각종 기기를 설치하기 위한 지지물이 필요하다. 이 지지물 중 가장 많이 사용되는 것은?

① 철탑 ② 강관 전주
③ 철주 ④ 철근 콘크리트주

59 특고압(22.9 kV－Y) 가공전선로의 완금 접지 시 접지선은 어느 곳에 연결하는가?

① 전주 ② 중성선
③ 지선 ④ 변압기

60 저압 구내 가공 인입선으로 DV전선 사용 시 전선의 길이가 15m 이하인 경우 사용할 수 있는 최소 굵기는 몇 mm 이상인가?

① 2.0mm ② 2.5mm
③ 2.6mm ④ 3.0mm

전기기능사 필기

Craftsman Electricity

CRAFTSMAN ELECTRICITY

PART 2

CBT 모의고사

제1회 CBT 모의고사

수험번호
수험자명

제한 시간 : 60분　　전체 문제 수 : 60　　맞힌 문제 수 :

01 다음 4Wh는 몇 J인가?

① 144　　② 1,440
③ 14,400　　④ 144,000

02 공기 중에서 자속밀도 $4Wb/m^2$의 평등 자장 속에 길이 10cm의 직선 도선을 자장의 방향과 직각으로 놓고 여기에 3A의 전류를 흐르게 하면 이 도선이 받는 힘은 몇 N인가?

① 1.2　　② 2.4
③ 3.6　　④ 4.8

03 다음 5Ω의 저항에 300V의 전압을 인가할 때 소비되는 전력은?

① 6kW　　② 15kW
③ 18kW　　④ 30kW

04 다음 그림과 같은 회로의 저항값이 $R_1 > R_2 > R_3 > R_4$일 때 전류가 최소로 흐르는 저항은?

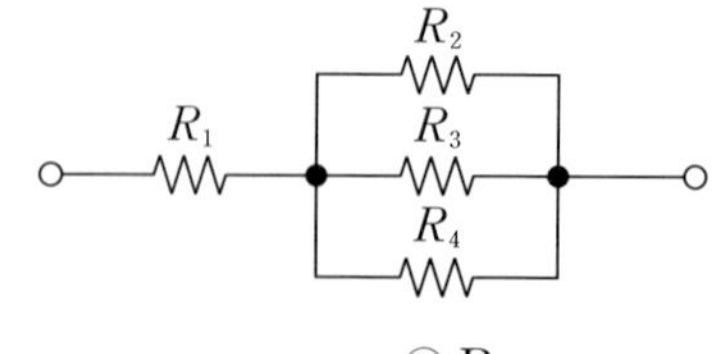

① R_1　　② R_2
③ R_3　　④ R_4

답안 표기란

01	①	②	③	④
02	①	②	③	④
03	①	②	③	④
04	①	②	③	④

05 L_1, L_2 두 코일이 접속되어 있을 때 누설자속이 없는 이상적인 코일 간의 상호 인덕턴스는?

① $M=\sqrt{L_1-L_2}$
② $M=\sqrt{L_1+L_2}$
③ $M=\sqrt{L_1L_2}$
④ $M=\sqrt{\frac{L_1}{L_2}}$

06 삼각파 전압의 최댓값이 V_m일 때 실효값은?

① V_m
② $\frac{V_m}{\sqrt{2}}$
③ $\frac{2V_m}{\pi}$
④ $\frac{V_m}{\sqrt{3}}$

07 $C_1=5\mu F$, $C_2=10\mu F$의 콘덴서를 직렬로 접속하고 직류 30V를 가했을 때 C_1의 양단의 전압 V는?

① 20
② 30
③ 40
④ 50

08 충전된 대전체를 대지에 연결하면 대전체는 어떻게 되는가?

① 충전이 계속된다.
② 반발한다.
③ 반발과 흡인을 반복한다.
④ 방전된다.

답안 표기란				
05	①	②	③	④
06	①	②	③	④
07	①	②	③	④
08	①	②	③	④

09 0.2℧의 컨덕턴스 2개를 직렬로 접속하여 3A의 전류를 흘리려면 몇 V의 전압을 공급하면 되는가?

① 20 ② 30

③ 45 ④ 50

10 40μF과 60μF의 콘덴서를 직렬로 접속한 후 100V의 전압을 가하였을 때 40μF에 걸리는 전압의 크기는?

① 30 ② 40

③ 50 ④ 60

11 다음 주파수가 100Hz인 교류의 주기 sec는?

① 0.01 ② 0.5

③ 5.0 ④ 50

12 100V, 60Hz인 교류 전압이 0V에서 $\frac{1}{240}$sec 뒤의 순시값V은?

① 121 ② 131

③ 141 ④ 151

답안 표기란				
09	①	②	③	④
10	①	②	③	④
11	①	②	③	④
12	①	②	③	④

13 대칭 3상 교류의 성형 결선에서 선간 전압이 220V일 때 전압은 약 몇 V인가?

① 116 ② 127
③ 148 ④ 231

14 묽은 황산 용액에 구리와 아연판을 넣으면 전지가 된다. 이때 음극(－)에 대한 설명으로 옳은 것은?

① 구리판이며 산화가 일어난다.
② 구리판이며 환원이 일어난다.
③ 아연판이며 산화가 일어난다.
④ 아연판이며 환원이 일어난다.

15 전기장의 세기 단위로 옳은 것은?

① H/m ② AT/m
③ F/m ④ V/m

16 자체 인덕턴스 20mH의 코일에 20A의 전류를 흘릴 때 저장 에너지는 몇 J인가?

① 1 ② 2
③ 4 ④ 8

답안 표기란	
13	① ② ③ ④
14	① ② ③ ④
15	① ② ③ ④
16	① ② ③ ④

17 다음 중 자기 차폐와 가장 관계가 깊은 것은?

① 반자성체 ② 강자성체
③ 상자성체 ④ 비투자율이 1인 자성체

18 내부저항이 0.25Ω, 기전력이 1.5V인 건전지 4개를 직렬로 접속하고 여기에 외부저항 5Ω을 연결하면 외부저항에 흐르는 전류는?

① 1 ② 4
③ 8 ④ 10

19 어떤 부하의 파상 전력이 5kVA이고 무효 전력이 3kVar일 때 유효 전력 kW은?

① 1 ② 2
③ 3 ④ 4

20 1μF의 콘덴서에 100V의 전압을 가할 때 충전전하량은 몇 C인가?

① 1×10^{-2} ② 1×10^{-3}
③ 1×10^{-4} ④ 1×10^{-8}

답안 표기란				
17	①	②	③	④
18	①	②	③	④
19	①	②	③	④
20	①	②	③	④

21 회전수 540rpm, 12극, 3상 유도전동기의 슬립%은?(단, 주파수는 60Hz이다.)

① 10 ② 20
③ 40 ④ 100

22 다음 변압기유의 구비조건으로 옳지 않은 것은?

① 응고점이 낮을 것
② 냉각효과가 클 것
③ 화학적으로 안정할 것
④ 점도가 높을 것

23 다음 단상 유도전동기 중 토크가 큰 것부터 나열한 것은?

> ㉠ 콘덴서 기동형
> ㉡ 분상 기동형
> ㉢ 반발 기동형
> ㉣ 셰이딩 코일형

① 분상 기동형 > 반발 기동형 > 콘덴서 기동형 > 셰이딩 코일형
② 반발 기동형 > 콘덴서 기동형 > 분상 기동형 > 셰이딩 코일형
③ 콘덴서 기동형 > 반발 기동형 > 분상 기동형 > 셰이딩 코일형
④ 콘덴서 기동형 > 분상 기동형 > 반발 기동형 > 셰이딩 코일형

24 정격이 10,000V, 500A, 역률 90%의 3상 동기발전기의 단락전류 I_SA는?(단, 단락비는 1.3으로 하고 전기자 저항은 무시한다.)

① 150 ② 350
③ 650 ④ 850

답안 표기란				
21	①	②	③	④
22	①	②	③	④
23	①	②	③	④
24	①	②	③	④

25 다음 동기전동기의 장점이 아닌 것은?

① 속도가 일정하고 불변이다.
② 난조를 일으키지 않는다.
③ 앞선 전류를 통할 수 있다.
④ 유도전동기에 비하여 효율이 좋다.

26 동기기의 손실에서 고정손에 해당하는 것은?

① 히스테리시스손 ② 브러시의 전기손
③ 전기자 권선의 저항손 ④ 계자 저항손

27 동기조상기의 계자를 부족여자로 하여 운전하면?

① 저항손의 보상
② 콘덴서로 보상
③ 뒤진 역률 보상
④ 리액터로 작용

28 그림은 트랜지스터의 스위칭 작용에 의한 직류전동기의 속도제어 회로이다. 전동기의 속도가 $N=K\frac{V-I_aR_a}{\Phi}$ rpm이라고 할 때 이 회로에서 사용한 전동기의 속도제어법은?

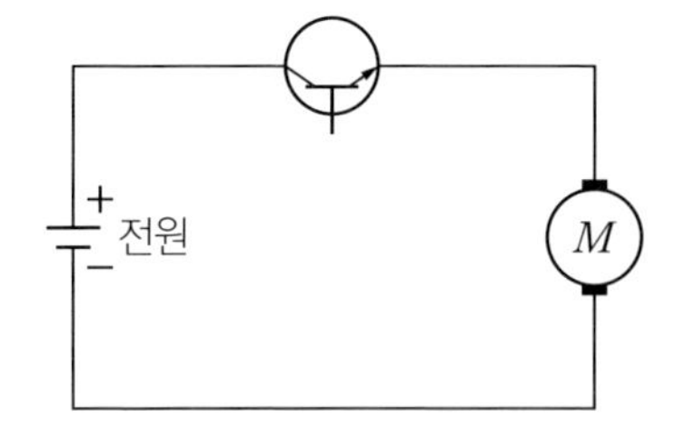

① 저항제어법 ② 전압제어법
③ 주파수제어법 ④ 계자제어법

답안 표기란				
25	①	②	③	④
26	①	②	③	④
27	①	②	③	④
28	①	②	③	④

29 역률과 효율이 좋아서 가정용 선풍기, 세탁기, 냉장고 등에 주로 사용되는 것은?

① 셰이딩 코일형 전동기
② 분상 기동형 전동기
③ 콘덴서 기동형 전동기
④ 반발 기동형 전동기

30 다음 전기 용접기용 발전기로 적합한 것은?

① 차동 복권형 발전기
② 가동 복권형 발전기
③ 직류 분권형 발전기
④ 직류 타여자식 발전기

31 권수가 같은 2대의 단상 변압기를 그림과 같이 스코트 결선을 할 때 P는 주좌 변압기의 1차 권선 A의 중점이다. Q는 T좌 변압기 1차 권선의 몇 분의 몇이 되는 점인가?

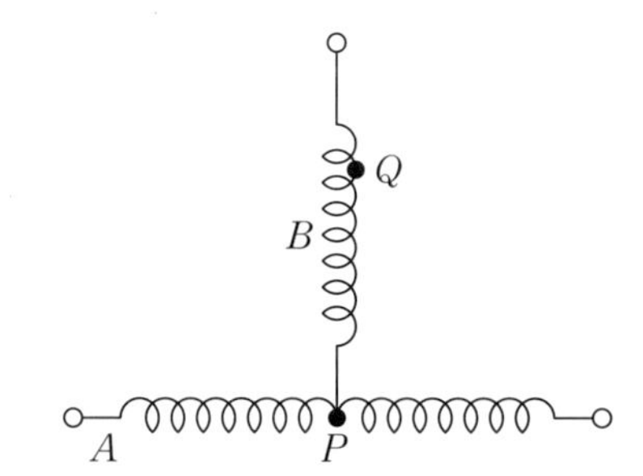

① $\frac{1}{2}$　② $\frac{\sqrt{3}}{2}$
③ $\frac{3}{\sqrt{2}}$　④ $\frac{2}{\sqrt{3}}$

32 3상 변압기의 병렬운전 시 병렬운전이 불가능한 결선조합은?

① △－△와 △－△
② Y－Y와 △－△
③ △－Y와 △－Y
④ △－△와 △－Y

답안 표기란	
29	① ② ③ ④
30	① ② ③ ④
31	① ② ③ ④
32	① ② ③ ④

33 10극 파권 발전기의 전기자 도체수 400, 매극의 자속수 0.02Wb, 회전수 600rpm일 때 기전력은?

① 200　② 300
③ 400　④ 500

34 동기 와트 P_2, 출력 P_0, 슬립 s, 동기속도 N_S, 회전속도 N, 2차 동손 P_{2C}일 때 2차 효율의 표기로 틀린 것은?

① $\frac{P_a}{P_2}$　② $1-s$
③ $\frac{N}{N_s}$　④ $\frac{P_{2c}}{P_2}$

35 200V 50Hz 8극 15kW의 3상 유도전동기에서 전부하 회전수 720rpm이면 전동기의 2차에 효율은 몇 %인가?

① 96　② 97
③ 98　④ 99

36 동기기의 자기 여자 현상의 방지법이 아닌 것은?

① 변압기 변속　② 발전기 직렬연결
③ 리액턴스 접속　④ 단락비 증대

답안 표기란	
33	① ② ③ ④
34	① ② ③ ④
35	① ② ③ ④
36	① ② ③ ④

37 유도전동기의 2차측 저항을 2배로 하면 그 최대 회전력은?

① 불변 ② $\frac{1}{2}$배

③ $\sqrt{3}$배 ④ 2배

38 다음 중 유도전동기에서 비례추이를 할 수 있는 것은?

① 효율 ② 출력

③ 동기 와트 ④ 2차 동손

39 직류기에서 보극을 두는 가장 주된 목적은?

① 전기자 자속을 증가시킨다.

② 전기자 반작용을 크게 한다.

③ 기동 특성을 좋게 한다.

④ 정류작용을 돕고 전기자 반작용을 약화시킨다.

40 동기전동기에서 난조를 방지하기 위하여 자극면에 설치하는 권선을 무엇이라 하는가?

① 보상권선 ② 제동권선

③ 계자권선 ④ 전기자권선

답안 표기란				
37	①	②	③	④
38	①	②	③	④
39	①	②	③	④
40	①	②	③	④

41 옥내배선의 접속함이나 박스 내에서 접속할 때 주로 사용하는 접속법은?

① 쥐꼬리 접속　　② 브리타니아 접속
③ 트위스트 접속　　④ 슬리브 접속

42 접지공사에서 접지도체를 철주, 기타 금속체를 따라 시설하는 경우 접지극은 지중에서 그 금속체로부터 몇 cm 이상 떼어 매설하여야 하는가?

① 10cm　　② 50cm
③ 100cm　　④ 200cm

43 배선설계를 위한 전등 및 소형 전기기계기구의 부하용량 산정 시 건축물의 종류에 대응한 표준부하에서 원칙적으로 표준부하를 $20VA/m^2$으로 적용하여야 하는 건축물은?

① 주택, 은행　　② 다방, 상점
③ 공장, 이발소　　④ 호텔, 학교

44 주상 변압기의 1차측 보호장치로 사용하는 것은?

① 리클로저　　② 컷아웃 스위치
③ 캐치홀더　　④ 자동구분개폐기

답안 표기란	
41	① ② ③ ④
42	① ② ③ ④
43	① ② ③ ④
44	① ② ③ ④

답안 표기란	
45	① ② ③ ④
46	① ② ③ ④
47	① ② ③ ④
48	① ② ③ ④

45 합성수지관을 새들 등으로 지지하는 경우 지지점 간의 거리는 몇 m 이하인가?

① 0.5m ② 0.7m
③ 1.5m ④ 2.5m

46 전선 접속방법 중 트위스트 직선접속에 대한 설명으로 옳은 것은?

① 6mm^2 이하의 가는 단선인 경우에 적용된다.
② 6mm^2 초과의 굵은 단선인 경우에 적용된다.
③ 연선의 직선접속에 적용된다.
④ 연선의 분기접속에 적용된다.

47 다음 피뢰기의 약호로 적절한 것은?

① SA ② COS
③ PF ④ LA

48 저압 연접 인입선의 시설과 관련된 설명으로 틀린 것은?

① 옥내를 통과하지 않을 것
② 지름 1.2mm 이상의 절연전선을 사용할 것
③ 인입선에서 분기하는 점으로부터 100m를 초과하는 지역에 미치지 아니할 것
④ 폭 5m를 초과하는 도로를 횡단하지 아니할 것

49 가스 절연 개폐기나 가스 차단기에 사용되는 가스인 SF_6의 성질이 아닌 것은?

① 소호능력은 공기보다 2.5배 정도 낮다.
② 무색, 무취, 무해 가스이다.
③ 같은 압력에서 공기의 2.5~3.5배의 절연내력이 있다.
④ 가스 압력 3~4kgf/cm^2에서는 절연내력은 절연유 이상이다.

50 다음 F40W의 의미로 옳은 것은?

① 나트륨등 40W
② 수은등 40W
③ 형광등 40W
④ 메탈 할라이트등 40W

51 소맥분, 전분 기타의 가연성 분진이 존재하는 곳의 저압 옥내배선으로 적합하지 않은 공사방법은?

① 금속관공사
② 케이블공사
③ 두께 2mm 이상의 합성수지관공사
④ 금속제 가요전선관공사

52 라이팅덕트를 조영재에 따라 부착할 경우 지지점 간의 거리는 몇 m 이하로 하여야 하는가?

① 1m
② 2m
③ 2.5m
④ 5m

답안 표기란				
49	①	②	③	④
50	①	②	③	④
51	①	②	③	④
52	①	②	③	④

답안 표기란	
53	① ② ③ ④
54	① ② ③ ④
55	① ② ③ ④
56	① ② ③ ④

53 배전선로의 전압이 22,900V이며 중성선에 다중 접지하는 전선로의 절연 내력시험 전압은 최대 사용 전압의 몇 배인가?

① 0.92배 ② 1.1배
③ 1.25배 ④ 1.5배

54 다음 금속 덕트공사 방법과 거리가 먼 것은?

① 금속덕트는 3m 이하의 간격으로 견고하게 지지할 것
② 금속덕트 상호는 견고하고 또한 전기적으로 완전하게 접속할 것
③ 덕트의 말단은 열어 놓을 것
④ 금속덕트의 뚜껑은 쉽게 열리지 않도록 시설할 것

55 금속관 공사에서 관을 박스 내에 고정시킬 때 사용하는 것은?

① 커플링 ② 새들
③ 부싱 ④ 로크너트

56 가요 전선관의 크기는 안지름에 가까운 홀수로 최고는 얼마인가?

① 30mm ② 25mm
③ 19mm ④ 150mm

57 다음 금속제 케이블 트레이의 종류가 아닌 것은?

① 사다리형 ② 크로스형
③ 바닥 밀폐형 ④ 통풍 채널형

58 실내 전반 조명을 하고자 한다. 작업대로부터 광원의 높이가 2.0m인 위치에 조명기구를 배치할 때 벽에서 한 기구 이상 떨어진 기구 간의 거리는 일반적인 경우 최대 몇 m로 배치하여 설치하는가?(단, $S \leq 1.5H$를 사용하여 구한다.)

① 3.0m ② 3.3m
③ 4.1m ④ 4.7m

59 제1종 금속제 가요전선관의 두께는 최소 몇 mm 이상이어야 하는가?

① 0.3mm ② 0.5mm
③ 0.6mm ④ 0.8mm

60 폭연성 분진 또는 화약류의 분말이 전기설비가 발화원이 되어 폭발할 우려가 있는 곳에 시설하는 저압 옥내 전기설비의 저압 옥내 배선공사는?

① 애자공사 ② 덕트공사
③ 금속관공사 ④ 합성수지관공사

답안 표기란				
57	①	②	③	④
58	①	②	③	④
59	①	②	③	④
60	①	②	③	④

제2회 CBT 모의고사

수험번호
수험자명

제한 시간 : 60분 전체 문제 수 : 60 맞힌 문제 수 :

01 다음 중 반도체로 만든 PN접합은 주로 어떤 작용을 하는가?

① 정류작용 ② 증폭작용
③ 변조작용 ④ 발진작용

02 200V의 전압에서 3A의 전류가 흐르는 전열기를 4시간 사용했을 때 소비 전력량 kWh은?

① 1.2 ② 1.8
③ 2.4 ④ 3.6

03 1Ω, 2Ω, 3Ω의 저항 3개를 이용하여 합성저항을 2.2Ω으로 만들고자 할 때 접속방법으로 옳은 것은?

① 1Ω과 2Ω의 저항을 병렬로 연결한 다음 3Ω의 저항을 직렬로 접속한다.
② 2Ω과 3Ω의 저항을 병렬로 연결한 다음 1Ω의 저항을 직렬로 접속한다.
③ 저항 3개를 직렬로 접속한다.
④ 저항 3개를 병렬로 접속한다.

04 100V, 100W 필라멘트의 저항은 몇 Ω인가?

① 10 ② 20
③ 50 ④ 100

답안 표기란

01	①	②	③	④
02	①	②	③	④
03	①	②	③	④
04	①	②	③	④

05 다음 중 전류와 자장의 세기와는 어떤 법칙과 관련이 있는가?

① 비오－사바르 법칙
② 플레밍의 왼손법칙
③ 페러데이 법칙
④ 앙페르 오른나사 법칙

06 다음에서 설명하고 있는 것은?

금속 A와 B로 만든 열전쌍과 접점 사이에 임의의 음속 C를 연결해도 C의 양 끝의 접점의 온도를 똑같이 유지하려면 회로의 열기전력은 변화하지 않는다.

① 펠티에 법칙
② 제벡 효과
③ 제3금속의 법칙
④ 톰슨 효과

07 납축전지의 전해액으로 사용되는 것은?

① $2H_2O$
② H_2SO_4
③ PbO_2
④ $PbSO_4$

08 다음 (　　)에 들어갈 내용으로 바르게 나열한 것은?

2차 전지의 대표적인 것으로 납축전지가 있다. 전해액으로 비중 약 (㉠) 정도의 (㉡)을 사용한다.

① ㉠ 1.15~1.21, ㉡ 묽은 황산
② ㉠ 1.15~1.21, ㉡ 질산
③ ㉠ 1.23~1.26, ㉡ 묽은 황산
④ ㉠ 1.23~1.26, ㉡ 질산

답안 표기란				
05	①	②	③	④
06	①	②	③	④
07	①	②	③	④
08	①	②	③	④

09 발전기의 유도 전압의 방향을 나타내는 법칙은 무엇인가?

① 렌츠의 법칙 ② 페러데이의 법칙
③ 오른나사의 법칙 ④ 플레밍의 오른손 법칙

10 $i=3\sin\omega t+4\sin(3\omega t-\theta)$로 표시되는 전류의 등가 사인파 최댓값은?

① 5A ② 10A
③ 20A ④ 40A

11 △결선으로 된 부하에 각 상의 전류가 10A이고, 각 상의 저항이 4Ω, 리액턴스가 3Ω이면 전체 소비전력은 몇 W인가?

① 1,000 ② 1,200
③ 1,500 ④ 1,800

12 어떤 물질이 정상 상태보다 전자수가 많아져 전기를 띠게 되는 현상을 무엇이라 하는가?

① 방전 ② 충전
③ 분극 ④ 대전

답안 표기란	
09	① ② ③ ④
10	① ② ③ ④
11	① ② ③ ④
12	① ② ③ ④

13 다음 전압 파형의 주파수는 약 몇 Hz인가?

$$e=100\sin(377t-\frac{\pi}{5})\text{V}$$

① 20 ② 40
③ 60 ④ 80

14 저항이 10Ω인 도체에 1A의 전류를 10분간 흘렸다면 발생하는 열량은 몇 kcal인가?

① 1.22 ② 1.44
③ 1.66 ④ 1.88

15 3Ω의 저항과 4Ω의 용량성 리액턴스의 병렬회로가 있다. 이 병렬회로의 임피던스는 몇 Ω인가?

① 2.4 ② 4.8
③ 6.2 ④ 8.8

16 25분간 876,000J의 일을 할 때 전력은 몇 kW인가?

① 0.43 ② 0.58
③ 0.68 ④ 0.73

답안 표기란				
13	①	②	③	④
14	①	②	③	④
15	①	②	③	④
16	①	②	③	④

17 비유전율이 큰 산화티탄 등을 유전체로 사용한 것으로 극성이 없으며 가격에 비해 성능이 우수하여 널리 사용되고 있는 콘덴서는?

① 마일러 콘덴서　　② 세라믹 콘덴서
③ 전해 콘덴서　　④ 마이카 콘덴서

18 1Ω · m은 몇 Ω · cm인가?

① 10^2　　② 10^{-2}
③ 10^4　　④ 10^{-4}

19 다음 반자성체 물질의 특색을 나타낸 것은?(단, μ_S는 비투자율이다.)

① $\mu_S = 1$　　② $\mu_S \gg 1$
③ $\mu_S < 1$　　④ $\mu_S > 1$

20 다음은 어떤 법칙을 설명한 것인가?

> 전류가 흐르려고 하면 코일은 전류의 흐름을 방해한다. 또한 전류가 감소하면 이를 계속 유지하려고 하는 성질이 있다.

① 플레밍의 왼손법칙　　② 쿨롱의 법칙
③ 패러데이의 법칙　　④ 렌츠의 법칙

답안 표기란				
17	①	②	③	④
18	①	②	③	④
19	①	②	③	④
20	①	②	③	④

21 SCR을 이용한 인버터 회로에서 SCR이 도통 상태에 있을 때 부하 전류가 20A 흘렀다. 게이트 동작범위 내에서 전류를 $\frac{1}{2}$로 감소시키면 부하전류는 몇 A가 흐르는가?

① 10　　② 20
③ 40　　④ 100

22 코일 주위에 전기적 특성이 큰 에폭시 수지를 고진공으로 침투시키고 다시 그 주위를 기계적 강도가 큰 에폭시 수지로 몰딩한 변압기는?

① 몰드 변압기　　② 타이 변압기
③ 건식 변압기　　④ 유입 변압기

23 동기속도 1,800rpm, 주파수 60Hz인 동기발전기의 극수는 몇 극인가?

① 1　　② 2
③ 3　　④ 4

24 다음 중 자기 소호 제어용 소자는?

① DIAC　　② SCR
③ GTO　　④ TRIAC

답안 표기란				
21	①	②	③	④
22	①	②	③	④
23	①	②	③	④
24	①	②	③	④

25 직류를 교류로 변환하는 장치는?

① 충전기　② 역변환 장치
③ 정류기　④ 순변환 장치

26 다음 거리 계전기에 대한 설명으로 틀린 것은?

① 345kV 변압기의 후비 보호를 한다.
② 154kV 계통 이상의 송전선로 후비 보호를 한다.
③ 전압과 전류의 크기 및 위상차를 이용한다.
④ 154kV 및 345kV 모선 보호에 주로 사용한다.

27 P형 반도체의 전기 전도의 주된 역할을 하는 반송자는?

① 정공　② 전자
③ 가전자　④ 5가 불순물

28 6,600/220V인 변압기의 1차에 2,850V를 가하면 2차 전압은?

① 25　② 65
③ 95　④ 100

답안 표기란				
25	①	②	③	④
26	①	②	③	④
27	①	②	③	④
28	①	②	③	④

29 2극의 직류발전기에서 코일변의 유효길이 lm, 공극의 평균자속밀도 BWb/m^2, 주변속도 vm/s일 때 전기자 도체 1개에 유도되는 기전력의 평균값 eV은?

① $e=\sin\omega t$V ② $e=Blv$V
③ $e=v^2Bl$V ④ $e=2B\sin\omega t$V

30 3상 유도전동기의 1차 입력 60kW, 1차 손실 1kW, 슬립 4%일 때 기계적 출력은 약 몇 kW인가?

① 57 ② 85
③ 101 ④ 132

31 전기기계에 있어 와전류손을 감소하기 위한 적합한 방법은?

① 냉각 압연한다.
② 교류전원을 사용한다.
③ 보상권선을 실시한다.
④ 규소강판에 성층철심을 사용한다.

32 직류 분권전동기의 회전방향을 바꾸기 위해 일반적으로 무엇의 방향을 바꾸어야 하는가?

① 계자저항 ② 전기자전류
③ 주파수 ④ 전원

답안 표기란				
29	①	②	③	④
30	①	②	③	④
31	①	②	③	④
32	①	②	③	④

33 동기전동기의 직류 여자전류가 증가될 때의 현상으로 옳은 것은?

① 진상 역률을 만든다.
② 동상 역률을 만든다.
③ 지상 역률을 만든다.
④ 진산 · 지상 역률을 만든다.

34 다음 유도전동기의 제동법이 아닌 것은?

① 발전제동
② 회생제동
③ 3상 제동
④ 역상제동

35 다음 중 병렬운전 시 균압선을 설치해야 하는 직류발전기는?

① 부족복권
② 평복권
③ 차동복권
④ 분권

36 고압 전동기 철심의 강판 홈(slot)의 모양은?

① 반구형
② 밀폐형
③ 반폐형
④ 개방형

답안 표기란				
33	①	②	③	④
34	①	②	③	④
35	①	②	③	④
36	①	②	③	④

37 60Hz, 4극 유도전동기가 1,700rpm으로 회전하고 있다. 이 전동기의 슬립은 약 얼마인가?

① 5.56% ② 6.56%
③ 7.56% ④ 8.56%

38 3상 교류발전기의 기전력에 대하여 $\frac{\pi}{2}$rad 뒤진 전기자 전류가 흐르면 전기자 반작용은?

① 교차 자화작용으로 기전력을 감소시킨다.
② 횡축 반작용으로 기전력을 증가시킨다.
③ 감자작용을 하여 기전력을 감소시킨다.
④ 증자작용을 하여 기전력을 증가시킨다.

39 동기발전기의 병렬운전 중 기전력의 크기가 다를 경우 나타나는 현상이 아닌 것은?

① 무효 순환전류가 흐른다.
② 동기화 전력이 생긴다.
③ 권선이 가열된다.
④ 고압측에 감자작용이 생긴다.

40 변압기, 동기발전기 등의 층간 단락 및 상간단락 등의 내부 고장보호에 사용되는 계전기는?

① 역상계전기 ② 접지계전기
③ 과전압계전기 ④ 비율 차동계전기

답안 표기란				
37	①	②	③	④
38	①	②	③	④
39	①	②	③	④
40	①	②	③	④

답안 표기란	
41	① ② ③ ④
42	① ② ③ ④
43	① ② ③ ④
44	① ② ③ ④

41 다음 중 단선의 직선 접속방법은?

① 브리타니아 직선접속　② 복권 직선접속
③ 단권 직선접속　④ 권선 직선접속

42 금속관공사를 할 때 앤트런스 캡의 사용으로 옳은 것은?

① 배관 지각의 굴곡 부분에 사용
② 조명기구가 무거울 때 조명기구의 부착 등에 사용
③ 금속판에 고정되어 회전시킬 수 없을 때 사용
④ 저압 가공 인입선의 인입구에 사용

43 무대, 무대 밑, 오케스트라 박스, 영사실, 기타 사람이나 무대 도구가 접촉할 우려가 있는 장소에 시설하는 저압옥내배선, 전구선 또는 이동전선은 사용 전압이 몇 V 이하이어야 하는가?

① 200V　② 400V
③ 500V　④ 800V

44 220V 옥내 배선에 백열전구를 노출로 설치할 때 사용하는 기구는?

① 코드 커넥터　② 콘센트
③ 리셉터클　④ 테이블 탭

45 합성수지제 전선관의 호칭은 관 굵기의 무엇으로 표시하는가?

① 홀수인 안지름 ② 홀수인 바깥지름
③ 짝수인 바깥지름 ④ 짝수인 안지름

46 옥내 배선에 주로 사용하는 직선접속 및 분기 접속방법은 어떤 것을 사용하여 접속하는가?

① 슬리브 ② 와이어 커넥터
③ 동선압착단자 ④ 꽂음형 커넥터

47 금속관 내의 같은 굵기의 전선을 넣을 때는 절연전선의 피복을 포함한 총 단면적이 금속관 내부 단면적의 몇 % 이하이어야 하는가?

① 24% ② 48%
③ 52% ④ 86%

48 옥내배선 공사작업 중 접속함에서 쥐꼬리 접속을 할 때 필요한 것은?

① 부싱 ② 로크로드
③ 와이어 커넥터 ④ 커플링

답안 표기란	
45	① ② ③ ④
46	① ② ③ ④
47	① ② ③ ④
48	① ② ③ ④

49 지중에 매설되어 있는 금속제 수도관로는 대지와의 전기저항 값이 얼마 이하로 유지되어야 접지극으로 사용할 수 있는가?

① 3Ω ② 5Ω
③ 8Ω ④ 9Ω

50 단선의 직선접속 시 트위스트 접속을 할 경우 적합하지 않은 전선규격 mm^2은?

① $1.2mm^2$ ② $2.5mm^2$
③ $6.0mm^2$ ④ $7.2mm^2$

51 조명기구를 반간접조명 방식으로 설치하였을 때 위(상방향)로 향하는 광속의 양은?

① 50~80% ② 60~90%
③ 70~80% ④ 80~90%

52 저압 가공전선이 철도를 횡단하는 경우에는 레일면상 몇 m 이상이어야 하는가?

① 2.5m ② 4.5m
③ 6.5m ④ 10.5m

답안 표기란				
49	①	②	③	④
50	①	②	③	④
51	①	②	③	④
52	①	②	③	④

53 금속관 공사에서 노크아웃의 지름이 금속관의 지름보다 큰 경우에 사용하는 재료는?

① 링 리듀서 ② 로크너트
③ 부싱 ④ 콘덴서

54 화약류 저장소에서 백열전등이나 형광등 또는 이들에 전기를 공급하기 위한 전기설비를 시설하는 경우 전로의 대지전압은?

① 100V 이하 ② 200V 이하
③ 300V 이하 ④ 400V 이하

55 화약류 저장소의 배선공사에서 전용 개폐기에서 화약류 저장소의 인입구까지는 어떤 공사를 하여야 하는가?

① 케이블을 이용한 옥측 전선로
② 케이블을 이용한 지중 전선로
③ 금속관을 사용한 옥측 전선로
④ 금속관을 사용한 지중 전선로

56 부하의 역률이 규정값 이하인 경우 역률개선을 위하여 설치하는 것은?

① 컨덕턴스 ② 저항
③ 리액터 ④ 진상용 콘덴서

답안 표기란	
53	① ② ③ ④
54	① ② ③ ④
55	① ② ③ ④
56	① ② ③ ④

답안 표기란	
57	① ② ③ ④
58	① ② ③ ④
59	① ② ③ ④
60	① ② ③ ④

57 건축물에 고정되는 본체부와 제거할 수 있거나 개폐할 수 있는 커버로 이루어지며 절연전선, 케이블 및 코드를 완전하게 수용할 수 있는 구조의 배전설비의 명칭은?

① 케이블 트렁킹 ② 케이블 래더
③ 케이블 브라킷 ④ 케이블 트레이

58 차단기 문자기호 중 "OCB"는?

① 자기 차단기 ② 진공 차단기
③ 유입 차단기 ④ 기중 차단기

59 다음 FL전선의 명칭은?

① 인입용 비닐절연전선 ② 형광방전등용 전선
③ 네온전선 ④ 옥외용 비닐절연전선

60 교류 고압 배전반에서 전압이 높고 위험하여 전압계를 직접 주회로에 병렬연결할 수 없을 때 쓰이는 기기는?

① 전압계용 절환 개폐기 ② 전류 제한기
③ 계기용 변류기 ④ 계기용 변압기

제3회 CBT 모의고사

수험번호
수험자명

제한 시간 : 60분 전체 문제 수 : 60 맞힌 문제 수 :

01 단상전력계 2대를 사용하여 2전력계법으로 3상 전력을 측정하고자 한다. 두 전력계의 지시값이 각각 P_1, P_2였다. 3상 전력 P를 구하는 식은?

① $P=P_1+P_2$
② $P=P_1-P_2$
③ $P=P_1\times P_2$
④ $P=\sqrt{3}(P_1\times P_2)$

02 황산구리 용액에 10A의 전류를 60분간 흘린 경우 이때 석출되는 구리의 양은?(단, 구리의 전기 화학당량은 0.3293×10^{-3}g/c임)

① 8.86g
② 9.26g
③ 11.86g
④ 12.82g

03 어떤 회로에 100V의 전압을 가했더니 5A의 전류가 흘러 2,400cal의 열량이 발생하였다. 전류가 흐른 시간은 몇 sec인가?

① 14
② 20
③ 35
④ 50

04 $R-L$ 직렬연결회로에 300V의 전압을 걸었더니 20A의 전류가 흘렀다. 저항 $R=12\Omega$이라면 리액턴스의 크기는?

① 3
② 5
③ 7
④ 9

답안 표기란				
01	①	②	③	④
02	①	②	③	④
03	①	②	③	④
04	①	②	③	④

05 다음 중 용량을 변화시킬 수 있는 콘덴서는?

① 마일러 콘덴서 ② 전해 콘덴서
③ 바리콘 ④ 마이카 콘덴서

06 패러데이의 전자 유도 법칙에서 유도 기전력의 크기는 코일을 지나는 (㉠)의 매초 변화량과 코일의 (㉡)에 비례한다.

① ㉠ 자속, ㉡ 굵기
② ㉠ 자속, ㉡ 권수
③ ㉠ 전류, ㉡ 굵기
④ ㉠ 전류, ㉡ 권수

07 세변의 저항 $R_a = R_b = R_c = 12\Omega$인 Y결선 회로가 있다. 이것과 등가인 △결선회로의 각 변의 저항은 몇 Ω인가?

① 12 ② 24
③ 36 ④ 60

08 구리선의 길이를 3배, 반지름을 $\frac{1}{2}$로 할 때 저항은 몇 배가 되는가?

① 1.5 ② 6
③ 12 ④ 18

답안 표기란	
05	① ② ③ ④
06	① ② ③ ④
07	① ② ③ ④
08	① ② ③ ④

09 C_1, C_2인 콘덴서가 직렬로 연결되어 있다. 그 합성 정전용량을 C라 하면 C는 C_1, C_2와 어떤 관계가 있는가?

① $C>C_1$ ② $C<C_1$
③ $C>C_2$ ④ $C=C_1+C_2$

10 자극의 세기 mWb, 자축의 길이 lm일 때 자기 모멘트 Wb · m는?

① ml ② ml^2
③ $\frac{m}{l}$ ④ $\frac{l}{m}$

11 자체 인덕턴스 4H의 코일에 72J의 에너지가 저장되어 있다면 코일에 흐르는 전류 A는?

① 2 ② 4
③ 6 ④ 18

12 다음 전기장에 관한 설명으로 옳지 않은 것은?

① 대전된 구의 내부 전기장은 0이다.
② 대전된 무한정 원통의 내부 전기장은 0이다.
③ 대전된 도체 내부의 전하 및 전기장은 모두 0이다.
④ 도체 표면의 전기장은 그 표면에 평행이다.

답안 표기란				
09	①	②	③	④
10	①	②	③	④
11	①	②	③	④
12	①	②	③	④

답안 표기란				
13	①	②	③	④
14	①	②	③	④
15	①	②	③	④
16	①	②	③	④

13 다음 물질 중 강자성체로만 묶은 것은?

① 구리, 망간, 아연
② 철, 코발트, 니켈
③ 비스무트, 물, 공기
④ 알루미늄, 산소, 백금

14 다음 설명에서 (　　)에 들어갈 내용으로 옳은 것은?

> 다수의 전압원과 전류원이 존재할 때 특정점에 흐르는 전류의 크기를 산출하려면 전압원은 (㉠)로 전류원은 (㉡)로 하여야 한다. 이를 중첩의 원리라 한다.

① ㉠ 개방회로, ㉡ 개방회로
② ㉠ 개방회로, ㉡ 단락회로
③ ㉠ 단락회로, ㉡ 개방회로
④ ㉠ 단락회로, ㉡ 단락회로

15 자장 내에 있는 도체에 전류를 흘리면 전자력(힘)이 작용하는데 이 전자력의 방향을 어떤 법칙으로 정하는가?

① 플레밍의 왼손 법칙
② 플레밍의 오른손 법칙
③ 앙페르의 오른나사 법칙
④ 렌츠의 법칙

16 전하의 성질에 관한 설명으로 옳지 않은 것은?

① 대전체의 영향으로 비대전체에 전기가 유도된다.
② 같은 종류의 전하는 흡인하고, 다른 종류의 전하는 반발한다.
③ 전하는 가장 안전한 상태를 유지하려 하는 성질이 있다.
④ 낙뢰는 구름과 지면 사이에 모인 전기가 한꺼번에 방전되는 현상이다.

답안 표기란	
17	① ② ③ ④
18	① ② ③ ④
19	① ② ③ ④
20	① ② ③ ④

17 **키르히호프의 법칙을 이용하여 방정식을 세우는 방법으로 옳지 않은 것은?**

① 각 회로의 전류를 문자로 나타내고 방향을 가정한다.
② 각 폐회로에서 키르히호프의 제2법칙을 적용한다.
③ 키르히호프의 제1법칙을 회로망의 임의의 한 점에 적용한다.
④ 계산 결과 전류가 +로 표시된 것은 처음에 정한 방향과 반대 방향임을 나타낸다.

18 **어떤 사인파 교류전압의 평균값이 127V이면 최댓값은?**

① 100 ② 200
③ 300 ④ 400

19 **어느 회로의 전류가 다음과 같을 때 이 회로에 대한 전류의 실효값은?**

$$i=3+10\sqrt{2}\sin(\omega t-\frac{\pi}{6})+5\sqrt{2}\sin(3\omega t-\frac{\pi}{3})\text{A}$$

① 10.2 ② 11.6
③ 13.5 ④ 24.2

20 **Y−Y 평형 회로에서 상전압 V_P가 100A, 부하 $Z=8+j6\Omega$이면 선전류 I_l의 크기는 몇 A인가?**

① 10 ② 20
③ 30 ④ 50

답안 표기란	
21	① ② ③ ④
22	① ② ③ ④
23	① ② ③ ④
24	① ② ③ ④

21 직류전동기를 기동할 때 전기자 전류를 제한하는 가감 저항기를 무엇이라 하는가?

① 기동기 ② 단속기
③ 가속기 ④ 제어기

22 병렬운전 중 직류발전기의 부하 부담 시 큰 부하를 접속하는 쪽은?

① 용량과 단자 전압이 큰 쪽
② 전기자 저항이 큰 쪽
③ 유기기전력이 작은 쪽
④ 유기기전력이 큰 쪽

23 3상 유도전동기의 원선도를 그리는데 필요하지 않은 것은?

① 무부하시험 ② 슬립측정
③ 저항측정 ④ 구속시험

24 소형 유도전동기의 슬롯을 사구(skew slot)로 하는 이유는?

① 제동 체크의 증가
② 토크 증가
③ 크로우링 현상의 방지
④ 게르게스 현상의 방지

25 주파수 60Hz의 전원에 2극의 동기전동기를 연결하면 회전수는 몇 rpm인가?

① 1,200　② 1,500
③ 2,400　④ 3,600

26 전기자 전압을 전원전압으로 일정히 유지하고 계자전류를 조정하여 자속 ΦEb를 변화시킴으로써 속도를 제어하는 제어법은?

① 계자 제어법　② 저항 제어법
③ 전압 제어법　④ 전기자 전압 제어법

27 일정 전압 및 일정 파형에서 주파수가 상승하면 변압기 철손은 어떻게 변하는가?

① 증가　② 감소
③ 불변　④ 어떤 기간 동안 증가

28 8극 중권발전기의 전기자 도체수 500, 매극의 자속수 0.02Wb, 회전수 600rpm일 때 유기기전력은 몇 V인가?

① 20　② 50
③ 100　④ 1,000

답안 표기란				
25	①	②	③	④
26	①	②	③	④
27	①	②	③	④
28	①	②	③	④

답안 표기란	
29	① ② ③ ④
30	① ② ③ ④
31	① ② ③ ④
32	① ② ③ ④

29 동기전동기의 V곡선(위상 특성 곡선)에서 종축이 표시하는 것은?

① 토크　　② 단자전압
③ 계자전류　　④ 전자기 전류

30 직류기의 전기자 철심을 규소 강판으로 성층하여 만드는 이유로 옳은 것은?

① 기계손을 줄일 수 있다.
② 철손을 줄일 수 있다.
③ 가격이 저렴하다.
④ 가공하기 쉽다.

31 슬립 5%인 유도전동기의 동기 부하저항은 2차 저항의 몇 배인가?

① 19　　② 25
③ 34　　④ 47

32 용량이 같은 단상 변압기 2대를 V결선하여 3상 전력을 공급한 때의 이용률 %은?

① 12.3　　② 37.9
③ 86.6　　④ 91.2

33 유도전동기의 슬립을 측정하는 방법으로 옳은 것은?

① 평형 브리지법
② 전류계법
③ 전압계법
④ 스트로보스코프법

34 플레밍의 오른손 법칙에 따르는 기전력이 발생하는 기기는?

① 교류전동기
② 교류발전기
③ 교류정류기
④ 교류용접기

35 동기발전기의 병렬운전에 필요한 조건이 아닌 것은?

① 기전력의 용량이 같을 것
② 기전력의 크기가 같을 것
③ 기전력의 상회전 방향이 같을 것
④ 기전력의 파형이 일치할 것

36 직류기에서 전압 변동률이 (−)값으로 표시되는 발전기는?

① 평복권 발전기
② 분권 발전기
③ 과복권 발전기
④ 타여자 발전기

답안 표기란				
33	①	②	③	④
34	①	②	③	④
35	①	②	③	④
36	①	②	③	④

37 전압을 일정하게 유지하기 위해서 이용되는 다이오드는?

① 포토 다이오드 ② 제너 다이오드
③ 발광 다이오드 ④ 바리스터 다이오드

38 단상 유도전동기에 보조권선을 사용하는 주된 이유는?

① 기동전류를 얻는다.
② 속도제어를 한다.
③ 역률개선을 한다.
④ 회전자장을 얻는다.

39 셰이딩 코일형 유도전동기의 특징을 나타낸 것으로 틀린 것은?

① 역률과 효율이 좋고 구조가 간단하여 세탁기 등 가정용 기기에 많이 쓰인다.
② 운전 중에도 셰이딩 코일에 전류가 흐르고 속도 변형률이 크다.
③ 기동 토크가 작고 출력이 수 W 이하의 소형 전동기에 주로 사용된다.
④ 회전자는 농형이고 고정자의 성층철심은 몇 개의 돌극으로 되어 있다.

40 3상 유동전동기의 회전원리를 설명한 것으로 틀린 것은?

① 3상 고류전압을 고정자에 공급되면 고정자 내부에서 회전 자기장이 발생한다.
② 회전자의 회전속도가 증가하면 도체를 관통하는 자속수는 감소한다.
③ 회전자의 회전속도가 증가하면 슬립도 증가한다.
④ 부하를 회전시키기 위해서는 회전자의 동기속도 이하로 운전되어야 한다.

답안 표기란				
37	①	②	③	④
38	①	②	③	④
39	①	②	③	④
40	①	②	③	④

41 접착제를 사용하여 합성 수지관을 삽입해서 접속할 경우 관의 깊이는 관의 외경에 최소 몇 배나 되는가?

① 0.5배 이상
② 0.8배 이상
③ 1.2배 이상
④ 1.5배 이상

42 연피 케이블의 접속에 반드시 사용되는 테이프는?

① 비닐 테이프
② 자기융착 테이프
③ 고무 테이프
④ 리노 테이프

43 저압 가공전선을 수직 배열하는데 사용하는 공구는?

① 래크
② 클리프
③ 오스터
④ 인류 스트랍

44 차량 기타 중량물의 하중을 받을 우려가 있는 장소에 지중전선로를 직접 매설식으로 매설하는 경우 매석 깊이는?

① 0.6m 이상
② 0.8m 이상
③ 1.0m 이상
④ 1.6m 이상

답안 표기란				
41	①	②	③	④
42	①	②	③	④
43	①	②	③	④
44	①	②	③	④

45 고압 가공전선로의 전선의 조수가 3조일 때 완금의 길이는?

① 1,500mm ② 1,800mm
③ 2,100mm ④ 2,400mm

답안 표기란				
45	①	②	③	④
46	①	②	③	④
47	①	②	③	④
48	①	②	③	④

46 다음 중 옥내에 시설하는 저압 전로와 대지 사이에 절연저항 측정에 사용되는 계기는?

① 어스 테스터 ② 콜라우시 브리지
③ 마그넷 벨 ④ 메거

47 사람이 상시 통행하는 터널 내 배선의 사용전압이 저압일 때 배선방법으로 틀린 것은?

① 금속덕트공사 ② 애자공사
③ 케이블공사 ④ 금속관공사

48 저압 가공전선로의 지지물이 목주인 경우 풍압하중의 몇 배에 견디는 강도를 지녀야 하는가?

① 1.0배 ② 1.2배
③ 1.5배 ④ 2.3배

49 다음 변전소의 역할로 볼 수 없는 것은?

① 전력의 집중　　② 전력의 배분
③ 전력 생산　　④ 전압의 변성

50 합성수지관 공사에 대한 설명으로 틀린 것은?

① 관의 지지점은 관의 끝관과 박스의 접속점 등에 먼 곳에 시설한다.
② 습기가 많은 장소 또는 물기가 있는 장소에 시설하는 경우 방습 장치를 한다.
③ 합성수지관 안에는 전선에 접속점이 없도록 한다.
④ 관 상호 간 및 박스와는 관을 삽입하는 깊이를 관이 바깥지름의 1.2배 이상으로 한다.

51 배선설계를 위한 전등 및 소형 전기기계기구의 부하용량 선정 시 건축물의 종류에 대응한 표준부하에서 원칙적으로 표준부하를 10VA/m^2으로 적용하여야 하는 건축물은?

① 주택, 상점　　② 공장, 극장
③ 이발소, 사원　　④ 기숙사, 병원

52 고압 또는 특고압 가공전선로에서 공급을 받는 수전장소의 인입구에 낙뢰나 혼촉 사고에 의한 이상전압으로부터 기기를 보호할 목적으로 시설하는 것은?

① 누전차단기　　② 피뢰기
③ 단로기　　④ 배선용 차단기

답안 표기란	
49	① ② ③ ④
50	① ② ③ ④
51	① ② ③ ④
52	① ② ③ ④

53 가정용 전등에 사용되는 점멸 스위치를 설치하여야 할 위치는?

① 전압측 전선에 설치한다.
② 접지측 전선에 설치한다.
③ 중성선에 설치한다.
④ 부하의 2차측에 설치한다.

54 실내 전체를 균일하게 조명하는 방식으로 광원을 일정한 간격으로 배치하며 공장, 학교, 사무실 등에서 채용되는 조명방식은?

① 간접조명 ② 직접조명
③ 전반조명 ④ 국부조명

55 사용전압이 35kV 이하인 특고압 가공전선과 220V 가공전선을 병가할 때 가공선로 간의 이격거리는 몇 m 이상이어야 하는가?

① 1.0m ② 1.2m
③ 1.5m ④ 1.8m

56 브리타니아 접속은 단면적 몇 mm^2의 굵은 단선에 적용하는가?

① $6mm^2$ ② $8mm^2$
③ $10mm^2$ ④ $12mm^2$

답안 표기란	
53	① ② ③ ④
54	① ② ③ ④
55	① ② ③ ④
56	① ② ③ ④

57 물체의 두께, 깊이, 안지름 및 바깥지름 등을 모두 측정할 수 있는 공구는?

① 버니어 캘리퍼스
② 와이어 게이지
③ 마이크로미터
④ 다이얼 게이지

58 석유를 저장하는 장소와 공사방법 중 틀린 것은?

① 금속관공사
② 합성수지관공사
③ 애자공사
④ 케이블공사

59 사용전압 15kV 이하의 특고압 가공전선로의 중성선의 접지도체를 중성선으로부터 분리하였을 경우 1km마다의 중성선과 대지 사이의 합성 전지저항 값은 몇 Ω 이하로 하여야 하는가?

① 30Ω
② 30Ω
③ 50Ω
④ 100Ω

60 가공케이블 시설 시 조가용선에 금속테이프 등을 사용하여 케이블 외장을 견고하게 붙여 조가하는 경우 나선형으로 금속테이프를 감는 간격은 몇 cm 이하를 확보하여야 하는가?

① 5cm
② 10cm
③ 15cm
④ 20cm

답안 표기란				
57	①	②	③	④
58	①	②	③	④
59	①	②	③	④
60	①	②	③	④

제4회 CBT 모의고사

수험번호
수험자명

제한 시간 : 60분 전체 문제 수 : 60 맞힌 문제 수 :

01 선간전압 210V, 선전류 10A의 Y결선 회로가 있다. 상전압과 상전류는 각각 약 얼마인가?

① 121V, 10A ② 121V, 20A
③ 210V, 10A ④ 210V, 20A

02 자기회로에 기자력을 주면 자로에 자속이 흐른다. 그러나 기자력에 의해 발생되는 자속 전부가 자기회로 내를 통과하는 것이 아니라 자로 이외의 부분을 통과하는 자속도 있다. 이와 같이 자기회로 이외 부분을 통과하는 자속은 무엇인가?

① 주자속 ② 종속자속
③ 반사자속 ④ 누설자속

03 권선수 100회 감은 코일에 2A의 전류가 흘렀을 때 50×10^{-3}Wb의 자속이 코일에 쇄교 되었다면 자기 인덕턴스는 몇 H인가?

① 1.5 ② 2.5
③ 3.5 ④ 5.5

04 권수가 150인 코일에서 2초간 1Wb의 자속이 변화한다면 코일에 발생되는 유도 기전력의 크기는 몇 V인가?

① 20 ② 45
③ 60 ④ 75

답안 표기란	
01	① ② ③ ④
02	① ② ③ ④
03	① ② ③ ④
04	① ② ③ ④

05 평형 3상 교류 회로에서 D부하의 한 상의 임피던스가 $Z_{\triangle}$일 때 등가 변환한 Y부하의 한 상의 임피던스 Z_Y는 얼마인가?

① $Z_Y = 3Z_{\triangle}$　② $Z_Y = \sqrt{3}Z_{\triangle}$
③ $Z_Y = \frac{1}{3}Z_{\triangle}$　④ $Z_Y = \frac{1}{\sqrt{3}}Z_{\triangle}$

06 다음 회로의 합성 정전용량은 몇 μF인가?

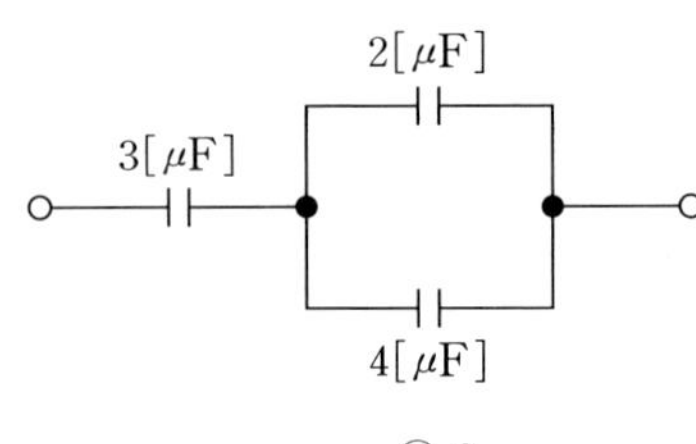

① 2　② 3
③ 4　④ 5

07 저항 8Ω과 코일이 직렬로 접속된 회로에서 200V의 교류 전압을 가하면 20A의 전류가 흐른다. 코일의 리액턴스는 몇 Ω인가?

① 4　② 6
③ 10　④ 20

08 알칼리 축전지의 대표적인 축전지로 널리 사용되고 있는 2차 전지는?

① 니켈 카드뮴 전지　② 산화은 전지
③ 망간전지　④ 페이퍼 전지

답안 표기란				
05	①	②	③	④
06	①	②	③	④
07	①	②	③	④
08	①	②	③	④

답안 표기란				
09	①	②	③	④
10	①	②	③	④
11	①	②	③	④
12	①	②	③	④

09 비사인파 교류회로의 전력에 대한 설명으로 옳은 것은?

① 전압의 제2고조파와 전류의 제3고조파 성분 사이에서 소비전력이 발생한다.
② 전압의 제3고조파와 전류의 제3고조파 성분 사이에서 소비전력이 발생한다.
③ 전압의 제4고조파와 전류의 제3고조파 성분 사이에서 소비전력이 발생한다.
④ 전압의 제5고조파와 전류의 제3고조파 성분 사이에서 소비전력이 발생한다.

10 진공 중에 $10\mu C$과 $20\mu C$의 점전하를 1m의 거리로 놓았을 때 작용하는 힘 N은?

① 8×10^{-1}　② 9.8×10^{-9}
③ 18×10^{-1}　④ 18×10^{-9}

11 다음을 복소수로 표현하면?

$$v=200\sqrt{2}\sin(\omega t+\frac{\pi}{2})$$

① $100+j200$　② $200+j200$
③ $200\sqrt{2}+j200$　④ $j200$

12 $1Wb/m^2$은 몇 가우스(gauss)인가?

① 10^4　② 3×10^4
③ $4\pi\times10^9$　④ 10^{-9}

PART 2 CBT 모의고사

13 전압 110V, 전류 10A, 역률 0.7인 3상 전동기 사용 시 소비전력을 구하면?

① 0.2kW ② 2.1kW
③ 1.3kW ④ 4.7kW

14 다음 평판 콘덴서에 관한 내용이다. 옳지 않은 것은?

① 정전 용량은 금속판의 면적에 비례한다.
② 정전 용량은 금속판의 거리에 반비례한다.
③ 정전 용량은 금속판의 사이에 있는 유전체의 유전율에 비례한다.
④ 정전 용량은 금속판의 넓이에 반비례한다.

15 동일한 용량의 콘덴서 5개를 병렬로 접속하였을 때의 합성용량과 5개를 직렬로 접속하였을 때의 합성용량은 다르다. 병렬로 접속한 것은 직렬로 접속한 것의 몇 배에 해당하는가?

① 10배 ② 25배
③ 50배 ④ 60배

16 2전력계법으로 3상 전력을 측정할 때 지시값이 $P_1 = 200W$, $P_2 = 200W$일 때 부하전력 W은?

① 200 ② 300
③ 400 ④ 600

답안 표기란	
13	① ② ③ ④
14	① ② ③ ④
15	① ② ③ ④
16	① ② ③ ④

17 어떤 부하에 $100\sin(100\omega t+\frac{\pi}{6})$V의 전압을 가했을 때 전류가 $10\cos(100\omega t-\frac{\pi}{3})$A이었다면 이 부하의 소비전력W은?

① 500　　② 650
③ 720　　④ 840

18 선간 전압이 380V인 전원에 $Z=8+j6\Omega$의 부하를 Y결선 접속했을 때 선전류는 약 몇 A인가?

① 8　　② 11
③ 16　　④ 22

19 다음 6Wh는 몇 J인가?

① 12,400　　② 14,400
③ 15,600　　④ 21,600

20 다음 공기의 비투자율은?

① 1　　② 2
③ 5　　④ 10

답안 표기란	
17	① ② ③ ④
18	① ② ③ ④
19	① ② ③ ④
20	① ② ③ ④

21 3상 100kVA, 13,200/200V 변압기의 저압측 선전류의 유효분은 약 몇 A인가?

① 230A ② 330A
③ 430A ④ 530A

22 3권선 변압기에 대한 설명으로 옳은 것은?

① 고압 배전선의 전압을 10% 정도 올리는 승전압이다.
② 한 개의 전기회로에 3개의 자기회로로 구성되어 있다.
③ 3차 권선에 단권변압기를 접속하여 송전선의 전압조정에 사용된다.
④ 3차 권선에 조상기를 접속하여 송전선의 전압조정과 역률개선에 사용된다.

23 농형 유도전동기의 기동법이 아닌 것은?

① 리액터 기동 ② 기동보상기에 의한 기동
③ △－△ 기동 ④ 전전압 기동

24 다음 동기기에 제동권선을 설치하는 이유는?

① 전압조정 ② 난조방지
③ 역률 개선 ④ 출력증가

답안 표기란				
21	①	②	③	④
22	①	②	③	④
23	①	②	③	④
24	①	②	③	④

25 변압기, 동기기 등의 층간 단락 등의 내부 고장보호에 사용되는 계전기는?

① 접지계전기　② 과전압 계전기
③ 역상계전기　④ 차동계전기

26 300V, 40A, 전기저항 4.5Ω, 회전수 1,800rpm인 전동기의 역기전력은 몇 V인가?

① 120　② 150
③ 180　④ 200

27 다음 (　　)에 들어갈 내용으로 옳은 것은?

> 유압변압기에 많이 사용되는 목면, 명주, 종이 등의 절연재료는 내열등급 (　　)으로 분류되고, 장시간 지속하여 최고 허용온도 (　　)℃를 넘어서는 안 된다.

① Y종, 70　② E종, 95
③ A종, 105　④ B종, 130

28 역병렬 결합의 SCR의 특성과 같은 반도체 소자는?

① Diac　② Triac
③ UJT　④ PUT

답안 표기란	
25	① ② ③ ④
26	① ② ③ ④
27	① ② ③ ④
28	① ② ③ ④

29 변압기의 무부하 시험, 단락시험에서 구할 수 없는 것은?

① 철손　　② 동손
③ 전압 변동률　　④ 절연 내력

30 히스테리시스손은 최대 자속밀도 및 주파수의 각각 몇 승에 비례하는가?

① 최대 자속밀도 : 1.0, 주파수 : 1.0
② 최대 자속밀도 : 1.0, 주파수 : 1.2
③ 최대 자속밀도 : 1.6, 주파수 : 1.0
④ 최대 자속밀도 : 1.6, 주파수 : 1.2

31 발전기를 정격전압 220V로 운전하다가 무부하로 운전하였더니 단자전압이 253V가 되었다. 이 발전기의 전압 변동률은 몇 %인가?

① 15%　　② 10%
③ 8%　　④ 6%

32 1차 전압이 3,300V, 권수가 1,650회인 단상 변압기가 있다. 60Hz에 사용할 때의 철심의 최대 자속 Wb은?

① 7.5×10^{-2}　　② 7.5×10^{-3}
③ 7.5×10^{-6}　　④ 9.6×10^{-3}

답안 표기란	
29	① ② ③ ④
30	① ② ③ ④
31	① ② ③ ④
32	① ② ③ ④

답안 표기란				
33	①	②	③	④
34	①	②	③	④
35	①	②	③	④
36	①	②	③	④

33 두 개 이상의 회로에서 선행동작 우선회로 또는 상대동작 금지회로인 동력배선의 제어회로는?

① 타이머회로　② 동작지연회로
③ 자기유지회로　④ 인터록회로

34 4극 24홈 표준 농형 3상 유도전동기의 매극 매상당의 홈 수는?

① 2　② 5
③ 8　④ 9

35 전기자 철심의 규소 강판의 규소 함유량은 몇 %인가?

① 0.1~0.5　② 0.5~1.0
③ 1~1.5　④ 2~3.5

36 단상 반파 정류회로에 전원전압 200V, 부하저항 10Ω이면 부하전류는 약 몇 A인가?

① 2　② 9
③ 21　④ 37

37 단락비가 1.5인 동기발전기의 %동기 임피던스는 약 몇 %인가?

① 16.8%　　② 25.1%
③ 47.9%　　④ 66.7%

38 3상 유도 전압조정기의 동작 원리는?

① 두 전류 사이에 작용하는 힘
② 충전된 두 물체 사이에 작용하는 힘
③ 회전 자계에 의한 유도작용을 이용하여 2차 전압의 위상전압의 조정에 따라 변화한다.
④ 교번 자계의 전자 유도작용을 이용

39 변압기의 권선과 철심 사이에 습기를 제거하기 위하여 건조하는 방법이 아닌 것은?

① 가압법　　② 진공법
③ 단락법　　④ 열풍법

40 다음 중 변압기의 원리와 관계가 있는 것은?

① 표피작용　　② 전자유도 작용
③ 편자박용　　④ 전기자 반작용

답안 표기란	
37	① ② ③ ④
38	① ② ③ ④
39	① ② ③ ④
40	① ② ③ ④

답안 표기란	
41	① ② ③ ④
42	① ② ③ ④
43	① ② ③ ④
44	① ② ③ ④

41 알루미늄 전선과 전기기계기구 단자의 접속방법으로 틀린 것은?

① 누름나사단자 등에 전선을 접속하는 경우는 전선을 단자 깊이의 2/3 위치까지만 삽입할 것
② 전선에 터미널러그 등을 부착하는 경우에는 도체에 손상을 주지 않도록 피복을 벗길 것
③ 전선을 나사로 고정하는 경우 나사가 진동 등으로 헐거워질 우려가 있는 장소는 2중 너트 등을 사용할 것
④ 나사단자에 전선을 접속하는 경우는 전선을 나사의 홈에 가능한 한 밀착하여 3/4 바퀴 이상 1바퀴 이하로 감을 것

42 나전선 등의 금속선에 속하지 않는 것은?

① 동합금선(단면적 $25mm^2$ 이하의 것)
② 경동선(지름 25mm 이하의 것)
③ 연동선
④ 아연도강선

43 가공전선의 지지물에 승탑 또는 승강용으로 사용하는 발판 볼트 등은 지표상 몇 m 미만에 시설하여서는 안되는가?

① 1.2m 미만
② 1.4m 미만
③ 1.5m 미만
④ 1.8m 미만

44 다음 애자공사 시 사용할 수 없는 전선은?

① 플루오르 수지절연전선
② 고무 절연전선
③ 옥외용 비닐절연전선
④ 폴리에틸렌 절연전선

45 저압 연접 인입선의 시설규정으로 적합한 것은?

① 분기점으로부터 90m 지점에 시설
② 수용가 옥내를 관통하여 시설
③ 6m 도로를 횡단하여 시설
④ 지름 1.5m 인입용 비닐절연전선을 사용

46 합성수지관 배선에서 경질비닐전선관의 굵기에 해당되지 않는 것은?(단, 관의 호칭을 말한다.)

① 12mm ② 36mm
③ 64mm ④ 82mm

47 전선을 종단겹침용 슬리브에 의해 종단 접속할 경우 소정의 압축공구를 사용하여 보통 몇 개소를 압착하는가?

① 1개소 ② 2개소
③ 3개소 ④ 5개소

48 콘크리트 조영재에 볼트를 시설할 때 필요한 공구는?

① 노크아웃 펀치 ② 파이프 렌치
③ 볼트 클리프 ④ 드라이브 이트

답안 표기란	
45	① ② ③ ④
46	① ② ③ ④
47	① ② ③ ④
48	① ② ③ ④

답안 표기란	
49	① ② ③ ④
50	① ② ③ ④
51	① ② ③ ④
52	① ② ③ ④

49 교통신호등 회로의 사용전압이 몇 V를 초과하는 경우에는 지락 발생 시 자동적으로 전로를 차단하는 장치를 시설하여야 하는가?

① 50V　　② 100V
③ 120V　　④ 150V

50 가공전선로의 지지율에 하중이 가하여 지는 경우에 그 하중을 받는 지지물의 기초의 안전율은 얼마 이상인가?

① 2　　② 5
③ 7　　④ 9

51 종속차단 보호방식에 대한 설명으로 틀린 것은?

① 설비의 경제성 확보
② 전원측의 차단용량이 부족할 때 적용
③ 상위 차단기의 동작에 의해 모든 분기회로가 동시에 차단되는 단점
④ 2개의 차단기를 직렬로 접속하고 단락전류가 흐를 때 2개를 동시에 차단하게 하는 방법

52 영화관, 영사실, 마루 위에서 사용하는 이동전선으로 사용할 수 있는 것은?

① 비닐 코드
② 방습 2개연 코드
③ 고무 절연 클로로프렌 캡타이어케이블
④ 1종 캡타이어 케이블

53 금속 전선관의 종류에서 박강 전선관 규격(mm)이 아닌 것은?

① 12mm ② 25mm
③ 39mm ④ 75mm

54 물기 있는 장소 이외의 장소에 시설하는 저압용의 개별 기계기구에 전기를 공급하는 전로에 전기용품안전관리법의 적용을 받는 인체감전보호용 누전차단기의 정격으로 알맞은 것은?

① 정격감도전류 30mA 이하, 동작시간 0.01초 이하의 전류동작형
② 정격감도전류 30mA 이하, 동작시간 0.03초 이하의 전류동작형
③ 정격감도전류 200mA 이하, 동작시간 0.03초 이하의 전류동작형
④ 정격감도전류 300mA 이하, 동작시간 0.01초 이하의 전류동작형

55 1종 가요전선관과 2종 가요전선관을 구부릴 경우 곡률 반지름은 관 안지름의 각각 몇 배 이상으로 하여야 하는가?

① 2배, 4배 ② 3배, 6배
③ 4배, 2배 ④ 6배, 3배

56 전기저항이 적어 부드러운 성질이 있고 구부리기가 용이하여 주로 옥내배선에 사용하는 전선은?

① 연동선 ② 경동선
③ 중동연선 ④ 합성연선

답안 표기란				
53	①	②	③	④
54	①	②	③	④
55	①	②	③	④
56	①	②	③	④

답안 표기란				
57	①	②	③	④
58	①	②	③	④
59	①	②	③	④
60	①	②	③	④

57 다음 금속 전선관 공사에 필요한 공구가 아닌 것은?

① 리머　② 파이프 바이스
③ 와이어 스트리퍼　④ 오스터

58 다음 중 단선의 브리타니아 직선접속에 사용하는 것은?

① 에나멜선　② 조인트선
③ 파라핀선　④ 바인드선

59 콘센트에 끼운 플러그가 빠지는 것을 방지하기 위하여 플러그를 끼우고 약 90°쯤 돌려주면 빠지지 않도록 되어 있는 콘센트는?

① 선풍기용 콘센트　② 시계용 콘센트
③ 플로어 콘센트　④ 턴 로크 콘센트

60 가연성 가스가 새거나 체류하여 전기설비가 발화원이 되어 폭발할 우려가 있는 곳에 있는 저압 옥내전기설비의 설비방법으로 가장 적합 것은?

① 케이블공사　② 애자공사
③ 금속제 가요전선관공사　④ 셀룰러덕트공사

제5회 CBT 모의고사

수험번호
수험자명

제한 시간 : 60분　전체 문제 수 : 60　맞힌 문제 수 :

01 같은 전기량에 의하여 전극에 석출되는 물질의 양은 그 물질의 어느 값에 비례하는가?

① 화학당량　② 원자가
③ 원자량　④ 분자량

02 무한히 긴 두 평행도선이 2cm의 간격으로 가설되어 100A의 전류가 흐르고 있다. 두 도선의 단위 길이당 작용력은 몇 N/m인가?

① 1.2　② 1.0
③ 0.3　④ 0.1

03 RL 직렬회로의 시정수 T는 어떻게 되는가?

① RL　② $\frac{R}{L}$
③ $\frac{L}{R}$　④ $\frac{1}{RL}$

04 다음 $V=100\sin\omega t+100\cos\omega t$의 실효값 V은?

① 50　② 100
③ 141　④ 200

답안 표기란

01	①	②	③	④
02	①	②	③	④
03	①	②	③	④
04	①	②	③	④

답안 표기란				
05	①	②	③	④
06	①	②	③	④
07	①	②	③	④
08	①	②	③	④

05 전압계 및 전류계의 측정 범위를 넓히기 위하여 사용하는 배율기와 분류기의 접속방법은?

① 배율기는 전압계와 직렬접속, 분류기는 전류계와 병렬접속
② 배율기는 전압계와 병렬접속, 분류기는 전류계와 직렬접속
③ 배율기와 분류기 모두 전압계와 전류계에 직렬접속
④ 배율기와 분류기 모두 전압계와 전류계에 병렬접속

06 도체계에서 임의의 도체를 일정 전위의 도체로 완전 포위하면 내외 공간의 전계를 완전히 차단할 수 있다. 이를 무엇이라 하는가?

① 핀치(pinch) 효과 ② 홀(hall) 효과
③ 전자차폐 ④ 정전차폐

07 콘덴서의 정전용량이 커질수록 용량 리액턴스의 값은 어떻게 되는가?

① 변하지 않는다.
② 커진다.
③ 작아진다.
④ 무한대로 접근한다.

08 일반적인 저항기로 세라믹 봉에 탄소계의 저항체를 구워 붙이고 여기에 나선형으로 홈을 파서 원하는 저항값을 만든 저항기는?

① 탄소피막 저항기 ② 금속피막 저항기
③ 어레이 저항기 ④ 가변 저항기

09 다음 1차 전지로 가장 많이 사용되는 것은?

① 납축전지 ② 망간 건전지
③ 연료전지 ④ 니켈－카드뮴 전지

10 변압기 2대를 V결선 했을 때의 이용률은?

① $\frac{V\text{결선용량}}{2\text{대용량}}$ ② $\frac{2\text{대용량}}{V\text{결선용량}}$
③ $\frac{V\text{결선용량}}{3\text{대용량}}$ ④ $\frac{3\text{대용량}}{V\text{결선용량}}$

11 최댓값이 110V인 사인파 교류 전압의 평균값은 약 몇 V인가?

① 20V ② 40V
③ 60V ④ 70V

12 반지름 0.2m, 권수 50회의 원형 코일이 있다. 코일 중심의 자기장의 세기가 850AT/m이었다면 코일에 흐르는 전류의 크기는?

① 2.3A ② 4.1A
③ 6.8A ④ 10.2A

답안 표기란				
09	①	②	③	④
10	①	②	③	④
11	①	②	③	④
12	①	②	③	④

답안 표기란	
13	① ② ③ ④
14	① ② ③ ④
15	① ② ③ ④
16	① ② ③ ④

13 4×10^{-5}C과 6×10^{-5}C의 두 전하가 자유공간에 2m의 거리에 있을 때 그 사이에 작용하는 힘은?

① 5.4N, 반발력이 작용한다.
② 5.4N, 흡인력이 작용한다.
③ $\frac{7}{9}$N, 흡인력이 작용한다.
④ $\frac{7}{9}$N, 반발력이 작용한다.

14 동일 전압의 전지 3개를 접속하여 각각 다른 전압을 얻고자 한다. 접속방법에 따라 몇 가지의 전압을 얻을 수 있는가?(단, 극성은 같은 방향으로 설정한다.)

① 1가지 전압 ② 2가지 전압
③ 3가지 전압 ④ 4가지 전압

15 전기장 중에 단위 전하를 놓았을 때 그것에 작용하는 힘은 어느 값과 같은가?

① 전하 ② 전장의 세기
③ 전위 ④ 전위차

16 일반적으로 온도가 높아지게 되면 전도율이 커져서 온도계수가 부(－)의 값을 가지는 것이 아닌 것은?

① 탄소 ② 전해액
③ 구리 ④ 반도체

17 4F와 6F의 콘덴서를 병렬접속하고 10V의 전압을 가했을 때 전하량 Q는?

① 100 ② 70
③ 50 ④ 15

18 다음 중 전동기의 원리에 적용되는 법칙은?

① 쿨롱의 법칙 ② 옴의 법칙
③ 플레밍의 왼손 법칙 ④ 플레밍의 오른손 법칙

19 $R=5\Omega$, $L=30\text{mH}$의 RL 직렬회로에 $V=200\text{V}$, $f=60\text{Hz}$의 교류전압을 가할 때 전류의 크기는 약 몇 A인가?

① 13.15 ② 16.17
③ 18.21 ④ 21.34

20 쿨롱의 법칙에서 2개의 점전하 사이에 작용하는 정전력의 크기는?

① 두 전하의 곱에 비례하고, 거리에 반비례한다.
② 두 전하의 곱에 반비례하고, 거리에 비례한다.
③ 두 전하의 곱에 비례하고, 거리의 제곱에 비례한다.
④ 두 전하의 곱에 비례하고, 거리의 제곱에 반비례한다.

답안 표기란				
17	①	②	③	④
18	①	②	③	④
19	①	②	③	④
20	①	②	③	④

답안 표기란	
21	① ② ③ ④
22	① ② ③ ④
23	① ② ③ ④
24	① ② ③ ④

21 다이오드를 사용한 정류회로에서 여러 개를 직렬로 연결하여 사용할 경우 얻는 효과는?

① 다이오드를 과전압으로부터 보호
② 부하 출력의 맥동률 감소
③ 다이오드를 과전류로부터 보호
④ 전력 공급의 증대

22 직류발전기의 무부하 특성곡선은?

① 계자전류와 회전력과의 관계이다.
② 부하전류와 무부하 단자전압과의 관계이다.
③ 계자전류와 부하전류와의 관계이다.
④ 계자전류와 무부하 단자전압과의 관계이다.

23 1차 권수 4,000회, 2차 권수 200회인 변압기의 변압비는?

① 10 ② 20
③ 30 ④ 50

24 권수비 30의 변압기의 1차에 6,600V를 가할 때 2차 전압은 몇 V인가?

① 100V ② 220V
③ 450V ④ 660V

25 변압기의 권선 배치에서 저압 권선을 철심에 가까운 쪽에 배치하는 이유는?

① 구조상 편의
② 냉각 문제
③ 전류 용량
④ 절연 문제

26 3상 66,000kVA, 22,900V인 동기발전기의 정격 전류는 약 몇 A인가?

① 1,664A
② 2,400A
③ 3,114A
④ 5,261A

27 동기전동기의 계자전류를 가로축에, 전기자 전류를 세로축으로 하여 나타낸 V곡선에 관한 설명으로 틀린 것은?

① 계자전류를 조정하여 역률을 조정할 수 있다.
② 위상 특성곡선이라 한다.
③ 부하가 클수록 V곡선은 아래쪽으로 이동한다.
④ 곡선의 최저점은 역률 1에 해당한다.

28 다음 중 제동권선에 의한 기동 토크를 이용하여 동기전동기를 기동시키는 방법은?

① 기동 전동기법
② 자기 기동법
③ 저주파 기동법
④ 고주파 기동법

답안 표기란				
25	①	②	③	④
26	①	②	③	④
27	①	②	③	④
28	①	②	③	④

29 직류 분권발전기를 동일 극성의 전압을 단자에 인가하여 전동기로 사용하면?

① 회전하지 않는다.
② 소손된다.
③ 동일 방향으로 회전한다.
④ 반대 방향으로 회전한다.

30 복잡한 전기회로를 등가 임피던스를 사용하여 간단히 변화시킨 회로는?

① 유도회로　② 단순회로
③ 전기회로　④ 등가회로

31 동기기에서 사용되는 절연재료로 B종 절연물의 온도 상승한도는 약 몇 ℃인가?(단, 기준온도는 공기 중에서 40℃이다.)

① 90℃　② 110℃
③ 120℃　④ 130℃

32 자속밀도 $0.3\mathrm{Wb/m^2}$인 자계에서 길이 80cm인 도체가 40m/s로 회전할 때 유기되는 기전력 V은?

① 5.4　② 9.6
③ 12.2　④ 18.5

답안 표기란				
29	①	②	③	④
30	①	②	③	④
31	①	②	③	④
32	①	②	③	④

33 낮은 전압을 높은 전압으로 승압할 때 일반적으로 사용되는 변압기의 3상 결선방식은?

① Y－Y　　② Y－△
③ △－△　　④ △－Y

34 단상 전파 정류회로에서 전원이 220V이면 부하에 나타나는 전압의 평균값은 약 몇 V인가?

① 110　　② 143
③ 198　　④ 214

35 2대의 동기발전기 A, B가 병렬운전하고 있을 때 A기의 여자전류를 증가시키면 어떻게 되는가?

① A기의 역률은 낮아지고 B기의 역률은 높아진다.
② A기의 역률은 높아지고 B기의 역률은 낮아진다.
③ A, B 양 발전기의 역률이 낮아진다.
④ A, B 양 발전기의 역률이 높아진다.

36 유도전동기가 많이 사용되는 이유가 아닌 것은?

① 구조가 튼튼하다.
② 가격이 저렴하다.
③ 전원을 쉽게 얻을 수 있다.
④ 취급이 어렵다.

답안 표기란				
33	①	②	③	④
34	①	②	③	④
35	①	②	③	④
36	①	②	③	④

37 퍼센트 저항강하 3%, 리액턴스 강하 4%인 변압기의 최대 전압변동률 %은?

① 5 ② 7
③ 10 ④ 20

38 40kVA의 단상 변압기 2대를 사용하여 V−V결선으로 하고 3상 전원을 얻고자 한다. 이때 여기에 접속시킬 수 있는 3상 부하의 용량은 약 몇 kVA인가?

① 21.9 ② 34.6
③ 69.3 ④ 90.1

39 대전류, 고전압의 전기량을 제어할 수 있는 자기소형 소자는?

① Diode ② Triac
③ IGBT ④ FET

40 보극이 없는 직류기 운전 중 중성점의 위치가 변하지 않는 경우는?

① 전부하 ② 과부하
③ 중부하 ④ 무부하

답안 표기란				
37	①	②	③	④
38	①	②	③	④
39	①	②	③	④
40	①	②	③	④

41 철근 콘크리트주에 완금을 고정시키려면 어떤 밴드를 사용하는가?

① 래크 밴드　② 행거 밴드
③ 지선밴드　④ 암 밴드

42 도로를 횡단하여 시설하는 지선의 높이는 지표상 몇 m 이상이어야 하는가?

① 5m　② 4.5m
③ 4m　④ 2.5m

43 다음 (　　) 안에 들어갈 내용으로 알맞은 것은?

> 사람의 접촉 우려가 있는 합성수지제 몰드는 홈의 폭 및 깊이가 (㉠)cm 이하로 두께는 (㉡)mm 이상의 것이어야 한다.

① ㉠ 3.5, ㉡ 1
② ㉠ 3.5, ㉡ 2
③ ㉠ 4.5, ㉡ 1
④ ㉠ 4.5, ㉡ 2

44 변전소의 전력기기를 시험하기 위하여 회로를 분리하거나 또는 계통의 접속을 바꾸거나 하는 경우에 사용하는 것은?

① 차단기　② 퓨즈
③ 단로기　④ 나이프 스위치

답안 표기란	
41	① ② ③ ④
42	① ② ③ ④
43	① ② ③ ④
44	① ② ③ ④

45 저압 연접 인입선은 인입선에서 분기하는 점으로부터 몇 m를 넘지 않는 지역에 시설하고 폭 몇 m를 넘는 도로를 횡단하지 않아야 하는가?

① 50m, 5m ② 50m, 8m
③ 100m, 3m ④ 100m, 5m

46 다음 전선의 접속방법에 해당되지 않는 것은?

① 직접접속 ② 분기접속
③ 종단접속 ④ 슬리브에 의한 접속

47 다음 가공 전선로의 지지물이 아닌 것은?

① 철주 ② 목주
③ 지선 ④ 철탑

48 전선 단면적 $2.5mm^2$, 접지선 1본을 포함한 전선가닥수 6본을 동일 관내에 넣는 경우의 제2종 가요전선관의 최소 굵기로 적당한 것은?

① 10mm ② 24mm
③ 30mm ④ 34mm

답안 표기란				
45	①	②	③	④
46	①	②	③	④
47	①	②	③	④
48	①	②	③	④

PART 2 CBT 모의고사

49 저압 가공인입선이 횡단보도교 위에 시설되는 경우 노면상 몇 m 이상의 높이에 설치되어야 하는가?

① 6.5m ② 5.0m
③ 4.0m ④ 3.0m

50 다음 가요전선관 공사로 적절하지 않은 것은?

① 금속관에서 전동기 부하에 이르는 짧은 부분의 전선관공사
② 옥내의 천장 은폐배선으로 8각 박스에서 형광등기구에 이르는 짧은 부분의 전선관공사
③ 수변전실에서 배전반에 이르는 부분의 전선관공사
④ 프레스 공작기계 등의 굴곡개소가 많아 금속관공사가 어려운 부분의 전선관공사

51 저압 크레인 또는 호이스트 등의 트롤리선을 애자공사에 의하여 옥내의 노출장소에 시설하는 경우 트롤리선의 바닥에서의 최소 높이는 몇 m 이상으로 설치하는가?

① 3.5m ② 4.0m
③ 4.5m ④ 5.5m

52 일반적으로 저압 가공 인입선의 상황과 설치 높이가 틀리게 연결된 것은?

① 도로－5.0m
② 철도－5.5m
③ 횡단보도교－3.0m
④ 궤도－6.5m

답안 표기란				
49	①	②	③	④
50	①	②	③	④
51	①	②	③	④
52	①	②	③	④

53 **라이팅덕트 공사에 대한 시설 기준으로 틀린 것은?**

① 덕트는 조영재에 견고하게 붙일 것
② 덕트의 끝부분은 막을 것
③ 덕트 상호 간 및 전선 상호 간은 전기적으로 떨어져 있을 것
④ 덕트의 지지점 간 거리는 2m 이하로 할 것

54 **전선의 접속이 불완전하여 발생할 수 있는 사고로 볼 수 없는 것은?**

① 화재　② 감전
③ 누전　④ 절전

55 **다음 합성수지몰드공사에 관한 내용으로 틀린 것은?**

① 합성수지 몰드와 박스 기타의 부속품과는 전선이 노출되지 않도록 할 것
② 합성수지 몰드는 홈의 폭 및 길이가 10cm 이하일 것
③ 합성수지 몰드 안에는 접속점이 없도록 할 것
④ 전선은 절연전선일 것

56 **화재 시 소방대가 조명기구나 파괴용 기구, 배연기 등 소화활동 및 인명구조활동에 필요한 전원으로 사용하기 위해 설치하는 것은?**

① 비상용 콘센트　② 비상등
③ 유도등　④ 상용전원장치

답안 표기란	
53	① ② ③ ④
54	① ② ③ ④
55	① ② ③ ④
56	① ② ③ ④

57 다음 중 버스 덕트가 아닌 것은?

① 트랜스포지션 버스 덕트
② 탭붙이 버스 덕트
③ 플로어 버스 덕트
④ 플러그 인 버스 덕트

58 저압 옥내 간선으로부터 분기하는 곳에 설치하여야 하는 것은?

① 지락 차단기　　② 과전류 차단기
③ 누전 차단기　　④ 과전압 차단기

59 다음 변압기 중성점에 접지공사를 하는 이유는?

① 전류변동의 방지　　② 전압변동의 방지
③ 전력변동의 방지　　④ 고압측 혼촉방지

60 실내 면적 $100m^2$인 교실에 전광속이 2,500lm인 40W 형광등을 설치하여 평균조도를 150lx로 하려면 몇 개의 등을 설치하면 되겠는가?(단, 조명률은 50%, 감광 보상률은 1.25로 한다.)

① 15개　　② 20개
③ 25개　　④ 30개

답안 표기란				
57	①	②	③	④
58	①	②	③	④
59	①	②	③	④
60	①	②	③	④

CRAFTSMAN
ELECTRICITY

PART 3

정답 및 해설

전기이론·전기기기·전기설비

01	③	02	①	03	③	04	①	05	④
06	①	07	②	08	③	09	④	10	②
11	③	12	①	13	④	14	③	15	①
16	②	17	①	18	④	19	③	20	③
21	②	22	④	23	①	24	③	25	④
26	②	27	①	28	④	29	③	30	①
31	②	32	④	33	③	34	②	35	③
36	①	37	②	38	④	39	③	40	①
41	④	42	②	43	①	44	③	45	②
46	①	47	④	48	③	49	②	50	①
51	④	52	②	53	③	54	③	55	④
56	②	57	③	58	①	59	②	60	④

01 정답 ③

유효전력 $P=VI\cos\theta$에서 $\cos\theta=\frac{P}{VI}$이다.

따라서 $\cos\theta=\frac{P}{VI}=\frac{700}{200\times6}=0.58$

02 정답 ①

히스테리시스곡선 : 물질의 반응 정도를 외부 자극 크기 및 방향에 대한 함수로 그림을 그렸을 때 나타나는 곡선을 말한다.

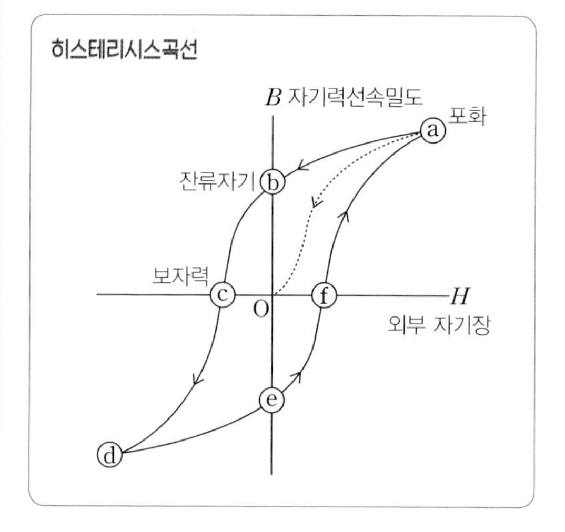

03 정답 ③

저항의 병렬접속에서 합성저항은 저항값의 역수에 대한 합을 구하고 다시 그 역수를 취하면 된다. 따라서 합성저항은

$R_0=\frac{1}{\frac{1}{R_1}+\frac{1}{R_2}+\cdots+\frac{1}{R_n}}$ Ω으로 구할 수 있다.

04 정답 ①

- (＋)극 : 구리판 $2H^{+}+2e^{-}\rightarrow H_2$(수소)
- (－)극 : 아연판 $Zn\rightarrow Zn^{2+}+2e^{-}$

05 정답 ④

병렬접속이므로
합성 정전용량은 $C=C_1+C_2=40+50=90\mu F$이고
전하량은 $Q=CV=90\times10^{-6}\times100=90\times10^{-4}C$이다.

06 정답 ①

코일에서 전류 $IL=\frac{V}{\omega L}=\frac{V}{2\pi fL}\propto\frac{1}{f}$이다. 주파수가 2배 증가하면 전류는 $\frac{1}{2}$배가 되는 것은 코일 소자이다.

07 정답 ②

전지의 연결이 직렬이므로
단락전류 $I=\frac{nE}{nr}=\frac{5\times1.4}{5\times0.2}=7A$이다.(단, n은 전지의 개수이다.)

08 정답 ③

진공 중에서 같은 크기의 두 자극을 1m 거리에 놓았을 때 작용하는 힘이 6.33×10^4N이 되는 자극의 단위는 Wb이다.

자기력의 크기 F

$F=6.33\times10^4\times\frac{m_1m_2}{r^2}N$

(m_1 : 자석의 세기, m_2 : 자석의 세기, r : 거리)

09 정답 ④

반자성체 : 자석에 반발하는 물체를 말한다.
① **비자성체** : 자화되지 않는 물체를 말한다.
② **가역성체** : 모양은 변하나 본질은 변하지 않는 물체를 말한다.
③ **상자성체** : 자석에 끌리는 물체를 말한다.

10 정답 ②

자기 인덕턴스 1H는 전류의 변화율이 1A/s일 때 1V의 기전력이 발생할 때의 값이다.

기전력

기전력의 크기는 전류의 시간적인 변화율에 비례하는 것으로 전자유도작용에 의해 발생한다.

기전력 $e=-L\frac{dI}{dt}V$

11 정답 ③

극판 간격 d, 면적 S인 평행평판 도체에서의 정전용량 C는 $C=\frac{\epsilon_0}{d}SF$이다. (C : 평행판 전극간의 정전용량 F, S : 전극 면적 m^2, d : 전극 간 거리 m)
따라서 정전용량은 극판의 간격에 반비례한다.

12 정답 ①

열량 $Q=0.24Pt=0.24I^2Rt=0.24\frac{V^2}{R}t$이다.($P$: 전력 [W], t : 시간[s])
따라서 $Q=0.24Pt=0.24\times3\times(20\times60)=864kcal$이다.

13 정답 ④

최대 전력 전달조건은 $r=R$에서
최대 전력 $P_{max}=\frac{V^2}{4R}=\frac{150^2}{4\times25}=225W$이다.

14 정답 ③

옴의 법칙은 $I=\frac{V}{R}$이다. 따라서 회로에 흐르는 전류의 크기는 저항에 반비례하고, 가해진 전압에 비례한다.

15 정답 ①

직렬 연결 시 합성저항 $R=R_1+R_2+R_3+\cdots+R_n\Omega$이다.

합성저항

- **직렬연결** : $R=R_1+R_2+R_3+\cdots+R_n\Omega$
- **병렬연결** : $R=\dfrac{1}{\dfrac{1}{R_1}+\dfrac{1}{R_2}+\cdots+\dfrac{1}{R_n}}\Omega$

16 정답 ②

합성 컨덕턴스는 $G=\dfrac{1}{\dfrac{1}{G_1}+\dfrac{1}{G_2}}=\dfrac{1}{\dfrac{1}{0.2}+\dfrac{1}{0.2}}=0.1\mho$이다.

따라서 전압은 $V=\dfrac{I}{G}=\dfrac{3}{0.1}=30\text{V}$이다.

17 정답 ①

자장 내의 도체에 작용하는 힘은 $F=BIL\sin\theta$이므로
$F=4\times5\times0.4\times\sin30^\circ=4\text{N}$이다.

18 정답 ④

평행판 콘덴서의 정전용량은 $C=\dfrac{\epsilon_0\epsilon_s S}{d}$이다.

$C=\dfrac{8.855\times10^{-12}\times4\times\pi\times0.3^2}{0.1\times10^{-2}}\fallingdotseq0.01\mu\text{F}$이다.

19 정답 ③

변압기 권수비의 식은 다음과 같다.

$a=\dfrac{N_1}{N_2}=\dfrac{V_1}{V_2}=\dfrac{I_2}{I_1}=\sqrt{\dfrac{R_1}{R_2}}$

$\therefore\ a=\sqrt{\dfrac{R_1}{R_2}}=\sqrt{\dfrac{640}{0.1}}=80$이다.

20 정답 ③

플레밍의 오른손법칙은 전류 · 자기장 · 도체 운동의 세 방향에 관한 법칙(플레밍의 법칙) 중 자기장 속을 움직이는 도체 내에 흐르는 유도 전류의 방향과 자기장의 방향(N극에서 S극으로 향한다), 도체의 운동 방향과의 관계를 나타내는 법칙이다.

① **렌츠의 법칙** : 유도기전력과 유도전류는 자기장의 변화를 상쇄하려는 방향으로 발생한다는 전자기법칙이다.
② **플레밍의 왼손법칙** : 자기장 속에 있는 도선에 전류가 흐를 때 자기장의 방향과 도선에 흐르는 전류의 방향으로 도선이 받는 힘의 방향을 결정하는 규칙이다.
④ **패러데이의 법칙** : 전기분해를 하는 동안 전극에 흐르는 전하량(전류×시간)과 전기분해로 인해 생긴 화학변화의 양 사이의 정량적인 관계를 나타내는 법칙이다.

21 정답 ②

초퍼 회로는 초퍼를 사용하여 직류를 교류로 변환하는 회로로 ON, OFF를 고속도로 변환할 수 있는 스위치이다.

22 정답 ④

동기 조상기는 전력계통에서 역률을 개선하기 위해 그 계자전류를 조정하여 영역률의 진상 또는 지상 전류를 취하면서 보통 무부하로 운전하는 동기 전동기를 말한다.

① **댐퍼** : 진동 에너지를 흡수하는 장치를 말한다.
② **제동권선** : 동기 발전기에서 난조를 방지하여 고른 회전을 위해 두어진 권선의 일종이다.
③ **동기 이탈** : 회전자의 고유 진동과 전원 또는 부하의 주기적인 변화로 인한 강제 진동이 일치하였을 때, 난조가 발생하여 동기를 이탈한다.

23 정답 ①

3상 반파 정류회로의 직류 전압은 다음과 같이 구할 수 있다.

$E_d=\dfrac{3\sqrt{6}}{2\pi}V=\dfrac{3\sqrt{6}}{2\pi}\times400=467.81\fallingdotseq468\text{V}$이다.

24 정답 ③

기동 토크의 크기는 다음과 같다.
반발 기동형 > 반발 유도형 > 콘덴서 모터형 > 분상 기동형 > 셰이딩 코일형

반발 기동형 유도전동기

반발 기동형 유도전동기는 기동시에는 반발전동기로서 기동하고 기동후에는 정류자를 원심력에 의하여 자동적으로 단락하여 단상유도전동기로 운전하는 전동기이다.

25 정답 ④

직류 분권발전기는 계자코일과 전기자 코일이 병렬로 연결된 방식으로 두 코일에 인가된 전압이 같다. 직류 분권발전기는 충전발전기로 사용된다.

직류발전기

직류발전기는 전기자코일과 계자코일의 접속방법에 따라 직권식, 분권식 및 복권식으로 구분한다.

26 정답 ②

유지 전류는 사이리스터의 ON상태를 유지하기 위한 최소의 양극 전류를 말한다. ON상태에 있는 사이리스터의 게이트(G) 회로를 개방하고 양극 전류를 점차 줄여가면 어느 전류부터 OFF상태로 옮아가서 전류가 흐르지 않게 된다.

래칭 전류

사이리스터에서 전력 반도체 소자를 턴 온(turn on)하기 위해 필요한 최소한의 순방향 전류를 래칭 전류라 한다.

27 정답 ①

직권전동기는 주 계자 권선이 전기자와 직렬로 접속되고 있는 직류 전동기로 철도 차량 구동용으로서 적합하고 때문에 주 전동기에 많이 사용되고 있다.

② **분권전동기** : 계자권선과 전기자를 병렬로 접속한 것이며 부하전류의 변동과 관계 없이 속도는 대개 일정하다.
③ **가동 복권전동기** : 복권전동기의 직권 계자 기자력이 분권 계자 기자력에 합쳐지도록 직권 권선이 감겨 있는 것이다.
④ **차동 복권전동기** : 분권 계자와 직권 계자가 같은 자극 철심에 감겨 있으며, 기자력은 서로 반대가 된다. 속도가 거의 일정하거나 부하가 증가하면 속도도 증가하는 특성이 있다.

28 정답 ④

변압기의 1차측은 전원측, 2차측은 부하측을 의미한다.

29 정답 ③

병렬연결은 개방상태가 무방하지만 직렬연결을 개방하면 부하전류로 때문에 2차 권선에 고압이 유도되어 2차측이 소손된다. 직렬연결을 점검할 때에는 반드시 2차측을 단락하여야 한다.

30 정답 ①

규약 효율 η

- 전동기 $\eta = \frac{\text{입력} - \text{손실}}{\text{입력}} \times 100\%$
- 발전기, 변압기 $\eta = \frac{\text{출력}}{\text{출력} + \text{손실}} \times 100\%$

31 정답 ②

유도전동기의 토크는 $T = K_0 \frac{sE_2^2 r_2}{r_2 + (sx_2)^2}$[N · m]이고, 토크는 전압의 제곱에 비례한다. $T \propto V^2$이므로 $T \propto \left(\frac{1}{2}\right)^2 = \frac{1}{4}$배가 된다.

32 정답 ④

비례 추이는 유도 전동기에 있어서 2차 회로의 저항이 r_2인 경우의 슬립–토크 특성이 주어져 있을 때, 2차 저항을 p배 하였을 때 얻어지는 특성은 위의 특성 곡선에서의 각 토크에 대응하는 슬립 값을 p배하여 다시 그림으로써 구하여 진다는 것이다.

33 정답 ③

동기발전기는 전류가 기전력보다 90° 늦으면 감자작용, 90° 빠른 경우는 자화작용을 한다.

34 정답 ②

3상 유도전동기의 회전 방향을 바꾸려면 상회전을 반대로 해야 하므로 전원의 3선 중 2선의 위치를 서로 바꾸어주면 된다.

35 정답 ③

3상 입력은 $\sqrt{3}V_n I_1 \cos\theta \mathrm{W}$이고, 3상 출력은 $P\mathrm{kW} = P \times 10^3 \mathrm{W}$이다. 따라서

$$\eta = \frac{출력}{입력} \times 100 = \frac{P \times 10^3}{\sqrt{3}V_n I_1 \cos\theta} \times 100\%$$이다.

36 정답 ①

부흐홀츠 계전기는 변압기의 기름 탱크 안에 발생된 가스 또는 여기에 수반되는 유류를 검출하는 접점을 가지는 변압기 보호용 계전기이다. 부저를 움직여 계전기의 접점을 닫는 기능을 하므로 주 탱크와 콘서베이터 사이에 설치한다.

37 정답 ②

동기기에서의 저항은 누설 리액턴스에 비하여 작고, 전기자 반작용은 단락 전류가 흐른 이후에 작용하므로 돌발 단락 전류를 제한하는 것은 누설 리액턴스이다.

38 정답 ④

V곡선(위상 특성 곡선)은 종축에 전기자 전류, 횡축에 계자 전류로 구성되어 있다.

39 정답 ③

직류발전기의 철심을 규소 강판으로 성층하여 사용하는 주된 이유는 규소를 넣으면 자기 저항을 크게 하여 와류손과 히스테리시스손을 감소하게 하기 때문이다. 규소 강판으로 성층하면 투자율이 낮아지고 기계적 강도가 감소되어 부서지기 쉽다.

40 정답 ①

콘덴서 기동형의 기동원리는 보조권선에 삽입된 콘덴서에 의해 위상이 변화된 공급 전류가 되어 권선에 흐르게 되며 전자력의 평형상태가 깨져 기동 토크를 얻게 된다. 이때 회전자가 움직이기 시작하여 일정 회전수까지 속도가 상승하면 원심력 스위치에 의해 콘덴서를 분리하여 운전하는 방식이다. 콘덴서가 역률 개선의 역할을 하므로 역률이 좋고 비교적 기동 토크가 크기 때문에 가정용 전동기에 주로 이용된다.

41 정답 ④

인입선에서 분기되는 점에서 100m를 초과하는 지역에 미치지 아니할 것이 되어야 한다.

연접 인입선의 시설

저압 연결(이웃 연결) 인입선은 다음에 따라 시설하여야 한다.

- 인입선에서 분기하는 점으로부터 100m를 초과하는 지역에 미치지 아니할 것
- 폭 5m를 초과하는 도로를 횡단하지 아니할 것
- 옥내를 통과하지 아니할 것

42 정답 ②

금속 덕트 공사에서 전광표시장치 또는 제어회로용 배선만을 공사할 때 절연전선의 단면적은 금속 덕트 내 50% 이하여야 한다.

금속덕트공사 시설조건

- 전선은 절연전선일 것
- 금속덕트에 넣은 전선의 단면적 합계는 덕트의 내부 단면적의 20%(전광표시장치 기타 이와 유사한 장치 또는 제어회로 등의 배선만을 넣은 경우에는 50%) 이하일 것

43 정답 ①

후강 전선관의 규격으로는 16, 22, 28, 36, 42, 54, 70, 82, 92, 104가 있다.

44 정답 ③

금속몰드공사 시 사용전압은 400V 이하여야 한다.

금속몰드공사

- 전선은 절연전선일 것
- 금속몰드 안에는 전선에 접속점이 없도록 할 것. 다만, 금속제 조인트 박스를 사용할 경우에는 접속할 수 있다.
- 금속몰드의 사용전압이 400V 이하로 옥내의 건조한 장소로 전개된 장소 또는 점검할 수 있는 은폐 장소에 한하여 시설할 수 있다.

45 정답 ②

애자공사에서 전선의 지지점 간의 거리는 전선을 조영재의 윗면 또는 옆면에 따라 붙이는 경우에는 2m 이하일 것

46 정답 ①

토치램프는 석유류를 압축 공기로 분출 기화해서 연소시켜 물질을 가열시키기 위해 사용하는 공구이다.

47 정답 ④

전체 길이가 15m를 초과하므로 땅에 묻히는 깊이는 2.5m 이상으로 해야 한다.

가공전선로 지지물의 기초의 안전율

강관을 주체로 하는 철주 또는 철근 콘크리트주로서 그 전체 길이가 16m 이하, 설계하중이 6.8kN 이하인 것 또는 목주를 다음에 의하여 시설하는 경우

- 전체 길이가 15m를 초과하는 경우는 땅에 묻히는 깊이를 2.5m 이상으로 할 것
- 전체 길이가 15m를 이하인 경우에는 땅에 묻히는 깊이를 전체 길이의 6분의 1 이상으로 할 것

48 정답 ③

애자공사에서 전선 상호 간의 간격은 0.06m 이상으로 한다.

49 정답 ②

금속관의 곡률반경은 안지름의 6배 이상 구부린다.

50 정답 ①

전선의 세기(인장하중)를 20% 이상 감소시키지 아니해야 한다. 다만, 점퍼선을 접속하는 경우와 기타 전선에 가하여지는 장력이 전선의 세기에 비하여 현저히 작을 경우에는 적용하지 않는다.

51 정답 ④

관로식에 의하여 시설하는 경우에는 매설 깊이를 1.0m 이상으로 하되, 매설 깊이가 충분하지 못한 장소에는 견고하고 차량 기타 중량물의 압력에 견디는 것을 사용해야 한다. 다만, 중량물의 압력을 받을 우려가 없는 곳은 0.6m 이상으로 한다.

52 정답 ②

다상 교류의 전원 중성점에서 꺼낸 전선을 중성선이라 하며, 일반적으로 이끌어낸 끝에 접지된다. 배전방식에 의해서 단상 3선식, 삼상 4선식 등으로 나누어진다.

53 정답 ③

역률 개선의 효과로는 설비용량의 이용률 증가, 전력손실 감소, 전압강하 감소가 있다.

54 정답 ③

NF는 450/750V 일반용 유연성 단심 비닐절연전선의 약호이다.
① NR : 450/750V 일반용 단심 비닐절연전선
② NRI : 300/500V 기기 배선용 단심 비닐절연전선
④ NFI : 300/500V 기기 배선용 유연성 단심 비닐절연전선

55 정답 ④

조도는 어떤 면에 투사되는 광속을 면의 면적으로 나눈 것을 말한다.
① **휘도** : 광원의 외관상 단위면적당의 밝기를 말한다.
② **광도** : 광원에서 어떤 방향에 대한 밝기를 말한다.
③ **광속** : 광원 전체의 밝기를 말한다.

56 정답 ②

금속전선관에서 박강은 외경, 후강은 내경으로 mm로 나타낸다.

금속관의 종류
- **후강 전선관** : 근사 내경, 짝수
- **박강 전선관** : 근사 외경, 홀수
- 나사 없는 전선관

57 정답 ③

브리타니어 분기접속은 3.2mm 이상의 굵은 단선과 단면적 10mm² 이상의 굵은 단선 접속 시에 사용된다.

58 정답 ①

저압 가공전선 또는 고압 가공전선은 일반장소의 경우 전선의 표시상 최소 높이는 지표상 6m 이상이다.

59 정답 ②

지지물의 지선에 연선을 사용하는 경우에는 소선 3가닥 이상의 연선을 사용해야 한다.

지선의 시설

지선에 연선을 사용할 경우에는 다음에 의할 것
- 소선 3가닥 이상의 연선에 의할 것
- 소선의 지름이 2.6mm 이상의 금속선을 사용한 것일 것. 다만, 소선의 지름이 2mm 이상인 아연도강연선으로서 소선의 인장강도가 0.68kN/mm² 이상인 것을 사용하는 경우에는 적용하지 않는다.

60 정답 ④

N은 네온, R은 고무, V는 비닐로 '고무절연 비닐 시스 네온 전선'이다.

제2회
PBT 모의고사 정답 및 해설

전기이론·전기기기·전기설비

01	②	02	①	03	③	04	④	05	②
06	①	07	③	08	④	09	②	10	①
11	③	12	④	13	②	14	①	15	③
16	④	17	①	18	②	19	③	20	①
21	①	22	③	23	②	24	④	25	②
26	①	27	③	28	④	29	②	30	①
31	③	32	②	33	④	34	①	35	③
36	②	37	①	38	③	39	④	40	②
41	①	42	③	43	②	44	④	45	②
46	②	47	③	48	③	49	②	50	①
51	③	52	④	53	②	54	①	55	③
56	④	57	②	58	①	59	③	60	④

01 정답 ②

$F=mH=4\times10^{-2}\times100=4\text{N}$

02 정답 ①

평행하는 두 도체 사이에 작용하는 힘은 $F=\frac{2I_1I_2}{r}\times10^{-7}$이다. 두 도체 전류의 방향이 같은 경우 흡인력이 작용하고, 전류의 방향이 다를 경우에는 반발력이 작용한다.

03 정답 ③

L－C 병렬 회로에 전류가 0이 되려면 임피던스가 무한대이어야 한다. $z=\frac{1}{\frac{1}{X_L}-\frac{1}{X_C}}\Omega$에서 z가 무한대가 되려면 $X_L=X_C$일 경우이다. 이 경우를 병렬 공진상태라 하는데 공진 주파수는 $f=\frac{1}{2\pi\sqrt{LC}}\text{Hz}$가 된다.

04 정답 ④

용량성 리액턴스는 $X_C=\frac{1}{2\pi fC}\Omega$이다. 따라서 용량성 리액턴스는 정전용량에 반비례한다. 즉, 정전용량이 커지면 용량성 리액턴스는 작아지게 된다.

05 정답 ②

- 동일한 임피던스를 △에서 Y로 등가변환할 경우 임피던스는 $\frac{1}{3}$배가 된다.
- 동일한 임피던스를 Y에서 △로 등가변환할 경우 임피던스는 3배가 된다.

06 정답 ①

임피던스 $Z=R+j\omega L-j\frac{1}{\omega C}$에서
$Z=3+j8-j4=3+j4=5\angle53.13\Omega$이다.

07 정답 ③

$1g$ 당량을 석출하는데 필요한 전기량은 물질에 상관없이 일정하다.

전기 화학당량

전기 화학당량은 1C의 전하로 석출하는 물질의 양을 말하는 것으로 전기 화학당량은 원자량을 원자가로 나눈 것이다.

전기 화학당량$=\frac{\text{원자량}}{\text{원자가}}$

08 정답 ④

도체 표면은 등전위이므로 전기력선, 즉 전계방향은 도체 표면에서 수직방향이다.

전기력선의 기본적인 성질

- 전기력선은 교차하지 않는다.
- 양전하의 전기력선은 무한원점에서 시작되고 음전하의 무한원점에서 끝난다.

09 정답 ②

공기는 상자성체이다.

자성체의 종류

- **강자성체** : 자석에 잘 붙으며 외부 자기장이 사라져도 자화가 남아있는 물체(예 철, 코발트, 니켈 등)
- **반자성체** : 자석에 반발하는 물체(예 구리, 물, 은, 금, 비스무트 등)
- **상자성체** : 자석에 끌리는 물체(예 공기, 산소, 백금, 알루미늄 등)

10 정답 ①

허용전류는 전선에서 안전하게 흘릴 수 있는 전류의 한도를 말하며, 이 한도 이내의 전류를 안전 전류라고 한다.

② **과도전류** : 전기회로에서 전원의 단속이나 회로 안의 요소가 변화했을 때, 그 단속이나 변화가 일어나서부터 일정한 전류, 즉 정상전류로 되기까지의 시간에 흐르는 전류를 말한다.

③ **맥동전류** : 시간에 대한 방향은 변화하지 않고, 크기만 주기적으로 변화하는 전류를 말한다.

④ **전도전류** : 도체 내의 전자가 전위차이로 인해 실제로 이동하면서 발생하는 전하의 흐름을 말한다.

11 정답 ③

무효전력 : 리액턴스분을 포함하는 부하에 교류 전압을 가했을 경우 어떤 일을 하지 않는 전기 에너지가 전원과 부하 사이를 끊임없이 왕복한다. 그의 크기를 나타내는 것이 무효 전력이며, 단위는 바(Var)나 킬로바(kVar)를 쓴다.

12 정답 ④

정전 용량이 같은 경우 직렬합성의 용량 $C_S=\frac{1}{n}C$, 정전 용량이 같은 경우 병렬합성의 용량 $C_P=nC$, 따라서 $\frac{C_P}{C_S}=\frac{nC}{\frac{C}{n}}=n^2$이다. 즉, 콘덴서 개수의 재곱배가 된다. 콘덴서가 10개인 경우 10,000배로 증가한다.

13 정답 ②

$Q=It=1\times3,600=3,600\text{C}$. I는 전류이고, t는 시간이다. 1h는 3,600[C]에 해당한다.

14 정답 ①

전력은 단위시간에 전기가 한 일을 나타내는 것이고, 3분은 180초이다.

$$P=\frac{W}{t}=\frac{432,000}{180}=2,400$$

$$\therefore W=2,400\text{W}=2.4\text{kW}$$

15 정답 ③

부하의 역률을 100%로 하기 위해서는 전 무효 전력만큼의 콘덴서 용량이 필요하다. 따라서 콘덴서 용량은

$$Q_C=P\tan\theta_1=P\times\frac{\sin\theta_1}{\cos\theta_1}$$

$=4,000\times\frac{0.6}{0.8}$

$=3,000\text{kVA}$

16 정답 ④

두 코일을 직렬로 접속하였을 경우 합성 인덕턴스 L_0는 $L_0=L_1+L_2\pm2M$이다. M의 부호는 가동 결합이면 +, 차동 결합이면 −이다.

17 정답 ①

정전 에너지는 $W=\frac{1}{2}QV=\frac{1}{2}CV^2$J이다.

18 정답 ②

도전율 $\sigma=\frac{1}{\rho}$℧/m. ρ는 저항률이다.

19 정답 ③

가우스의 법칙에 따르면 mWb의 자하에서는 m개의 자속이 나오고, $\frac{m}{\mu}$개의 자기력선이 나온다.

20 정답 ①

전기 전도도는 전기가 잘 흐르는 정로를 나타내는 것으로 전기저항의 역수로 나타낸다.

은 1.59×10^{-8}, 구리 1.7×10^{-8}, 금 2.44×10^{-8}, 알루미늄 2.82×10^{-8}으로, 은 → 구리 → 금 → 알루미늄순이다.

21 정답 ①

$P_h\propto\frac{1}{f}$에서 히스테리시스손은 주파수에 반비례하므로 히스테리시스손은 감소하고 철손도 감소한다.

22 정답 ③

균압선은 직류 복권(또는 직권)발전기의 안정된 병행운전을 할 수 있게 하기 위하여 각 기기의 전기자 권선과 직권 계자 권선과의 접속점을 서로 접속하는 저저항의 도선을 말한다.

① **집전환** : 전기 기계에 적절히 취부된 금속 링으로 기계의 고정자 측에서 회전자 측으로 전기 에너지를 전달하기 위하여 사용한다.

② **합성저항** : 둘 이상의 저항을 직렬, 병렬 혹은 직병렬로 접속한 경우에 전체로서 하나의 저항으로 간주했을 때의 저항을 말한다.

④ **브러시** : 전동기나 발전기 등에 있어서 회전자와 정지하고 있는 부분(고정자 등)을 접속하는 경우의 접촉자의 역할을 하는 도체이다.

23 정답 ②

유도전동기의 동기속도는

$N_S=\frac{120f}{p}$에서 $N_S=\frac{120\times80}{4}=2,400\text{rpm}$이다.

따라서 슬립이 3%인 경우 회전자 속도는

$N=(1-S)N_S=(1-0.03)\times2,400=2,328\text{rpm}$이다.

24 정답 ④

보상 권선은 직류기의 주자극편의 전기자에 상대하는 면에 있는 슬롯 안에 설치한 권선으로, 상대하는 전기자 권선의 전류와 반대 방향으로 전류를 통해서 거기에 따라 자극편 아래 부분의 전기자 반작용을 상쇄하는 작용을 한다.

① **탄소 브러시** : 정류자를 가진 전기 기계에서 전기적 접촉을 보장할 뿐 아니라 정류자가 잘 돌도록 작용한다.

② **보극** : 전기자 반작용을 없애기 위해 주된 자기극인 N극과 S극의 사이에 설치한 소자극이다.

③ **균압환** : 발전소나 변전소의 고압설비들에서 전위가 고르게 분포되도록 하는 금속고리로 절연물의 어느 한 부분이 먼저 못쓰게 되는 것을 막아준다.

25 정답 ②

직류전동기의 회전수(N)와 토크(τ)

- **직권전동기** : 제곱에 반비례 $\tau\propto\frac{1}{N^2}$
- **분권전동기** : 반비례 $\tau\propto\frac{1}{N}$

26 정답 ①

단락비는 $K_S = \frac{\text{무부하에서 정격전압을 유도하는데 필요한 여자전류}}{\text{정격전유와 같은 단락전류를 흘리는데 필요한 여자전류}} = 1.2$이다.

%동기 임피던스는 단락비의 역의 관계에 있으므로 %동기 임피던스는

$Z_S' = \frac{100}{K_S} = \frac{100}{1.2} ≒ 83\%$이다.

27 정답 ③

변압기의 여자전류는 자기 포화와 히스테리시스 현상 때문에 왜곡(일그러짐)된다.

28 정답 ④

여자 어드미턴스는 $Y_0 = \sqrt{g_0^2 + b_0^2} = \frac{I_0}{V_1}$℧이다. 따라서

$Y_0 = \frac{I_0}{V_1} = \frac{0.2}{13,200} = 1.5 \times 10^{-5}$℧이다.

29 정답 ②

토크는 $\tau = 0.975\frac{P}{N}\text{kg}\cdot\text{m}$으로 구할 수 있다.

$\tau = 0.975 \times \frac{70 \times 10^3}{2,400} = 28.4\text{kg}\cdot\text{m}$이다.

단위에 따른 토크 공식

$\tau = 0.975\frac{P}{N}\text{kg}\cdot\text{m}$

$\tau = 9.55\frac{P}{N}\text{N}\cdot\text{m}$

30 정답 ①

유도 기전력은 $E = \frac{pZ}{a}\Phi\frac{N}{60}$이다.

중권이므로 $a = p$를 기준으로 기전력을 구하면

$E = \frac{4 \times 152}{4} \times 0.035 \times \frac{1,200}{60} = 106.4\text{V}$이다.

31 정답 ③

보상권선은 상대하는 전기자 권선의 전류와 반대 방향으로 전류를 흘려 전기자 반작용의 기자력을 상쇄시킨다.

32 정답 ②

전기자 반작용은 주자속을 감소시켜 자속을 왜곡시킨다. 이로 인해 발전기는 기전력이 감소하고 전동기는 속도가 상승한다. 자속의 왜곡으로 인하여 중성축이 이동하고 정류가 불량해져 국부적으로 불꽃이 발생한다.

33 정답 ④

변압기의 유도 기전력은 $E = 4.44Nf\phi_m$, $\phi_m = \frac{E}{4.44fN}$ Wb이다. 따라서 자속은 전압에 비례하고 주파수에 반비례한다.

34 정답 ①

전기기기의 냉각 매체로는 물, 수소, 공기 등이 쓰인다.

35 정답 ③

철손에는 히스테리시스손과 와류손이 있고, 부하전류와는 관계가 없는 고정손이다.

36 정답 ②

무효순환전류는

$I_C = \frac{E_1 - E_2}{2Z_S} = \frac{E_r}{2Z_S} = \frac{200}{2 \times 5} = 20\text{A}$이다.

37 정답 ①

과복권기는 급전선의 전압강하 보상용으로 사용한다.

④ **차동복권기** : 수하 특성을 이용하므로 용접기 전원으로 사용

38 정답 ③

유도전동기의 회전자 주파수 f_2는 슬립에 비례하므로 $f_2 = sf_1 = 0.05 \times 80 = 4\text{Hz}$이다.

39 정답 ④

기동보상기법은 기동시 전동기에 대한 인가전압을 단권변압기로 감압하여 기동함으로써 기동전류를 억제하고 기동완료 후 전전압 가하는 기동방식으로, 15kW 초과하는 농형 유도전동기 기동에 사용한다.

40 정답 ②

역률을 조정할 수 없는 전동기는 유도전동기이고 동기전동기는 류여자를 어느 값으로 하면 역률이 1로 되어 동일한 입력으로 교류 쪽에서 흘러들어가는 전류를 최소값으로 할 수 있다.

41 정답 ①

어스테스터는 접지저항 측정에 사용하는 측정기이다.

42 정답 ③

배전반 및 분전반은 노출되고 안정된 장소에 설치하여야 한다.

43 정답 ②

전압을 승압하면 전력손실이 감소한다. 전력손실은 전압의 제곱에 반비례한다.

44 정답 ④

합성수지공사 시 전선은 연선이어야 한다. 다만, 짧고 가는 합성수지관에 넣은 것과 단면적 10mm^2(알루미늄선은 단면적 16mm^2) 이하의 것은 적용하지 않는다.

45 정답 ②

와이어 게이지는 와이어(철사)나 가는 드릴 등의 지름을 재는 데 사용하는 게이지이다.

① **스패너** : 볼트, 너트, 나사 등의 머리를 죄거나 푸는 공구이다.

46 정답 ②

압착단자는 전선의 단말 처리를 위하여 쓰는 동관 단자이다.

① **스프링 와셔** : 와셔 볼트의 너트가 진동 등으로 인해 이완되는 것을 방지하기 위하여 너트의 안쪽에 사용하는 것이다.
④ **십자머리볼트** : 십자형 홈이 팬 머리를 가진 볼트를 말한다.

47 정답 ③

고압이란 교류는 1kV를, 직류는 1.5kV를 초과하고 7kV 이하인 것을 뜻한다.

전압의 구분

- **저압** : 교류는 1kV 이하, 직류는 1.5kV 이하인 것
- **고압** : 교류는 1kV를, 직류는 1.5kV를 초과하고 7kV 이하인 것
- **특고압** : 7kV를 초과하는 것

48 정답 ③

OW는 옥외용 비닐 절연전선의 약호이다.

① CV : 가교 폴리에틸렌 절연 비닐 시스 케이블
② DV : 인입용 비닐 절연전선
④ OC : 옥외용 가교 폴리에틸렌 절연전선

49 정답 ②

구형애자는 전선을 서로 접속시킬 때 두 전선을 전기적으로 절연할 목적으로 사용하는 애자이다.

① **핀애자** : 애자에 핀을 꼬아 넣고, 핀을 기둥, 대 등에 부착하는 형태의 애자이다.
③ **인류애자** : 전선로에서 당기는 개소에 사용하는 애자이다.
④ **곡핀애자** : 인입선에 사용되는 애자이다.

50 정답 ①

저압으로 수전하는 경우 조명은 3% 이하로 하는 것을 원칙으로 한다.

수용가설비의 전압강하

설비의 유형	조명[%]	기타[%]
A-저압으로 수전하는 경우	3	5
B-고압 이상으로 수전하는 경우	6	8

가능한 한 최종회로 내의 전압강하가 A유형의 값을 넘지 않도록 하는 것이 바람직하다. 사용자의 배선설비가 100m를 넘는 부분의 전압강하는 미터당 0.005% 증가할 수 있으나 이러한 증가분은 0.5%를 넘지 않아야 한다.

51 정답 ③

전선을 조영재의 윗면 또는 옆면에 따라 붙일 경우에는 2m 이하여야 한다.

애자공사

- 전선 상호 간의 간격은 0.06m 이상일 것
- 전선과 조영재 사이의 이격거리는 사용전압이 400V 이하인 경우에는 25mm 이상, 400V 초과인 경우에는 45mm 이상일 것
- 전선의 지지점 간의 거리는 전선을 조영재의 윗면 또는 옆면에 따라 붙일 경우에는 2m 이하일 것
- 사용전압이 400V 초과인 것은 제4의 경우 이외에는 전선의 지지점 간의 6m 이하일 것

52 정답 ④

안전 허리띠용 로프는 허리 부분보다 위로 10~15° 정도 높게 걸어야 안전하다.

53 정답 ②

유니버셜 엘보우는 노출 배관공사에 관을 직각으로 굽혀야 할 곳의 관 상호 접속 또는 관을 분기해야 할 곳에 사용한다.

오답해설

① **픽스쳐 하키** : 아웃렛 박스에 조명기구를 부착시킬 때 사용한다.

③ **아웃렛 박스** : 전선관 공사에 있어 전등기구나 점멸기 또는 콘센트의 고정한다.

④ **유니온 커플링** : 스틸전선관끼리 연결하는 부속으로 전기배관 설치 후 유지보수 등의 필요로 인해 재결합이 필요한 구간에 설치하는 연결부속이다.

54 정답 ①

셀룰러덕트 및 부속품의 선정은 다음과 같다.

- 강판으로 제작한 것일 것
- 덕트 끝과 내면은 전선의 피복을 손상하지 않도록 매끈한 것일 것
- 덕트의 안쪽 면 및 외면은 방청을 위하여 도금 또는 도장을 한 것일 것
- 부속품의 판 두께는 1.6mm 이상일 것

55 정답 ③

클리퍼는 굵은 전선을 절단할 때 사용하는 공구이다.

① **와이어 게이지** : 와이어(철사)나 가는 드릴 등의 지름을 재는 데 사용하는 게이지이다.

② **파이프 렌치** : 관 등과 같이 주위가 매끄러운 것을 회전시키는 경우에 사용하는 공구를 말한다.

④ **파이프 커터** : 파이프를 절단하는데 사용하는 공구이다.

56 정답 ④

애자공사 시 전선 상호 간의 간격은 0.06m(=6cm) 이상이어야 한다.

① 전선과 조영재 사이의 이격거리는 400V 초과인 경우에는 45mm 이상일 것

② 전선의 지지점 간의 거리는 전선을 조영재의 윗면 또는 옆면에 따라 붙일 경우에는 2m 이하일 것

③ 사용하는 애자는 절연성, 난연성 및 내수성의 것이어야 한다.

애자공사

- 전선 상호 간의 간격은 0.06m 이상일 것
- 전선과 조영재 사이의 이격거리는 사용전압이 400V 이하인 경우에는 25mm 이상, 400V 초과인 경우에는 45mm 이상일 것
- 전선의 지지점 간의 거리는 전선을 조영재의 윗면 또는 옆면에 따라 붙일 경우에는 2m 이하일 것
- 사용전압이 400V 초과인 것은 제4의 경우 이외에는 전선의 지지점 간의 6m 이하일 것
- 사용하는 애자는 절연성, 난연성 및 내수성의 것이어야 한다.

57

정답 ②

오스터는 파이프에 나사를 절삭하는 다이스 돌리기의 일종이다.

① **파이프 렌치** : 관 등과 같이 주위가 매끄러운 것을 회전시키는 경우에 사용하는 공구를 말한다.

③ **볼트클리퍼** : 2개의 날을 맞대어 절단하는 구조로 되어 있으며, 굵은 철선도 쉽게 절단할 수 있으므로 철선이나 전선의 절단에 많이 사용된다.

④ **파이프 벤더** : 파이프를 원호상으로 굽히는 기계이다.

58

정답 ①

녹아웃펀치는 유압에 의해 철판에 구멍을 뚫는 공구이다.

59

정답 ③

금속덕트를 조영재에 붙이는 경우 지지점 간의 거리는 3m 이하로 해야 한다.

금속덕트의 시설

- 덕트 상호 간은 견고하고 또한 전기적으로 완전하게 접속할 것
- 덕트를 조영재에 붙이는 경우에는 덕트의 지지점 간의 거리를 3m 이하로 하고 또한 견고하게 붙일 것

60

정답 ④

히키는 금속관을 구부리는데 사용하는 공구이다.

전기이론·전기기기·전기설비

01	②	02	①	03	④	04	①	05	③
06	④	07	①	08	③	09	③	10	①
11	④	12	③	13	①	14	②	15	④
16	②	17	①	18	③	19	④	20	①
21	①	22	④	23	②	24	③	25	②
26	①	27	④	28	①	29	②	30	③
31	④	32	①	33	②	34	④	35	①
36	④	37	②	38	③	39	①	40	④
41	①	42	④	43	②	44	③	45	④
46	①	47	③	48	④	49	②	50	①
51	③	52	②	53	④	54	①	55	③
56	②	57	④	58	①	59	③	60	②

01 정답 ②

전력은 전계가 1초 동안 한 일을 말하며 단위는 W를 사용한다. $1W=1J/s=1VA$이다.

전력 $P=\frac{dW}{dt}=\frac{dQ}{dt}V$이므로 $V=\frac{W}{Q}$이다.

02 정답 ①

앙페르의 오른나사 법칙이란 전선에서 언제나 오른나사가 진행하는 방향으로 전류가 흐르면, 자력선은 오른나사가 회전하는 방향으로 만들어진다는 원리이다.

② **플레밍의 왼손 법칙** : 자기장 속에 있는 도선에 전류가 흐를 때 자기장의 방향과 도선에 흐르는 전류의 방향으로 도선이 받는 힘의 방향을 결정하는 규칙이다.

③ **렌츠의 자기 유도 법칙** : 전자기 유도에 의해 만들어지는 전류는 자기장의 변화를 방해하는 방향으로 흐른다는 원리이다.

④ **패러데이의 전자유도 법칙** : 유도기전력의 크기는 코일을 관통하는 자속(자기력선속)의 시간적 변화율과 코일의 감은 횟수에 비례한다는 전자기 유도법칙이다.

03 정답 ④

최댓값$=\sqrt{2}\times$실효값이다. 따라서 최댓값$=\sqrt{2}\times 300=424.3V$이다.

04 정답 ①

$W=\frac{1}{2}LI^2J$이다. 따라서 자기 인덕턴스에 축적되는 에너지는 자기 인덕턴스에 비례하고 전류에 제곱에 비례한다. (W는 자계 에너지, L은 자기 인덕턴스, I는 전류)

05 정답 ③

원형 코일의 중심 자장의 세기는 $H=\frac{N\times I}{2r}$이다.

따라서 $\frac{12\times 5}{2\times 5\times 10^{-2}}=600AT/m$이다.

06 정답 ④

양성자의 극성은 (+)이고 전자의 극성은 (−)이다.

정상상태에서의 원자

- 원자는 양전기를 가진 원자핵과 음전기를 가진 전자로 구성된다.
- 원자핵은 전자와 같은 수의 양성자와 전기를 전혀 가지지 않는 중성자로 구성되어 있다.
- 정상상태에서의 원자는 원자 내의 양성자 수와 같아서 외부에는 전기적인 성질을 나타내지 않는 중성이 된다.

07 정답 ①

세라믹 콘덴서는 유전율이 높은 산화 타이타늄이나 타이타늄 산바륨 등의 자기(세라믹스)를 유전체로 하는 콘덴서이다.

② **마이카 콘덴서** : 전기 용량을 크게 하기 위하여 금속판 사이에 운모를 끼운 축전기를 말한다.

③ **마일러 콘덴서** : 유전체로 폴리에스테르 등이 사용되고 다른 종류보다 저렴해서 많이 사용된다.

④ **전해 콘덴서** : 극성이 있으며, 띠 있는 쪽이 음극이다. 보통 용량과 정격전압이 숫자로 씌어 있으며, 누설전류가 조금 있고, 초고역에서의 주파수 특성이 좋지 않다.

08 정답 ③

탄소피막 저항기는 세라믹 막대 표면에 얇은 탄소막을 입혀 저항체로 이용하는 고정 저항기로 탄소피막에 나선형으로 홈을 내어 필요한 저항값을 얻는다. 비교적 작은 전류가 흐르는 전자 회로에 이용한다.

① **어레이 저항기** : 동일한 저항값을 가진 작은 저항기들을 묶어 하나의 소자로 만든 저항기이다.

② **가변 저항기** : 저항값을 연속적으로 또는 단계적으로 바꿀 수 있는 저항기이다.

④ **금속 피막 저항기** : 단일 금속이나 합금의 박막을 유리나 도자기 따위의 절연성 지지체 위에 부착한 저항기로 내열성, 잡음 처리가 뛰어나다.

09 정답 ③

자기 인덕턴스 $L=\dfrac{N\phi}{I}$Wb/A 또는 H이다.

따라서 $L=\dfrac{N\phi}{I}=\dfrac{300\times9\times10^{-2}}{2}=13.5$H이다.

10 정답 ①

자기력선은 서로 교차하지 않는다.

자기력선의 특징

- 항상 N극에서 나와서 S극으로 들어간다.
- 중간에 끊어지거나 교차하지 않는다.
- 자기력선의 간격이 촘촘할수록 자기장의 세기가 세다.

11 정답 ④

펠티에 효과란 서로 다른 종류의 도체를 접합하여 전류를 흐르게 할 때 접합부에 줄열 외에 발열 또는 흡열이 일어나는 현상으로 전자 냉동기에 사용된다.

① **패러데이 효과** : 자기장 내의 투명물질이 광회전성을 나타내는 현상을 말한다.

② **제어백 효과** : 두 종류의 금속 접합 후 온도를 다르게 하면 전류가 흐르는 현상이다.

③ **톰슨 효과** : 동종의 금속에 온도차가 있을 때 열의 발생 또는 흡수가 일어나는 것을 말한다.

12 정답 ③

축적되는 전자 에너지 W는 다음과 같이 구한다.

$W=\dfrac{1}{2}LI^2=\dfrac{1}{2}\times0.1\times5^2=1.25$J

13 정답 ①

기전력 2.5V인 전지를 10개 직렬로 연결하면 전압이 25V이다. 내부저항 0.2Ω인 전지 10개를 직렬로 연결하면 합성저항은 2Ω이다. 전압 25V, 저항 2Ω에 3Ω의 저항을 가진 전구에 연결할 때 전구에 흐르는 전류 A는 $I=\dfrac{V}{R+r}=\dfrac{25}{2+3}=5$A가 된다.

PART 3 정답 및 해설

14 정답 ②

자속밀도 $B=\mu H \mathrm{Wb/m^2}=\mu_0\mu_s H \mathrm{Wb/m^2}$에서 투자율은 $\mu=\frac{B}{H}$이므로 자화력의 크기에 따라 달라지고, 자속밀도에 비례하며, 자계의 세기에는 반비례한다.

15 정답 ④

자속밀도와 자계의 세기의 관계 $B=\mu H \mathrm{Wb/m^2}$이다.
자속밀도는 $B=4\pi\times10^{-7}\times200=8\pi\times10^{-5}$이다.

16 정답 ②

일정 전압을 가할 때 전계의 세기는 $E\propto\frac{1}{d}$이므로 극판 간격을 $\frac{1}{5}$로 줄이면 전기장의 세기는 5배로 커지게 된다.

17 정답 ①

전기와 자기의 요소 대칭관계는 다음과 같다.

전계	자계
기전력	기자력
전속밀도	자속밀도
전속	자속
저항	자기저항
전기량	자기량
유전율	투자율

18 정답 ③

정현파의 평균값은 $V_a=\frac{2V_m}{\pi}$로 구할 수 있다.

따라서 $V_a=\frac{2\times220}{\pi}=140.1\mathrm{V}$이다.

실효값과 평균값

파형	실효값	평균값
정현파	$\frac{V_m}{\sqrt{2}}$	$\frac{2V_m}{\pi}$
비정현파	$\frac{V_m}{2}$	$\frac{V_m}{\pi}$
삼각파	$\frac{V_m}{\sqrt{3}}$	$\frac{V_m}{2}$
구형반파	$\frac{V_m}{\sqrt{2}}$	$\frac{V_m}{2}$
구형파	V_m	V_m

19 정답 ④

전력량을 열량으로 환산하면 1J은 0.24cal이다. 따라서

$$1\mathrm{kWh}=1{,}000\mathrm{Wh}=1{,}000\times3{,}600\mathrm{Ws}=3.6\times10^6\mathrm{J}$$이다.

20 정답 ①

상호 인덕턴스는 $M=k\sqrt{L_1L_2}$에서 누설 자속이 없으면
$k=1$이므로
$M=\sqrt{20\times180}=\sqrt{3{,}600}=60\mathrm{mH}$이다.

21 정답 ①

평복권 발전기는 무부하 단자 전압과 정격 부하 단자 전압이 같게 되도록 직권 권선의 기자력을 채택한 복권 발전기이다.

② **과복권 발전기** : 전부하에서의 단자전압이 무부하 전압보다도 높아지는 특성의 발전기를 말한다.
③ **직권 발전기** : 전기자 권선과 계자 권선이 직렬 접속되고 있는 발전기로 전기자 초퍼(chopper) 차량의 회생 제동시에 주 전동기가 직권 발전기로서 운전된다.
④ **분권 발전기** : 전기자 권선과 계자 권선을 병렬로 접속하고 전기자 발생 전압으로 자극을 여자하는 방식의 직류 발전기이다.

22 정답 ④

트라이악은 2개의 실리콘 제어 정류기가 역병렬로 접속된 것과 동일한 기능을 갖는 양방향 사이리스터로 교류 전원 컨트롤용으로 사용된다. 그림은 다이오드에 흐르는 전류로 트라이악을 제어하는 위상제어 회로이다.

23 정답 ②

역상제동은 유도 전동기 전기 제동의 하나로 전동기의 회전을 급속하게 정지하고자 할 경우에 사용한다.

① **단상제동** : 권선형 유도 전동기의 고정자에 단상 전압을 걸어 주고 회전자 회로에 큰 저항을 연결할 때 일어나는 전기적 제동으로 대형 기중기에서 짐을 아래로 안전하게 내릴 때 쓴다.

③ **발전제동** : 전동기를 발전기로 작용하게 할 때, 전동기의 운동 에너지를 전기 에너지로 변환하여 전동기의 속도를 저감하는 제동 방식이다.

④ **회생제동** : 직류 전동기에서는 무부하 속도 이상일 때, 유도 전동기에서는 동기속도 이상일 때 이 방식이 적용된다.

24 정답 ③

변압기 권수비는

$a=\frac{N_1}{N_2}=\frac{V_1}{V_2}=\frac{4,800}{160}=30$이다.

25 정답 ②

전압변동률 ε은 다음과 같이 구할 수 있다.

$$\varepsilon=\frac{V_0-V_n}{V_n}\times 100$$
$$=\frac{132-120}{120}\times 100$$
$$=10\%$$

26 정답 ①

1극 1상의 슬롯수는 $q=\frac{Z}{3p}=\frac{36}{3\times 6}=2$이다.

27 정답 ④

동기속도는 $N_S=\frac{120f}{p}=\frac{120\times 60}{2}=3,600\text{rpm}$이다.

28 정답 ①

$P_h\propto\frac{1}{f}$이므로 히스테리시스손은 주파수에 반비례한다.

따라서 히스테리시스손은 감소한다.

29 정답 ②

$V_2=V_1+E_2\cos\alpha$이다. 단상 유도 전압조정기의 1차 권선을 $0°$에서 $180°$까지 돌리면 $\cos\alpha$는 -1에서 1까지 변화하기 때문에 V_2는 V_1+E_2에서 V_1-E_2까지 조정할 수 있다.

30 정답 ③

동기조상기는 동기전동기를 무부하 운전하고 그 계자전류를 조정하면 역률이 영에 가까운 전기자전류의 크기를 바꿀 수 있는데, 이것을 이용해서 회로로부터 얻는 진상 또는 지상의 무효전력을 조정하여, 회로의 역률 조정에 사용되는 동기기를 말한다.

① **동기발전기** : 기계 동력을 전기 출력으로 변환하는 동기 교류 발전기로서 정속도로 운전하여 일정 주파수의 교류 전력을 발생한다.

② **유도발전기** : 상호 회전하는 회로와 망을 구성하여 동력을 한 회로에서 다른 회로로 전자 유도에 의해 전달하는 발전기를 말한다.

④ **유도전동기** : 전자 유도로 회전자에 전류를 흘려 회전력을 생기게 하는 교류 전동기이다.

31 정답 ④

동기발전기를 회전계자형으로 하는 이유는 다음과 같다.

- 계자극은 기계적으로 튼튼하게 만드는데 용이하다.
- 계자 회로는 직류의 저압 회로이므로 소요 동력이 작다.
- 전기자 권선은 전압이 높고 결선이 복잡하다.
- 고전압인 전기자가 고정되어 있어 절연하기 쉽다.

32 정답 ①

권선형 유도전동기에서 2차 저항을 증가시키면 기동전류는 감소하고, 기동 토크는 증가하며, 2차 회로의 역률이 나빠지게 되고 최대 토크는 일정하다.

33 정답 ②

절연물의 등급에 따른 허용 최고 온도는 다음과 같다.

절연물의 등급	최고 허용 온도
Y종 절연	90℃
A종 절연	105℃
E종 절연	120℃
B종 절연	130℃
F종 절연	155℃
H종 절연	180℃
C종 절연	180℃ 초과

34 정답 ④

직류 분권발전기의 단자 전압은 $V=E-R_aI_a$이다.
따라서 $V=124.5-0.1\times95=115\text{V}$이다.

35 정답 ①

소비전력은
$P=VI\cos\theta=220\times2.5\times0.75=412.5\text{W}$이다.

36 정답 ④

직렬연결을 개방하면 부하전류로 인한 2차측이 소손되므로 직렬연결을 점검할 때에는 반드시 2차측을 단락하여야 한다.

37 정답 ②

동기조상기는 송전계통의 역률개선이나 전압조정에 사용되는 동기기로 과여자로 운전하면 콘덴서로 작용하고, 부족여자로 운전하면 리액티로 작용한다.

38 정답 ③

원선도 작성 시 필요한 시험으로는 권선의 저항측정, 무부하시험, 구속시험이 있다.

39 정답 ①

저압측 선전류는
$I_2=\frac{P}{\sqrt{3}V_2}=\frac{100\times10^3}{\sqrt{3}\times200}=288.68\text{V}$이다.
따라서 유효분 전류는
$I=I_2\cos\theta=288.68\times0.8$
$=230.94\text{A}$, 약 230A이다.

40 정답 ④

전원 전압의 변동, 부하에 의하여 변압기 2차측에 전압에 변동이 생긴다. 전압 변동을 보상하려면 변압기의 변압비를 바꾸어야 하는데 이를 위해 2차측에 여러 개의 탭을 설치해야 한다.

41 정답 ①

온도퓨즈는 전기기기의 회로 쇼트나 회로부품의 고장 등에 기인하는 과전류에 의해 발생하는 기기의 발열을 감지하고, 회로를 차단하는 과열 보호 부품이다.

42 정답 ④

멀티 탭에는 하나의 콘센트에 둘 또는 세 가지의 기계기구를 끼워서 사용할 수 있다.

43 정답 ②

자동화재탐지설비란 화재 초기 단계에서 발생하는 열이나 연기를 자동적으로 검출하여, 건물 내의 관계자에게 발화 장소를 알리고 동시에 경보를 내보내는 설비이다. 열이나 연기를 감지하는 장치, 발화 장소를 명시하는 수신기, 발신기, 음향장치, 배선, 전원으로 구성되어 있다.

44 정답 ③

와이어 스트리퍼는 전선에 감겨 있는 피복물을 쉽게 벗겨 내기 위한 도구이다.

① **압착펜치** : 슬리버 등을 압착시켜 주는 저돌기가 있는 펜치이다.

② **플라이어** : 철사나 전선을 구부리거나 절단하는 데 사용한다.

④ **드라이버** : 나사못을 돌려서 박거나 빼는 기구이다.

45 정답 ④

최대사용전압이 7kV 이하인 전동기이므로 최대사용전압의 1.5배의 전압이 시험전압이 된다. 다만, 500V 미만으로 되는 경우에는 500V로 하기 때문에 220×1.5=330V이므로 절연 내력시험전압은 500V으로 한다.

회전기 및 정류기의 절연내력

• **발전기, 전동기, 조상기, 기타 회전기**

최대사용전압	시험전압
7kV 이하	최대사용전압의 1.5배의 전압(500V 미만으로 되는 경우에는 500V)
7kV 초과	최대사용전압의 1.25배의 전압(10.5kV 미만으로 되는 경우에는 10.5kV)

• **회전변류기** : 직류측의 최대사용전압의 1배의 교류전압(500V 미만으로 되는 경우에는 500V)

※ 시험방법 : 권선과 대지 사이에 연속하여 10분간 가한다.

46 정답 ①

가공인입선은 가공전선로의 지지물로부터 다른 지지물을 거치지 아니하고 수용장소의 붙임점에 이르는 가공전선이다.

② **구내인입선** : 구내의 전선으로부터 그 구내의 전기사용장소로 인입하는 가공전선으로, 지지물을 거치지 않고 시설하는 것이다.

③ **연접인입선** : 한 수용 장소의 인입선에서 나와 지지물을 경과하여 다른 수용 장소의 인입구에 이르는 부분의 전선이다.

④ **구내전선로** : 수요자의 구내에 설치하는 옥외전선로이다.

47 정답 ③

전선의 식별은 다음과 같다.

상(문자)	색상
L1	갈색
L2	흑색
L3	회색
N(중성선)	청색
보호도체	녹색－노란색

48 정답 ④

4개소에서 점멸할 때 사용하는 스위치는 3로 스위치 2개, 4로 스위치 2개를 사용한다.

49 정답 ②

가연성 가스 또는 인화성 물질의 증기가 누출되거나 체류하여 전기설비가 발화원이 되어 폭발할 우려가 있는 곳에 있는 저압 옥내전기설비는 금속관공사, 케이블공사에 준하여 시설하는 외에 위험의 우려가 없도록 시설하여야 한다.

50 정답 ①

저압 연접(이웃 연결) 인입선은 다음에 따라 시설하여야 한다.

• 인입선에서 분기하는 점으로부터 100m를 초과하는 지역에 미치지 아니할 것

• 폭 5m를 초과하는 도로를 횡단하지 아니할 것

• 옥내를 통과하지 아니할 것

51 정답 ③

총 소선수는 $N=3n(n+1)+1$이고 이때 n은 층수이다.

계산해보면

$N=3n(n+1)+1$

$=3\times2(2+1)+1$

$=19$이다.

52 정답 ②

폭연성 분진(마그네슘, 알루미늄, 티탄, 지르코늄 등의 먼지가 쌓여있는 상태에서 불이 붙었을 때에 폭발할 우려가 있는 것을 말한다.) 또는 화약류의 분말이 전기설비가 발화원이 되어 폭발할 우려가 있는 곳, 가연성의 가스 또는 인화성 물질의 증기가 새거나 체류하는 곳의 전기공작물은 금속관공사 또는 케이블공사에 의하여야 하고 금속관공사를 하는 경우 관 상호 및 관과 박스 등은 5턱 이상의 나사조임으로 접속하여야 한다.

53 정답 ④

광원의 높이는 작업면으로부터 광원까지의 거리를 말하는 것으로 광원의 높이는 3m이다.

54 정답 ①

FLS는 플로트레스 스위치로 구를 사용하지 않는 스위치이다. 물탱크의 수위조절용으로 주로 사용된다.

55 정답 ③

직접조명은 빛을 직접 대상물에 비추는 조명방식이다. 적은 전력으로 높은 조도를 얻을 수 있으나 방 전체에 균일한 조도를 얻기 어려우며, 눈부심이 일어나기 쉽고 빛에 의한 그림자가 강하게 나타나는 특징이 있다.

56 정답 ②

과전류차단기의 시설 제한

접지공사의 접지도체, 다선식 전로의 중성선 및 전로의 일부, 접지공사를 한 저압 가공전선로의 접지측 전선에는 과전류차단기를 설치하여서는 안 된다.

57 정답 ④

CN－CV－W : 동심중성선 수밀형 전력케이블로 옥외 수직입상부, 물기가 있고 화재위험이 없는 곳에 적용한다.

58 정답 ①

캐치 홀더는 저압배선에서 배전용변압기의 2차측 인출구나 인입선의 분기점 등에 취부하는 퓨즈의 보지기로 20～200A 정도까지 여러 가지가 있다.

59 정답 ③

엘리베이터 · 덤웨이터 등의 승강로 내에 시설하는 사용전압이 400V 이하인 저압 옥내배선, 저압의 이동전선 및 이에 직접 접속하는 리프트 케이블은 이에 적합한 케이블을 사용하여야 한다.

60 정답 ②

지중 전선로는 전선에 케이블을 사용하고 또한 관로식 · 암거식 또는 직접 매설식에 의하여 시설하여야 한다.

제4회
PBT 모의고사 정답 및 해설

전기이론·전기기기·전기설비

01	①	02	②	03	④	04	①	05	③
06	②	07	①	08	④	09	②	10	③
11	①	12	④	13	②	14	③	15	③
16	④	17	③	18	③	19	④	20	①
21	④	22	①	23	③	24	②	25	①
26	④	27	②	28	①	29	③	30	④
31	②	32	③	33	①	34	④	35	②
36	①	37	③	38	②	39	①	40	④
41	①	42	④	43	②	44	③	45	③
46	②	47	②	48	④	49	①	50	③
51	②	52	②	53	③	54	①	55	②
56	③	57	④	58	①	59	③	60	②

01 정답 ①

4Ω과 6Ω이 병렬로 연결되어 있으므로 $\frac{1}{4}+\frac{1}{6}=\frac{5}{12}$, 역수인 $\frac{12}{5}=2.4\Omega$이고 10Ω 두 개의 저항이 병렬로 연결되어 있으므로 $\frac{10}{2}=5\Omega$이다. 이 두 저항이 직렬로 연결되어 있으므로 2.4+5=7.4Ω이다.

합성 저항
- 직렬저항 : $R=R_1+R_2$
- 병렬저항 : $R=\frac{1}{\frac{1}{R_1}+\frac{1}{R_2}}=\frac{R_1R_2}{R_1+R_2}$

02 정답 ②

전압계의 측정범위를 넓히기 위하여 전압계를 직렬로 저항을 접속하여 측정하고, 이때 직렬로 연결한 저항을 배율기라 한다.

03 정답 ④

피상전력은 교류의 부하 또는 전원의 용량을 나타내는데 사용하는 값으로, 단위에는 VA 또는 kVA를 쓴다.

① **역률** : 교류회로에서 유효전력과 피상전력과의 비
② **무효전력** : 리액턴스분을 포함하는 부하에 교류 전압을 가했을 경우 어떤 일을 하지 않는 전기 에너지가 전원과 부하 사이를 끊임없이 왕복한다. 그의 크기를 나타내는 것이 무효 전력이며, 다음 식으로 주어지고, 단위에는 바(var)나 킬로바(kvar)를 쓴다.
③ **유효전력** : 교류 회로에 접속된 많은 부하는 모터에서와 같이 저항과 리액턴스의 직렬 회로로 보는 경우가 많다. (전류)×(전압)을 피상 전력(VA)이라고 부르며, (피상 전력)×(역률)을 유효 전력(W)이라고 한다.

04 정답 ①

합성 정전용량
- 직렬접속 : $C=\frac{1}{\frac{1}{C_1}+\frac{1}{C_2}}=\frac{C_1C_2}{C_1+C_2}$
- 병렬접속 : $C=C_1+C_2$

05 정답 ③

자기 회로에 기자력 NI[A]가 작용했을 때 생기는 자속을 ϕWb라 할 때 NI와 ϕ의 비를 자기 저항이라 한다. 자속 $\phi=\frac{F}{R_m}$에서 자기 저항 $R_m=\frac{F}{\phi}=\frac{N\times I}{\phi}$AT/Wb이다.

06 정답 ②

기전력 $V=\frac{W}{Q}=\frac{169}{26}=6.5\text{V}$

07 정답 ①

진공 중의 두 점전하 사이에 작용하는 정전력은
$F=\frac{1}{4\pi\epsilon_0}\times\frac{Q_1Q_2}{r^2}=9\times10^9\times\frac{Q_1Q_2}{r^2}$N이다.

08 정답 ④

$Z=X_C-X_L=35-10=25\Omega$, 따라서 전류는 다음과 같이 구할 수 있다.
$I=\frac{V}{Z}=\frac{150}{25}=6\text{A}$
또한 $\omega L<\frac{1}{\omega C}$일 때 전압에 비해 전류가 앞선 위상이므로 용량성이다.

09 정답 ②

키르히호프의 제2법칙이란 임의의 단힌회로에서 회로 내의 모든 전위차의 합이 0이라는 법칙을 말한다. 즉, 임의의 폐회로를 따라 한 바퀴 돌 때 그 회로의 기전력의 총합은 각 저항에 의한 전압 강하의 총합과 같다.

10 정답 ③

상전류는 $\frac{\text{상전압}}{\text{등가임피던스}}$이므로
상전류$=\frac{\text{상전압}}{\text{등가임피던스}}=\frac{200}{\sqrt{6^2+8^2}}=20\text{A}$이다.
△결선시 선전류는 상전류의 $\sqrt{3}$배이므로
선전류는 $\sqrt{3}\times$상전류$=\sqrt{3}\times20=20\sqrt{3}\text{A}$이다.

11 정답 ①

자기저항 $R_m=\frac{l}{\mu S}$AT/Wb에서 강자성체는 투자율이 높으므로 자기저항이 감소된다.

12 정답 ④

그림은 병렬회로이므로 각 소자에 인가되는 전압은 같다.
따라서 코일에 흐르는 전류 $I_L=\frac{V}{X_L}=\frac{V}{\omega L}=\frac{200}{\frac{100}{3}}=6\Omega$이다.

13 정답 ②

전류의 크기는 $|I|=|8+j6|=\sqrt{8^2+6^2}=10\text{A}$이다.

14 정답 ③

줄의 법칙이란 도체 내에 흐르는 정상 전류에 의해서 일정 시간 동안에 발생하는 줄 열의 양은 전류의 세기의 제곱과 도체의 저항에 비례한다는 법칙이다.
① **플레밍의 왼손 법칙** : 자기장 속에 있는 도선에 전류가 흐를 때 자기장의 방향과 도선에 흐르는 전류의 방향으로 도선이 받는 힘의 방향을 결정하는 규칙이다.
② **비오－사바르의 법칙** : 정상 전류에 의해서 생성되는 자기장의 강도에 관한 법칙을 말하고, 보통은 미분 형식으로 표시된다.
④ **앙페르의 오른나사의 법칙** : 전류에 의해서 생기는 자계의 방향을 찾아내기 위한 법칙이다.

15 정답 ③

전기가 한 일은 $W=QV=300\times5=1{,}500\text{J}$이다.

16 정답 ④

2전력계법 유효전력은 P_1+P_2, 무효전력은 $\sqrt{3}(P_1-P_2)$이다. 이 부하 전력은 $P=P_1+P_2=200+200=400\text{W}$이다.

17 정답 ③

직렬로 연결된 경우 전압과 저항 모두 연결된 배수만큼 증가한다. 이때 흐르는 전류는

$I=\frac{nV}{nr+R}=\frac{20\times1.5}{20\times0.1+1}=10\text{A}$이다.

18 정답 ③

Y결선에서 $V_l=\sqrt{3}V_P\angle30°$로 된다. 각 선간전압은 각 상전압에 비해 크기가 $\sqrt{3}$배이고, 위상은 30° 빠르다. 따라서 상전압은 $V_P=\frac{V_l}{\sqrt{3}}=\frac{380}{\sqrt{3}}\fallingdotseq220\text{V}$이다.

19 정답 ④

기전력이란 2점 간에 전류를 흐르게 하려고 하는 힘을 말한다.

① **저항** : 물체에 전류가 흐를 때 이 전류의 흐름을 방해하는 요소를 저항이라고 한다.
② **중성자** : 원자를 구성하고 있는 입자의 한 종류로 전하를 띠지 않는다.
③ **전기량** : 전류와 시간의 곱을 전기량이라고 한다.

20 정답 ①

전자 유도법칙에 의한 유도기전력은

$e=-L\frac{dI}{dt}$이므로 $e=0.05\times\frac{2}{0.05}=2\text{V}$이다.

21 정답 ④

교류발전기의 고조파 제거(파형 개선)를 위해서 분포권과 단절권을 채용한다.

22 정답 ①

동기 조상기는 송전계통의 역률개선이나 전압조정에 사용되는 동기기로 동기전동기를 무부하 운전하고 그 계자전류를 조정하면 역률이 영에 가까운 전기자전류의 크기를 바꿀 수 있는데, 이것을 이용해서 회로로부터 얻는 진상 또는 지상의 무효전력을 조정하여, 회로의 역률 조정에 사용되는 동기기를 말한다.

② **댐퍼** : 적극적으로 마찰을 시켜 진동을 감쇠시키는 장치이다.
③ **제동권선** : 동기 발전기에서 난조를 방지하여 고른 회전을 위해 두어진 권선의 일종이다.
④ **동기 이탈** : 회전자의 고유 진동과 전원 또는 부하의 주기적인 변화로 인한 강제 진동이 일치하였을 때, 난조가 발생하여 동기를 이탈한다.

23 정답 ③

변압기 기름의 구비조건은 다음과 같다.

- 절연내역이 클 것
- 인화점이 높고, 응고점이 낮을 것
- 점도가 낮을 것
- 냉각효과가 클 것
- 화학적으로 안정할 것
- 고온에서 산화되거나 석출물이 발생하지 않을 것

24 정답 ②

무전압계전기는 전원 전압이 없어졌을 때 동작하는 계전기이다.

25 정답 ①

일반 전력용 변압기는 누석 자속을 적게 해서 누설 리액턴스를 되도록 적게 하여 전압변동이 없도록 하려 하지만 아크 용접용 변압기는 일정 전류를 유지시키기 위해 부하 전류 증가에 따른 전압 강하를 크게 하려고 리액턴스를 되도록 증가시킨다.

26 정답 ④

$\sin\theta=\sqrt{1-\cos^2\theta}=\sqrt{1-0.8^2}=0.6$이므로
$\varepsilon=p\cos\theta+q\sin\theta=2\times0.8+3\times0.6=3.4\%$이다.

27 정답 ②

변압기 극성시험은 고압측 V_h, 저압측 V_l라 하면 감극성인 경우 $V_1=V_h-V_l$, 가극성인 경우 $V_2=V_h+V_l$이다. 따라서 전압 차이 V는
$V=V_2-V_1=V_h+V_l-(V_h-V_l)=2V_l$
$=2\times10=20\text{V}$이다.

28 정답 ①

3상 동기발전기 병렬운전의 조건은 다음과 같다.
- 기전력의 크기가 같을 것
- 기전력의 위상이 같을 것
- 기전력의 주파수가 일치할 것
- 기전력의 파형이 일치할 것
- 기전력의 상회전 방향이 같을 것

29 정답 ③

비례추이를 할 수 있는 것으로는 역률, 동기 와트, 1차 전류, 2차 전류가 있고 비례추이를 할 수 없는 것으로는 출력, 효율, 2차 동손이 있다.

30 정답 ④

동기기 운전 시 안정도 증진법은 다음과 같다.
- 역상, 영상 임피던스를 크게 할 것
- 속응 여자방식을 채용할 것
- 회전자의 플라이휠 효과를 크게 할 것
- 발전기의 조속기 동작을 신속히 할 것
- 동기 임피던스를 작게 할 것
- 단락비를 크게 할 것

31 정답 ②

직류 스테핑 모터(DC stepping motor)는 자동 제어 장치를 제어하는 데 사용되는 특수전기 기기로서, 특히 고출력 서보 기구에 많이 사용된다. 출력을 이용하여 특수기계의 속도, 거리, 방향 등을 정확하게 제어할 수 있다.
① 대용량의 대형기는 만들기 어렵다.
③ 초저속에서는 큰 토크를 얻을 수 있다.
④ 정지하고 있을 때 그 위치를 유지해 주는 토크가 크다.

32 정답 ③

차동복권발전기는 직권 계자 기자력이 분권 계자 기자력에 상반되는 방향으로 작용하는 것으로 수하 특성을 얻기 위해서 사용된다.

수하 특성
수하 특성은 부하 전류가 증가하면 단자 전압이 저하하는 특성으로서 피복 아크 용접에 필요한 특성이다.

33 정답 ①

변압기의 극성은 변압기를 병렬로 접속하는 경우에 문제가 되는 변압기의 특성이다. 1차측 전압의 방향과 2차측 전압 발생의 방향이 같은 방향일 때, 이것을 감극성이라 하고 극성은 감극성이 표준으로 되어 있다.

34 정답 ④

등가저항은
$R=r_2'(\frac{1}{s}-1)=0.1\times(\frac{1}{0.05}-1)=1.9\Omega$이다.

35 정답 ②

3상 동기발전기의 상간 접속을 Y결선으로 하는 이유는 다음과 같다.
- Y결선에서는 선간전압이 상전압보다 $\sqrt{3}$배 더 크다.
- 중성점을 이용하여 중성점 접지를 할 수 있다.
- 선간전압에서 고전압 생성에 유리하다.
- 코로나 및 열화방지가 가능하다.
- 제3고조파를 제거하여 파형을 개선할 수 있다.

36 정답 ①

유도기전력은 $E=\frac{pZ}{a}\Phi\frac{N}{60}$에서 직렬권이다.

$a=2$를 기준으로 기전력을 구하면

$E=\frac{6\times300}{2}\times0.02\times\frac{900}{60}=270\text{V}$이다.

37 정답 ③

유도전동기의 회전수는

$N=(1-s)N_S=(1-s)\frac{120}{p}f\text{rpm}$이다. 따라서

$p=(1-s)\frac{120}{N}f=(1-0.03)\times\frac{120}{1,164}\times60=6$극이다.

38 정답 ②

변압기 권수비는

$a=\frac{N_1}{N_2}=\frac{V_1}{V_2}=\frac{I_2}{I_1}=\sqrt{\frac{R_1}{R_2}}$이다. 따라서

$a=\sqrt{\frac{R_1}{R_2}}=\sqrt{\frac{720}{0.2}}=60$이다.

39 정답 ①

3상 유도전동기의 회전 방향을 바꾸기 위한 방법은 3개 중 2개를 바꾸면 된다.

40 정답 ④

횡축 반작용(교차 자화작용)은 전기자 전류가 유기기전력과 동위상으로 크기는 $I\cos\theta$이다.

41 정답 ①

전선을 접속할 때에는 전선의 세기(인장하중)를 20% 이상 감소시키지 아니해야 한다. 다만, 점퍼선을 접속하는 경우와 기타 전선에 가하여지는 장력이 전선의 세기에 비하여 현저히 작을 경우에는 적용하지 않는다.

42 정답 ④

커플링 접속은 관 상호 접속에 사용한다.

> **전선의 접속방법**
> 슬리브에 의한 접속, 분기접속, 종단접속(커넥터 접속), 직선접속(트위스트 접속) 등

43 정답 ②

엔트런스 캡은 저압 가공 인입선에서 금속공사로 이어지는 곳 또는 옥외 배관작업 시 수직으로 세워진 강제전선관의 상부 끝에 설치해서 비와 벌레의 유입을 막고 전선 인출시 피복을 보호하기 위해 사용한다.

① **부싱** : 관 끝에 두어 전선의 인입, 인출을 하는 경우 전선의 절연물을 다치지 않게 하기 위하여 사용하는 것이다.
③ **터미널 캡** : 수평 확장한 전선관 끝에 부착하고 전선관의 끝에서 꺼낼 전선의 보호를 위해 사용하는 전선관 부속 재료이다.
④ **플로어 박스** : 바닥 밑으로 매입 배선할 때 사용한다.

44 정답 ③

접지공사의 접지도체, 다선식 전로의 중성선 및 전로의 입부에 접지공사를 한 다음 가공전서로의 접지측 전선에는 과전기차단기를 시설하여서는 안 된다.

45 정답 ③

교통신호등 제어장치의 2차측 배선의 최대 사용전압은 300V 이하이어야 한다.

46 정답 ②

총 소선수는 $N=3n(n+1)+1$이고 이때 n은 층수이다.

계산해보면

$N=3n(n+1)+1$
$=3\times3(3+1)+1$
$=37$이다.

47 정답 ②

곡률 반지름은 다음과 같다.
- **구부러진 금속관** : 관 안지름의 6배 이상
- **직각 구부리기** : 관 안지름의 $6배+\frac{바깥지름}{2}$

48 정답 ④

A종 퓨즈는 정격전류의 110%, B종 퓨즈는 130% 전류에 용단되지 않아야 한다.

49 정답 ①

특고압용 기계기구 시설은 다음과 같다.
- **사용전압 35kV 이하** : 5m
- **사용전압 35kV 초과 160kV 이하** : 6m

고압용 기계기구 시설은 기계기구를 지표상 4.5m(시가지 외에는 4m 이상)의 높이에 시설하고 또한 사람이 쉽게 접촉할 수 없도록 시설해야 한다.

50 정답 ③

합성수지관 및 부속품의 시설은 관 상호 간 및 박스와는 관을 삽입하는 길이를 관의 바깥지름의 1.2배(접착제를 사용하는 경우에는 0.8배) 이상으로 하고 또한 꽂음 접속에 의하여 견고하게 접속할 것

51 정답 ②

접지 저항값은 시설 또는 인명 보호 등을 목적으로 시설을 접지시키도록 규정할 때의 규정된 값 또는 접지시킨 경우, 전극과 대지저항이 저항에 가장 큰 영향을 준다.

52 정답 ②

관의 지지점 간의 거리는 1.5m 이하로 해야한다.

합성수지관 및 부속품의 시설
- 관 상호 간 및 박스와는 관을 삽입하는 길이를 관의 바깥지름의 1.2배(접착제를 사용하는 경우에는 0.8배) 이상으로 하고 또한 꽂음 접속에 의하여 견고하게 접속할 것
- 관의 지지점 간의 거리는 1.5m 이하로 하고, 또한 그 지지점은 관의 끝 관과 박스의 접속점 및 관 상호 간의 접속점 등에 가까운 곳에 시설할 것

53 정답 ③

전압의 구분은 다음과 같다.
- **저압** : 교류는 1kV 이하, 직류는 1.5kV 이하인 것
- **고압** : 교류는 1kV를, 직류는 1.5V를 초과하고 7kV 이하인 것
- **특고압** : 7kV 초과하는 것

54 정답 ①

셀룰로이드, 성냥, 석유류 기타 타기 쉬운 위험한 물질을 제조하거나 저장하는 곳에 시설하는 저압 옥내 전기설비는 합성수지관공사, 금속관공사, 케이블공사에 의해야 한다.

55 정답 ②

전선과 조영재 사이의 이격거리는 사용전압이 400V 이하인 경우에는 25mm(=2.5cm) 이상이 되어야 한다.

애자공사
- 전선은 절연전선일 것
- 전선 상호 간의 간격은 0.06m 이상일 것
- 전선과 조영재 사이의 이격거리는 사용전압이 400V 이하인 경우에는 25mm 이상, 400V 초과인 경우에는 45mm 이상일 것
- 전선의 지지점 간의 거리는 저선을 조영재의 윗면 또는 옆면에 따라 붙일 경우에는 2m이하일 것
- 사용전압이 400V 초과인 것은 제4의 경우 이외에는 지지점 간의 거리는 6m 이하일 것

56 정답 ③

후강 전선관의 안지름 크기로는 16, 22, 28, 36, 42, 54, 70, 82, 104mm 10종이 있다.

57 정답 ④

버스 덕트에는 간선을 수용하여 도중에 부하를 접속하지 아니한 피더 버스 덕트, 플러그의 수구를 설치하여 삽입장치에 의해 적절히 분기할 수 있는 구조의 플러그인 버스 덕트(plug−in bus duct), 슬롯 홈을 설치하여 트롤리(trolley)에 의해 분기점을 이동시킬 수 있는 구조의 트롤리 버스 덕트(trolley bus duct) 등이 있다.

58 정답 ①

수전설비의 저압 배전반 앞에서 계측기를 판독하기 위하여 앞면과 최소 1,500mm(=1.5m)를 유지해야 한다.

저압 배전반
- **앞면 또는 조작 · 계측면** : 1,500mm
- **뒷면 또는 점검면** : 600mm
- **열상호간(점검하는 면)** : 1,200mm

59 정답 ③

와이어 커넥터는 정크션 박스 내의 전선을 접속할 경우 사용하는 기구이다.

60 정답 ②

구형애자는 주로 배전 선로에 사용하는 구형의 지선 애자로 전기 절연물로 되어 있으며 지선에 부착하는데 양쪽 부분의 장력하중을 받친다.

① **인류애자** : 전선로에서 당기는 개소에 사용하는 애자이다.
③ **내장애자** : 내장 부위에 사용되는 애자로, 전선의 방향으로 설비되어 전선의 장력을 지지한다.
④ **고압애자** : 전주 등을 지탱하기 위해 쳐놓은 철사의 중간에 넣는 볼 모양의 애자이다.

전기이론·전기기기·전기설비

01	②	02	③	03	①	04	④	05	②
06	①	07	③	08	①	09	②	10	③
11	①	12	④	13	③	14	③	15	①
16	④	17	②	18	③	19	①	20	③
21	①	22	②	23	④	24	③	25	②
26	①	27	③	28	④	29	③	30	②
31	①	32	③	33	④	34	②	35	①
36	④	37	③	38	②	39	④	40	①
41	①	42	④	43	②	44	③	45	④
46	①	47	②	48	③	49	①	50	②
51	④	52	②	53	①	54	②	55	④
56	①	57	③	58	④	59	②	60	①

01 정답 ②

순시전류는

$$i=\frac{e}{R}=\frac{100\sin(377t+\frac{\pi}{3})}{10}=10\sin(377t+\frac{\pi}{3})\mathrm{A}$$이다.

$t=0$을 대입하면

$i=10\sin\frac{\pi}{3}=5\sqrt{3}\mathrm{A}$이다.

02 정답 ③

RL직렬회로에서 임피던스(Z)의 크기는 $Z=\sqrt{R^2+X_L^2}\Omega$이다. R은 저항, X_L은 유도성 리액턴스이다.

03 정답 ①

자기회로의 누설계수는 자기 회로의 전자속을 유효하게 이용하는 자속에 대한 비를 말한다.

자기회로의 누설계수$=\frac{\text{누설자속}+\text{유효자속}}{\text{유효자속}}$

04 정답 ④

병렬 접속회로의 합성저항은 $R_0=\frac{1}{\frac{1}{A}+\frac{1}{B}+\frac{1}{C}}$로 구할 수 있다. 계산해보면

$R_0=\frac{1}{\frac{1}{4}+\frac{1}{9}+\frac{1}{12}}=2.25\Omega$이다.

05 정답 ②

전위 $V=9\times10^9\frac{Q}{r}$이므로

$V=9\times10^9\times\frac{3\times10^{-7}}{0.1}=27\times10^3$

06 정답 ①

합성 정전용량은 다음과 같다.

$C=\frac{3\times(2+4)}{3+(2+4)}=2\mu F$

콘덴서의 합성 정전용량

- **직렬연결** : 저항의 병렬연결처럼 합성 정전용량을 계산한다.
- **병렬연결** : 저항의 직렬연결처럼 합성 정전용량을 계산한다.

07 정답 ③

줄의 법칙이란 도체 내에 흐르는 정상 전류에 의해서 일정 시간 동안에 발생하는 줄 열의 양은 전류의 세기의 제곱과 도체의 저항에 비례한다는 법칙이다.

① **옴의 법칙** : 전류의 세기는 두 점 사이의 전위차에 비례하고, 전기저항에 반비례한다는 법칙을 말한다.
② **플레밍의 법칙** : 전자유도에 의해 생기는 유도전류의 방향을 나타내는 오른손법칙과 전류가 흐르고 있는 도선에 대해 자기장이 미치는 힘의 방향을 나타내는 왼손법칙이 있다.
④ **키르히호프의 법칙** : 회로에 흐르는 전류와 고리(loop)에 걸리는 전압에 대해 서술한 법칙이다.

08 정답 ①

전하량 $Q=CV$C이므로
$Q=10^{-3}\times100=0.1$C이다.

09 정답 ②

공기 중에서 mWb의 자하로부터 나오는 자력선의 수는 다음과 같다.

$\Phi=\frac{m}{\mu}=\frac{1}{4\pi\times10^{-7}}=7.958\times10^{5}$개

10 정답 ③

전압과 전류의 위상차가 $\theta=\frac{\pi}{6}\text{rad}=30^{\circ}$이다.

따라서 $P_r=VI\sin\theta=100\times10\times\sin30^{\circ}=500\text{Var}$이다.

11 정답 ①

전력 $P=I^2R$이므로
전류 $I=\sqrt{\frac{P}{R}}=\sqrt{\frac{10\times10^3}{100}}=10\text{A}$이다.

12 정답 ④

유도 리액턴스
$X_L=2\pi fL=2\pi\times50\times10\times10^{-3}=3.14\Omega$이고,
전류는 $I=\frac{V}{X_L}=\frac{314}{3.14}=100\text{A}$이다.

13 정답 ③

키르히호프의 법칙은 회로에 흐르는 전류와 고리에 걸리는 전압에 대해 서술한 법칙으로, 정전기학과 전기력학과의 관계를 명확히 한 것이다.

① **줄의 법칙** : 도체 내에 흐르는 정상 전류에 의해서 일정 시간 동안에 발생하는 줄 열의 양은 전류의 세기의 제곱과 도체의 저항에 비례한다.
② **오른나사의 법칙** : 전류의 방향과 자기장의 방향을 오른나사를 이용하여 설명하는 방식으로, 오른나사를 돌렸을 때 나사의 진행 방향이 전류의 방향이고 나사의 회전 방향이 자기장의 방향이다.
④ **주회적분의 법칙** : 원둘레 위 임의의 점에서의 자계의 세기를 H라 하면 이 원둘레에 있어서의 선 적분은 이 원둘레 내를 가로 지르는 전(全) 전류와 같다고 하는 법칙이다.

14 정답 ③

병렬 합성저항은 $C_P=nC$이고, 직렬 합성저항은 $C_S=\frac{C}{n}$이다. 따라서 $\frac{C_P}{C_S}=\frac{nC}{\frac{C}{n}}=n^2$이다. n은 콘덴서의 개수이므로 $2^2=4$배이다.

15 정답 ①

백금은 상자성체이다.

자성체의 종류

- **강자성체** : 자석에 잘 붙으며 외부 자기장이 사라져도 자화가 남아있는 물체(예 철, 코발트, 니켈 등)
- **반자성체** : 자석에 반발하는 물체(예 구리, 물, 은, 금, 비스무트 등)
- **상자성체** : 자석에 끌리는 물체(예 공기, 산소, 백금, 알루미늄 등)

16 정답 ④

세 임피던스의 값이 모두 같을 경우 △결선을 Y결선으로 변경하면 $\frac{1}{3}$로 되고, Y결선을 △결선으로 변경하면 3배가 된다.

17 정답 ②

실효값 $I=\frac{I_m}{\sqrt{2}}$, 순시값 $i=I_m\sin\omega t=I_m\sin 45^\circ=\frac{I_m}{\sqrt{2}}$ $(\sin 45^\circ=\frac{1}{\sqrt{2}})$이다. 따라서 $\omega t=45^\circ$일 때 순시값과 실효값이 같다.

18 정답 ③

V결선한 때 출력은 1대의 용량에 $\sqrt{3}$배이므로 3상 출력 kVA은 $\sqrt{3}P$kVA이다.

19 정답 ①

자기장 내에 있는 도체에 전류를 흘리면 힘이 작용하는데 이 힘을 전자력이라 한다. 기전력은 낮은 퍼텐셜에서 높은 퍼텐셜로 단위전하를 이동시키는 데 필요한 일이다.

20 정답 ③

기자력은 $F=N\times I$이다. 따라서 $F=300\times 0.5=150$AT이다.

21 정답 ①

단상 전파 정류회로에서 유도성 부하를 가지는 정류전압은 $E_{do}=\frac{2\sqrt{2}V}{\pi}\cos\alpha=\frac{2\sqrt{2}\times 100}{\pi}\cos 60^\circ \fallingdotseq 45$V이다.

22 정답 ②

규약 효율은 전동기 규약 효율과 발전기와 변압기의 규약 효율이 있다.

- 발전기와 변압기 규약 효율 $\eta=\frac{\text{출력}}{\text{출력}+\text{손실}}\times 100\%$
- 전동기 규약 효율 $\eta=\frac{\text{입력}-\text{손실}}{\text{입력}}\times 100\%$

23 정답 ④

표유부하손은 와전류에 의해서 도체 중에 생기는 손실 및 부하 전류에 의한 자속의 일그러짐에 의해 생기는 철심 내의 부가적인 손실로 단, 저항 강하와 관련된 철손분은 포함되지 않는다.

① **철손** : 시간적으로 변화하는 자화력에 의해서 발생하는 철심의 전력 손실로, 히스테리시스 손과 와전류손으로 구성된다.
② **기계손** : 회전기에의 기계적인 손실을 말한다.
③ **풍손** : 회전자가 회전했을 때의 공기와의 마찰에 의해 생기는 손실을 말한다.

24 정답 ③

주기는 $T=\frac{1}{f}$sec이다.

따라서 주파수는 $f=\frac{1}{T}=\frac{1}{1\times 10^{-3}}=1{,}000$Hz이다.

25 정답 ②

분포권의 특징은 다음과 같다.

- 고조파 제거에 의한 파형 개선
- 누설 인덕턴스 작음
- 코일에서 열발산이 고르게 되어 권선의 과열방지
- 집중권에 비해 유기기전력이 k_d배로 감소

26 정답 ①

유도전동기의 토크는 $T=K_0\frac{sE_2^2r_2}{r_2+(sx_2)^2}$[N · m]이다. 토크는 전압의 제곱에 비례하므로 $T\propto V^2$, $T\propto\left(\frac{1}{2}\right)^2=\frac{1}{4}$배이다.

27 정답 ③

직권전동기는 회전시초(시동)에 흐르는 전류량을 적게 해도 큰 힘을 내는 성질이 있어 벨트 부하를 걸면 벨트가 벗겨져 무부하가 될 수 있으므로 벨트를 연결하지 않는다.

① **타려전동기** : 전기자 권선과 계자극 권선이 분리되어 있으며, 일정한 크기의 유도 기전력을 유지한다.
② **분권전동기** : 분권 계자권선과 전기자가 병렬로 연결되어 있어 정속도의 특성을 갖는다.
④ **복권전동기** : 전기자권선과 계자극권선이 직렬 및 병렬로 연결되어 있으므로 부하에 따른 속도의 변화가 거의 없다.

28 정답 ④

직류전동기의 회전 방향을 바꾸기 위해서는 계자권선의 자속을 반대 방향으로 바꾸면 된다.

29 정답 ③

$s=1$이면 $N=0$이고, 전동기는 정지 상태이다. $s=0$이면 $N=N_S$이고 전동기가 동기 속도로 회전한다.

30 정답 ②

단절권과 분포권을 사용하는 중요한 목적은 파형을 개선하여 좋은 파형을 얻기 위함이다.

- **단절권을 사용하는 이유**
  - 고조파 제거(파형 개선)
  - 동량 감소로 경제적
- **분포권을 사용하는 이유**
  - 고조파 개선(파형 개선)
  - 인덕턴스 감소(인덕턴스는 권선의 제곱에 비례)
  - 열 발산이 좋음

31 정답 ①

$E=\frac{pZ}{a}\Phi\frac{N}{60}$이다. 따라서

$120=\frac{6\times400}{2}\Phi\frac{600}{60}$이므로 $\Phi=0.01\text{Wb}$이다.

파권이므로 $a=2$이다.

32 정답 ③

선택단락계전기는 병행 2회선 송전 선로의 1회선에 고장이 발생했을 때, 양방향으로 작동하여 고장 회선을 선택하고 차단하는 계전기이다.

① **거리단락계전기** : 전압과 전류의 비가 일정치 이하인 경우에 동작하는 계전기이다.
② **방향단락계전기** : 일정한 방향으로 일정한 값 이상의 고장 전류가 흐를 때 작동하는 계전기이다.

33 정답 ④

변압기에는 일반적으로 자기 포화 및 히스테리시스 현상이 있는 이유로 제3고조파가 가장 많이 포함되어 있으며, 변압기의 여자전류가 일그러지는 이유는 히스테리시스와 자기포화 현상 때문이다.

34 정답 ②

증자작용은 한 권선이 만드는 자속이 영구 자석이나 다른 권선이 만든 자속의 세기를 크게 하는 작용으로 동기발전기의 경우 전류가 기전력보다 90° 뒤지면 감자작용, 90° 앞서면 증자작용을 한다.

35 정답 ①

직류전동기의 속도를 조정하는 제어법으로는 워드 레오나드 방식, 일그너 방식, 티리스터－레오나드 방식, 직 · 병렬 제어 등이 있다.

36 정답 ④

단상 직권 정류자전동기는 직류와 교류를 모두 사용할 수 있는 전동기로 만능 전동기이다.

① **리니어전동기** : 가동부가 직선 운동을 하는 전동기로, 초고속 전기 철도 등에 응용된다.
② **셰이딩전동기** : 공극에 대하여 배치한 한 개 또는 그 이상의 단락된 권선과 주권선으로 된 단상 유도 전동기이다.
③ **단상반발전동기** : 직류기와 같이 정류자가 달린 회전자를 가진 교류용 전동기이다.

37 정답 ③

회전자 입력은 $P_2=I_2^2\frac{r_2}{s}=\frac{P_{C2}}{s}=\frac{0.7}{0.07}$kW이다.

38 정답 ②

인버터(inverter)는 직류 전력을 교류 전력으로 바꾸는 장치이다.

인버터와 컨버터
- **인버터(inverter)** : 직류 전력을 교류 전력으로 바꾸는 장치
- **컨버터(converter)** : 신호 또는 에너지의 모양을 바꾸는 장치. 정류기로서 교류를 직류로 바꾸는 장치

39 정답 ④

동기발전기의 출력은 $P_S=\frac{E_l V_l}{x_s}\sin\delta$이다.
$\sin 90°=1$이므로 부하각은 90°일 때 최대가 된다.

40 정답 ①

권수비는 $a=\frac{N_1}{N_2}=\frac{V_1}{V_2}=\frac{I_2}{I_1}$이다.

따라서 $V_1=aV_2=\frac{60}{240}\times 100=25$V이다.

41 정답 ①

가요전선관을 구부리는 경우 곡률 반지름은 2종 가요전선관 안지름의 3배 이상으로 해야 한다.

가요전선관 곡률 반지름
- 1종 가요전선관을 구부릴 경우 곡률 반지름은 관 안지름의 6배 이상으로 할 것
- 2종 가요전선관을 구부릴 경우 노출장소 또는 점검 가능한 장소에서 관을 시설하고 제거하는 것이 자유로운 경우에는 관 안지름의 3배 이상으로 할 것

42 정답 ④

교류는 1kV를, 직류는 1.5kV를 초과하고 7kV 이하인 것을 고압이라 한다.

전압의 구분
- **저압** : 교류는 1kV 이하, 직류는 1.5kV 이하인 것
- **고압** : 교류는 1kV를, 직류는 1.5kV를 초과하고 7kV 이하인 것
- **특고압** : 7kV를 초과하는 것

43 정답 ②

관의 지지점 간의 거리는 1.5m 이하로 해야 한다.

합성수지관 및 부속품의 시설
- 관 상호 간 및 박스와는 관을 삽입하는 깊이를 관의 바깥지름의 1.2배(접착제를 사용하는 경우에는 0.8배) 이상으로 하고 또한 꽂음 접속에 의하여 견고하게 접속할 것
- 관의 지지점 간의 거리는 1.5m 이하로 하고, 또한 그 지지점은 관의 끝 관과 박스의 접속점 및 관 상호 간의 접속점 등에 가까운 곳에 시설할 것

44 정답 ③

나전선 상호 또는 나전선과 절연전선 또는 캡타이어 케이블과 접속하는 경우 전선의 세기를 20% 이상 감소시키지 아니해야 한다. 그러므로 일반적으로 80%를 유지해야 한다. 다만, 점퍼선을 접속하는 경우와 기타 전선에 가하여지는 장력이 전선의 세기에 비하여 현저히 작을 경우에는 적용하지 않는다.

45 정답 ④

접지의 목적으로는 감전 및 화재방지, 기계기구의 보호, 이상전압의 발생방지, 지락전류의 소멸로 안전도 향상 등이 있다.

46 정답 ①

금속 덕트 공사에 있어서 금속덕트에 넣은 전선의 단면적의 합계는 덕트의 내부 단면적의 20% 이하여야 한다.

금속덕트공사

- 전선은 절연전선일 것
- 금속덕트에 넣은 전선의 단면적의 합계는 덕트의 내부 단면적의 20%(전광표시장치 기타 이와 유사한 장치 또는 제어회로 등의 배선만을 넣는 경우에는 50%) 이하일 것

47 정답 ②

데드앤드 커버는 현수 애자와 인류 크램프의 충전부를 방호하기 위한 자기제 현수 애자와 플리머제 현수 애자 공용으로 사용되는 활선 작업용 기구이다.

48 정답 ③

펌프 플라이어는 배관공사 등에서 로크너트를 조일 때 사용하는 기구이다.

49 정답 ①

거리 계전기는 송전선에 사고가 발생했을 때 고장구간의 전류를 차단하는 작용을 하는 계전기이다.

② **과전압 계전기** : 입력 전압이 규정치보다 크게 되었을 때 동작하는 계전기이다.
③ **방향단락 계전기** : 일정한 방향으로 일정한 값 이상의 고장 전류가 흐를 때 작동하는 계전기이다.

50 정답 ②

합성수지제 가요전선관의 규격으로는 14, 16, 22, 28, 36, 42mm가 있다.

51 정답 ④

옥외 등 온도차가 큰 장소에 노출배관을 할 때에는 12~20m마다 신축커플링(3C)을 사용한다.

52 정답 ②

파이프 커터는 소구경의 동관을 절단하는 데 쓰이는 손공구로 강관용도 있다.

53 정답 ①

수평면의 조도는

$$E=\frac{I}{r^2}\cos\theta=\frac{45}{3^2}\times\cos60^\circ=2.5\text{lx}$$이다.

54 정답 ②

옥내 분전반은 분기회로의 길이는 30m 이내가 되도록 설치한다.

55 정답 ④

앵글 커넥터는 가요 전선관 접속에 사용된다.

② **록너트** : 금속관 부속품의 일종으로, 아웃렛 박스와 전선관의 접속 부분에 쓰는 너트이다.
③ **노말 밴드** : 강제전선관을 사용하는 장소에서 곡선부분에 사용되는 자재이다.

56 정답 ①

토치램프는 합성수지관을 구부리는데 사용하고, 벤더는 금속관을 구부리는데 사용한다.

57 정답 ③

교류 차단기로는 OCB, ABB, GCB, VCB, MBB 등이 있다.

58 정답 ④

철근 콘크리트주는 철근을 보강하여 만든 콘크리트 전주로 전선을 지지하고 각종 기기를 설치하기 위한 지지물로 많이 사용되고 있다.

59 정답 ②

특고압(22.9 kV−Y) 가공전선로의 완금 접지 시 접지선을 중성선에 연결하여야 하고 통신선의 이격거리는 60cm이다.

60 정답 ①

저압 구내 가공 인입선으로 DV전선 사용 시 전선의 길이가 15m 이하인 경우 최소 2mm 이상의 인입용 비닐절연전선을 사용해야 한다.

저압 인입선의 시설

- 전선은 절연전선 또는 케이블일 것
- 전선이 케이블인 경우 이외에는 인장강도 2.30kN 이상의 것 또는 지름 2.6mm 이상의 인입용 비닐절연전선일 것. 다만, 경간이 15m 이하인 경우는 인장강도 1.25kN 이상의 것 또는 지름 2mm 이상의 인입용 비닐절연전선일 것

전기이론·전기기기·전기설비

01	③	02	①	03	③	04	②	05	③
06	④	07	①	08	④	09	②	10	④
11	①	12	③	13	②	14	③	15	④
16	③	17	②	18	①	19	④	20	③
21	①	22	④	23	②	24	③	25	②
26	①	27	④	28	②	29	③	30	①
31	②	32	④	33	③	34	④	35	①
36	②	37	①	38	③	39	④	40	②
41	①	42	③	43	④	44	②	45	③
46	①	47	④	48	②	49	①	50	③
51	④	52	②	53	①	54	③	55	④
56	③	57	②	58	①	59	④	60	③

01 정답 ③

1W는 1J/s이므로 1W · s는 1J과 같고, 1h = 3,600s이다. 이를 이용해 계산하면
$W = P \cdot t = 4 \times 3{,}600 = 14{,}400$J이다.

02 정답 ①

플레밍의 왼손 법칙에 의하여 계산하면 힘
$F = BlI\sin\theta = 4 \times (10 \times 10^{-2}) \times 3 \times \sin 90^\circ = 1.2$N이다.

03 정답 ③

소비되는 전력은 $P = \frac{V^2}{R}$이다. 따라서
$P = \frac{V^2}{R} = \frac{300^2}{5} = 18{,}000 = 18 \times 10^3 = 18$kW이다.

04 정답 ②

R_1에는 전체 전류가 흐르므로 가장 큰 전류가 흐르고 있다. R_2, R_3, R_4 중에서 저항이 가장 큰 값이 가장 작은 전류가 흐른다. 전류는 전압이 일정할 경우에는 저항의 크기에 반비례한다. 따라서 R_2에 가장 작은 전류가 흐른다.

05 정답 ③

상호 인덕턴스는 $M = k\sqrt{L_1L_2}$이고, 누설자속이 없으므로 $k = 1$이다.
$M = k\sqrt{L_1L_2} = 1 \times \sqrt{L_1L_2} = \sqrt{L_1L_2}$

06 정답 ④

삼각파의 실효값은 $\frac{V_m}{\sqrt{3}}$이다.

실효값과 평균값

파형	실효값	평균값
정현파	$\frac{V_m}{\sqrt{2}}$	$\frac{2V_m}{\pi}$
비정현파	$\frac{V_m}{2}$	$\frac{V_m}{\pi}$
삼각파	$\frac{V_m}{\sqrt{3}}$	$\frac{V_m}{2}$
구형반파	$\frac{V_m}{\sqrt{2}}$	$\frac{V_m}{2}$
구형파	V_m	V_m

07 정답 ①

$E_1=\frac{C_2}{C_1+C_2}E=\frac{10\times10^{-6}}{5\times10^{-6}+10\times10^{-6}}\times30=20\text{V}$

08 정답 ④

대지는 0전위여서 방전된다.

09 정답 ②

$G=\frac{0.2\times0.2}{0.2+0.2}=0.1$℧이다. 계산하면

$V=IR=\frac{I}{G}=\frac{3}{0.1}=30\text{V}$이다.

10 정답 ④

$C_1=40\mu\text{F}$, $C_2=60\mu\text{F}$이다. 전압 분배법칙을 이용하면 콘덴서는 전압에 반비례($V\propto\frac{1}{C}$)하므로 $V_1=\frac{C_2}{C_1+C_2}$

$V=\frac{60}{40+60}\times100=60\text{V}$이다.

11 정답 ①

주기는 주파수에 반비례하므로 $T=\frac{1}{f}$, $T=\frac{1}{100}=0.01\text{sec}$이다.

12 정답 ③

순시값 $n=V_m\sin\omega t$이다.

$v=\sqrt{2}V\sin2\pi ft$

$\fallingdotseq1.41\times100\times\sin(2\pi\times60\times\frac{1}{240})$

$=141\sin\frac{\pi}{2}$

$=141\text{V}$

13 정답 ②

성형 결선인 Y결선에서의 상전압은 선간전압의 $\frac{1}{\sqrt{3}}$배이다.

따라서 $V_P=\frac{V_1}{\sqrt{3}}=\frac{220}{\sqrt{3}}\fallingdotseq127$이다.

14 정답 ③

- (+)극(환원) : 구리판 $2\text{H}^{+}+2\text{e}^{-}\rightarrow\text{H}_2$(수소)
- (−)극(산화) : 아연판 $\text{Zn}\rightarrow\text{Zn}^{2+}+2\text{e}^{-}$

15 정답 ④

전계의 세기 E는 Q=1C에 작용하는 힘이 1[N]이 되는 것을 의미한다. $\text{E}=[\text{N/C}]=[\frac{N\cdot m}{C\cdot m}]=[\frac{J}{C}\cdot\frac{1}{m}]=\text{V/m}$

16 정답 ③

코일에 저장되는 에너지는

$W=\frac{1}{2}LI^2J$, $W=\frac{1}{2}\times20\times10^{-3}\times20^2=4\text{J}$이다.

17 정답 ②

자기 차폐는 특정한 곳에 자계의 영향이 없도록 하는 것으로, 물체를 강판(강자성체)으로 싸면 물체는 외부 자계의 영향을 받지 않는다.

18 정답 ①

건전지 4개를 직렬로 연결하면 전압은 연결 개수의 배수로 증가한다. 내부저항은 직렬로 4개 연결된 것이 된다. 이때 흐르는 전류는

$I=\frac{V}{R}=\frac{6}{4\times0.25+5}=1\text{A}$이다.

19 정답 ④

$P=\sqrt{5^2-3^2}=\sqrt{25-9}=4\text{kW}$이다.

20 정답 ③

전하량은 $Q=CV$ 따라서 전하량은
$Q=1\times10^{-6}\times100=1\times10^{-4}\text{C}$이다.

21 정답 ①

$N=\frac{120f}{P}=\frac{120\times60}{12}=600\text{rpm}$이다.

슬립은 $s=\frac{N_S-N}{N_S}\times100=\frac{600-540}{600}\times100=10\%$이다.

22 정답 ④

변압기 기름의 구비조건은 다음과 같다.

- 절연내역이 클 것
- 인화점이 높고, 응고점이 낮을 것
- 점도가 낮을 것
- 냉각효과가 클 것
- 화학적으로 안정할 것
- 고온에서 산화되거나 석출물이 발생하지 않을 것

23 정답 ②

단상 유도전동기 기동 토크의 크기는 '반발 기동형>콘덴서 기동형>분상 기동형>셰이딩 코일형'순이다.

24 정답 ③

%동기 임피던스 Z_S는 전부하 시 임피던스 전압강하 I_nZ_S와 정격 상전압 E_n의 비를 나타낸다. 그러므로

$Z_S=\frac{I_nZ_s}{E_n}\times100=\frac{I_n}{E_n}\cdot\frac{E_n}{I_s}\times100=\frac{I_n}{I_s}\times100=\frac{1}{K_s}\times100$이다. 따라서 $I_S=K_SI_n=1.3\times500=650\text{A}$이다.

25 정답 ②

난조를 일으킬 염려가 있다는 점은 동기전동기의 단점이다.

동기전동기의 장단점

구분	내용
장점	• 속도가 일정하고 불변이다. • 유도전동기에 비하여 효율이 좋다. • 항상 역률 1로 운전할 수 있다. • 앞선 전류를 통할 수 있다.
단점	• 난조를 일으킬 염려가 있다. • 여자용의 직류전원을 필요로 한다. • 설비비가 많이 든다. • 보통 구조의 것은 기동 토크가 적고 속도조정을 할 수 없다.

26 정답 ①

히스테리시스손은 고정손에 해당한다.

동기기의 손실

고정손(무부하손)	가변손(부하손)
• 철손 : 분권 계자 권선 동손, 타여자 권선 동손, 히스테리시스손, 와류손 • 기계손 : 풍손, 베어링 마찰손, 브러시 마찰손	• 전기자 저항손 • 계자 저항손 • 표류 부하손 : 철손, 기계손, 동손 • 브러시 전기손

27 정답 ④

동기조상기를 부족여자로 운전하면 리액터로 작용하고, 과여자로 운전하면 콘덴서로 작용한다.

28 정답 ②

전압제어법은 정토크 제어로 워드 레오나드 방식과 일그너 방식이 있다. 제어범위가 넓고 손실이 매우 적으며, 적역 운전이 가능하고 설비비가 많이 든다.

직류전동기의 속도제어법

계자제어, 저항제어, 전압제어 등의 방법이 있다.

29 정답 ③

콘덴서 기동형 전동기는 콘덴서가 역률 개선의 역할을 하여 역률이 좋으며 기동 토크가 커서 가정용 선풍기, 세탁기, 냉장고 등에 주로 사용된다.

30 정답 ①

차동 복권 발전기는 수하특성이 있어 용접기용 전원에 사용한다. 수하특성은 차동복권과 같이 전압의 변화가 크지만 전류의 변화는 거의 없는 것을 말한다.

31 정답 ②

T좌 변압기는 스코트 결선된 2세트의 단상변압기 중, 3상측 회로의 상부 1상과 가로 권선인 주좌 변압기의 권선의 중점과의 사이에 접속된 세로 권선을 구성하는 변압기로 1차 권선이 주좌 변압기와 같다면 $\frac{\sqrt{3}}{2}$ 지점에서 인출한다.

32 정답 ④

△ 또는 Y가 3개이면 각 변위가 달라져 병렬운전은 불가능하다. 병렬운전은 각 변위가 같아야 가능하다.

33 정답 ③

직류발전기의 유기 기전력은 $E=\frac{PZ\phi N}{60a}$이다.

파권이어서 $a=2$를 대입하면

$E=\frac{10\times400\times0.02\times600}{60\times2}=400\text{ V}$이다.

34 정답 ④

2차 효율은 $\eta_2=\frac{P_a}{P_2}=1-s=\frac{N}{N_S}\times100\%$이다.

$\frac{P_{2c}}{P_2}$는 슬립이다.

35 정답 ①

2차 효율은 $\eta_r=\frac{P_a}{P_2}=1-s=\frac{N}{N_S}\times100\%$이다. 따라서 슬립을 구하여야 한다.

- 동기속도 $N_S=\frac{120f}{p}=\frac{120\times50}{6}=750\text{rpm}$
- 슬립 $s=\frac{N_s-N}{N_s}=\frac{750-720}{750}=0.04$이다.

따라서 2차 효율은 $\eta_2=1-0.04=0.96=96\%$이다.

36 정답 ②

동기기의 자기 여자 현상은 발전기가 장거리 무부하 송전선로를 충전할 때 충전전류 영향으로 발전기 단자전압이 정격전압 이상으로 순식간에 증가하는 현상이다. 이에 대한 방지법은 다음과 같다.

- 단락비를 크게 한다.
- 수전단에 병렬로 변압기를 연결한다.
- 발전기의 무부하 운전을 피한다.
- 수전단에 병렬로 리액터를 설치한다.

37 정답 ①

유도전동기에 있어서, 2차 회로의 저항이 r_2 인 경우의 슬립－토크 특성이 주어져 있을 때, 2차 저항을 P배 하였을 때 얻어지는 특성은 위의 특성 곡선에서의 각 토크에 대응하는 슬립 값을 P배하여 다시 그림으로써 구하여 진다는 것이다.

토크는 $\frac{r_2}{s}$의 함수이며 $\frac{r_2 P}{sP}$에 의해서 토크가 불변이라는 것을 의미하고 있다.

38 정답 ③

- **비례추이를 할 수 있는 것** : 역률, 동기 와트, 1차 전류, 2차 전류
- **비례추이를 할 수 없는 것** : 출력, 효율, 2차 동손

39 정답 ④

보극은 전기자 반작용을 없애기 위해 주된 자기극인 N극과 S극의 사이에 설치한 소자극으로 이 소자극(보극)의 권선은 전기자 권선과 직렬로 연결한다. 보극을 설치하여 부하 시에 보극 바로 밑에 있는 전기자 권선이 만드는 자속을 상쇄할 수 있고, 스파크가 생기지 않는 정류를 할 수 있다.

40 정답 ②

제동권선은 동기 발전기에서 난조를 방지하여 고른 회전을 위해 두어진 권선이다.

① **보상권선** : 직류기의 주자극편의 전기자에 상대하는 면에 있는 슬롯 안에 설치한 권선이다.

③ **계자권선** : 발전기에서 전압을 올리는 데 필요한 자속을 발생시키기 위한 기자력을 계자석에 주는 권선이다.

④ **전기자권선** : 회전기의 고정자 또는 회전자에 설치된 권선에 있어서, 자계와의 상대 회전운동에 따라 그 가운데에 유도기전력이 발생하여, 전기 에너지와 기계 에너지와의 사이의 변환에 직접 역할을 하는 권선이다.

41 정답 ①

쥐꼬리 접속은 접속함이나 박스 내에서 접속할 때 사용하는 방법이다.

② **브리타니아 접속** : 10mm^2 이상의 굵은 선을 첨선과 조인트 선을 추가하여 접속하는 방법이다.

③ **트위스트 접속** : 6mm^2 이하의 가는 선을 접속하는 방법이다.

④ **슬리브 접속** : 연결하고자 하는 전선을 서로 슬리브에 삽입시킨 후 압축펜치로 접속부에 힘을 가하여 접속하는 방법이다.

42 정답 ③

접지도체를 철주, 기타 금속체를 따라 시설하는 경우 접지극은 금속체로부터 100cm 이상 거리를 두어 매설하여야 한다.

43 정답 ④

건축물의 종류에 따른 표준부하는 다음과 같다.

건축물의 종류	표준부하 VA/m^2
공장, 공회당, 사원, 교회, 극장, 영화관, 연회장 등	10
기숙사, 여관, 호텔, 병원, 학교, 음식점, 다방, 대중목욕탕 등	20
주택, 아파트, 사무실, 은행, 상점, 이발소, 미장원 등	30

44 정답 ②

컷아웃 스위치는 주상변압기 1차측에 설치하여 변압기의 보호와 개폐에 사용하는 스위치를 말하며, 변압기 설치 시 필수적으로 설치해야 한다.

① **리클로저** : 전기 회로에서 자동 탈착을 한 후 차단 장치를 자동 재폐로 한다.

③ **캐치홀더** : 배전용 변압기의 2차측에 부착하는 퓨즈대로 수용가 인입구에 이르는 회로의 사고에 대한 보호장치이다.

④ **자동구분개폐기** : 수용가 수전설비에 지락 및 과부하사고 등이 발생시 한전선로로부터 분리시켜 해당 수용가에 사고를 국한시킴으로서 타 수용가에 피해가 가지 않도록 하는 역할을 하고, 공급선로측의 리클로저 등과 보호협조 관계를 이루며 고장구간을 차단하는 역할을 한다.

45 정답 ③

배관의 지지점 간의 거리는 1.5m 이하로 하고, 관과 관, 관과 박스의 접속점 및 관 끝은 각각 300mm 이내로 지지한다.

46 정답 ①

트위스트 직선접속은 $6mm^2$ 이하의 가는 단선인 경우에 적용된다.

브리타니아 직선접속

브리타니아 직선접속은 $10mm^2$ 이상의 굵은 단선인 경우에 적용된다.

47 정답 ④

피뢰기의 약호는 LA이다.
① SA : 서지 흡수기
② COS : 컷아웃 스위치
③ PF : 전력 퓨즈

48 정답 ②

지름 1.2mm 이상의 절연전선을 사용해야 한다는 내용은 저압 연접 인입선 시설과 관련이 없다.

연접 인입선의 시설

저압 연결(이웃 연결) 인입선은 다음에 따라 시설하여야 한다.
- 인입선에서 분기하는 점으로부터 100m를 초과하는 지역에 미치지 아니할 것
- 폭 5m를 초과하는 도로를 횡단하지 아니할 것
- 옥내를 통과하지 아니할 것

49 정답 ①

SF_6는 육불화황으로 인체에 무해하고 공기보다 약 5배 정도 무거우며 절연성이 뛰어나다. 소호능력은 공기의 100~200배 정도이다.

50 정답 ③

F40W은 형광등 40W을 의미한다.
① N40W : 나트륨등 40W
② H40W : 수은등 40W
④ M40W : 메탈 할라이트등 40W

51 정답 ④

가연성 분진(소맥분, 전분, 유류 기타 가연성의 먼지로 공중에 떠다니는 상태에서 착화하였을 때에 폭발할 우려가 있는 것을 말하며 폭연성 분진은 제외)에 전기설비가 발화원이 되어 폭발할 우려가 있는 곳에 시설하는 저압 옥내배선 등은 합성수지관공사(두께 2mm 미만의 합성수지 전선관 및 난연성이 없는 콤바인 덕트관을 사용하는 것은 제외), 금속관공사 또는 케이블공사에 의할 것

52 정답 ②

라이팅덕트를 조영재에 따라 부착할 경우 덕트의 지지점 간의 거리는 2m 이하로 한다.

라이팅덕트공사

- 덕트 상호 간 및 전선 상호 간은 견고하게 또한 전기적으로 완전히 접속할 것
- 덕트는 조영재에 견고하게 붙일 것
- 덕트의 지지점 간의 거리는 2m 이하로 할 것
- 덕트의 끝부분은 막을 것
- 덕트의 개구부는 아래로 향하여 시설할 것

53 정답 ①

전로의 최대 사용전압에 따른 시험전압은 다음과 같다.

전로의 최대 사용전압	시험전압 (최대 사용전압의 배수)
7kV 이하	1.5배
7kV 초과 25kV 이하	0.92배
7kV 초과 60kV 이하 (2란의 것 제외)	1.25배
60kV 초과	

60kV 초과 (6란과 7란의 것 제외)	1.1배
60kV 초과 (7란의 것 제외)	0.72배
170kV 초과	0.64배
60kV를 초과하는 정류기에 접속되고 있는 전로	교류측 및 직류 고전압측에 접속되고 잇는 전로는 교류측의 최대 사용전압의 1.1배의 전압
	직류측 중성선 또는 귀선이 되는 전로는 계산식에 의하여 구하는 값

54 정답 ③

덕트의 말단은 막아두어야 한다.

금속덕트의 시설

- 덕트 상호 간은 견고하고 또한 전기적으로 완전하게 접속할 것
- 덕트를 조영재에 붙이는 경우에는 덕트의 지지점 간의 거리를 3m 이하로 하고 또한 견고하게 붙일 것
- 덕트의 본체와 구분하여 뚜껑을 설치하는 경우에는 쉽게 열리지 아니하도록 시설할 것
- 덕트의 끝부분은 막을 것
- 덕트 안에 먼지가 침입하지 아니하도록 할 것

55 정답 ④

로크너트란 강제 전선과 부속품 전선관과 박스를 접속할 때 박스의 내외면서 조여서 고정시키는데 사용하는 너트이다.

① **커플링** : 두 축을 직접 연결하여 회전이나 동력을 전달하는 기계 부품이다.
② **새들** : 테이블, 절삭 공구대 또는 이송 변환 기구 등과 베드 등의 사이에 위치하면서 안내면을 따라서 이동하는 역할을 하는 부분이다.
③ **부싱** : 금속관 부속품의 하나로, 관 끝에 두어 전선의 인입, 인출을 하는 경우 전선의 절연물을 다치지 않게 하기 위하여 사용하는 것이다.

56 정답 ③

가요 전선관의 크기는 안지름에 가까운 홀수로 정하는데 15, 19, 25mm 등이 있으며, 길이는 10, 15, 30m로 되어 있다.

57 정답 ②

케이블 트레이의 종류로는 사다리형, 바닥 통풍형, 통풍 채널형, 바닥 밀폐형이 있다.

58 정답 ①

등기구 사이의 거리는 $S \leq 1.5H$이다. 따라서 $S \leq 1.5 \times 2.0 = 3\text{m}$이다.

59 정답 ④

제1종 금속제 가요전선관의 두께는 0.8mm 이상을 할 것. 기계적 강도와 내수 성능은 제2종 금속제 가요전선관이다.

60 정답 ③

폭연성 분진(마그네슘, 알루미늄, 티탄, 지르코늄 등의 먼지가 쌓여있는 상태에서 불이 붙었을 때에 폭발할 우려가 있는 것) 또는 화약류의 분말이 전기설비가 발화원이 되어 폭발할 우려가 있는 곳, 가연성의 가스 또는 인화성 물질의 증기가 새거나 체류하는 곳의 전기공작물은 금속관공사 또는 케이블공사에 의하여야 하고 금속관공사를 하는 경우 관 상호 및 관과 박스 등은 5턱 이상의 나사조임으로 접속하여야 한다.

전기이론·전기기기·전기설비

01	①	02	③	03	②	04	④	05	①
06	③	07	②	08	③	09	④	10	①
11	②	12	④	13	③	14	②	15	①
16	②	17	②	18	①	19	③	20	④
21	②	22	①	23	④	24	③	25	②
26	④	27	①	28	③	29	②	30	①
31	④	32	②	33	①	34	③	35	②
36	④	37	①	38	③	39	②	40	④
41	①	42	④	43	②	44	③	45	④
46	①	47	②	48	③	49	①	50	④
51	②	52	③	53	①	54	③	55	②
56	④	57	①	58	③	59	②	60	④

01 정답 ①

정류작용이란 한 방향으로 흐르는 전류를 만드는 작용을 뜻한다. 정류관이나 p−n 접합 다이오드와 같은 정류기의 경우, 순방향 전압에 대한 전류의 의존도가 정류기의 구성에 따라 여러 가지 형태로 나타날 수 있다.

② **증폭작용** : 진동의 진폭을 증가시키거나 진동 전파의 전류 또는 전압의 진폭을 증가시키는 작용이다.

③ **변조작용** : 파동 형태의 신호 정보를 신호의 진폭이나 주파수, 위상 등을 바꾸어 원하는 특성에 맞게 적절한 파형으로 변환하는 것이다.

④ **발진작용** : 진동 전류가 일단 흐르기 시작하면 그것을 지속시키도록 작용하는 것이다.

02 정답 ③

전력량은 소비되는 전력에 사용한 시간을 곱한다. 따라서 전력량은 다음과 같이 구할 수 있다.

$W=P\cdot t=200\times3\times4=2{,}400\text{Wh}=2.4\text{kWh}$

03 정답 ②

2Ω과 3Ω의 저항을 병렬로 연결한 다음 1Ω의 저항을 직렬로 접속할 경우 $R=\frac{2\times3}{2+3}+1=2.2\Omega$이 된다.

04 정답 ④

전력 $P=\frac{V^2}{R}$이므로 $R=\frac{V^2}{P}=\frac{100^2}{100}=100\Omega$이다.

05 정답 ①

비오−사바르 법칙이란 주어진 전류가 생성하는 자기장이 전류에 수직이고 전류에서의 거리의 역제곱에 비례한다는 법칙으로, 자기장이 전류의 세기, 방향, 길이에 연관이 있음을 알려준다.

② **플레밍의 왼손법칙** : 자기장 속에 있는 도선에 전류가 흐를 때 자기장의 방향과 도선에 흐르는 전류의 방향으로 도선이 받는 힘의 방향을 결정하는 규칙이다.

③ **페러데이 법칙** : 하나의 회로에 전자유도에 의해서 생기는 기전력 e(V)는 이 회로의 지속 쇄교수 NΦ(Wb)의 시간 t(s)에 대한 변화비율에 비례한다는 법칙이다.

④ **앙페르 오른나사 법칙** : 전류가 흐르는 도선 주위에는 도선을 둘러싸는 동심원의 접선 방향으로 자기장이 생기는데, 이때에 전류의 방향과 자기장의 방향을 알기 쉽게 설명해주는 것이 오른나사 법칙이다.

06 정답 ③

제3금속의 법칙이란 2종의 금속으로 열전쌍을 만들 때 그 중간에 다른 금속이 있어도 회로 전체의 열기전력의 크기는 달라지지 않는다는 법칙으로 중앙 금속 삽입의 법칙이라고도 한다.

① **펠티에 법칙** : 2종 금속을 접속하고 전류를 흘리면 접속점에서 열의 발생과 흡수가 나타나는 현상이다.
② **제벡 효과** : 2종 금속의 두 접합점에 온도차를 주면 열기전력이 발생하고 열전류가 흐르게 되는 현상이다.
④ **톰슨 효과** : 동일 금속의 두 점에 온도의 구배를 주고 전류를 흘리면 전류 방향에 따라 열의 발생과 흡수가 나타나는 현상이다.

07 정답 ②

납축전지의 전해액은 묽은 황산(H_2SO_4)을 사용한다.

08 정답 ③

납축전지의 양극판은 기판에 납(Pb)을 입히고 기전반응을 일으키는 활성물질, 이산화납(PbO_2)을 부착시킨 것이다. 음극판의 활성물질은 회백색, 해초상의 납(Pb)으로 Pb 산화물을 전해적으로 환원시켜 만든다. 전해액의 농도는 27~30%, 비중 1.20~1.30의 수순한 묽은 황산(H_2SO_4)이다.

09 정답 ④

플레밍의 오른손 법칙은 자기장 속에서 도선이 움직일 때 자기장의 방향과 도선이 움직이는 방향으로 유도 기전력 또는 유도 전류의 방향을 결정하는 규칙이다.

① **렌츠의 법칙** : 유도기전력과 유도전류는 자기장의 변화를 상쇄하려는 방향으로 발생한다는 전자기법칙이다.
② **페러데이의 법칙** : 유도 기전력의 크기는 코일을 끊는 자력선수의 변화 속도에 비례하고 그 방향은 코일을 관통하는 자력선의 수의 변화를 방해하는 방향으로 생긴다는 법칙이다.
③ **오른나사의 법칙** : 직선 도선에 흐르는 전류의 방향과 도선 주위의 자기장의 방향의 관계를 오른나사의 진행방향과 회전방향의 관계에 대응시키는 법칙이다.

10 정답 ①

$I_m=\sqrt{3^2+4^2}=5\text{A}$이다.

11 정답 ②

소비전력은 $P=3I^2R=3\times10^2\times4=1{,}200\text{W}$이다.

12 정답 ④

대전이란 물체가 전기를 띠는 현상을 말한다.

① **방전** : 전지나 축전기 또는 전기를 띤 물체에서 전기가 외부로 흘러나오는 현상을 말한다.
② **충전** : 축전지나 축전기에 전기 에너지를 축적하는 것을 말한다.
③ **분극** : 평형 전위에서 어긋나 일어나는 현상을 분극이라 한다.

13 정답 ③

각속도는 $\omega=2\pi f\text{rad/sec}$이다. 따라서 $f=\dfrac{377}{2\pi}\fallingdotseq60\text{Hz}$이다.

14 정답 ②

줄의 법칙이란 도체 내에 흐르는 정상 전류에 의해서 일정 시간 동안에 발생하는 줄 열의 양은 전류의 세기의 제곱과 도체의 저항에 비례한다.

$$Q=0.24I^2Rt$$
$$=0.24\times1^2\times10\times(10\times60)$$
$$=1{,}440\text{cal}$$
$$=1.44\text{kcal}$$

15 정답 ①

병렬회로의 임피던스는 병렬회로의 합성저항을 구하는 것과 같으므로 $Z=\dfrac{Z_1Z_2}{Z_1+Z_2}$이다. $Z_1=R$, $Z_2=X_C$이므로,

$$Z=\frac{R\times(-jX_c)}{R-jX_c}$$
$$=\frac{RX_c}{\sqrt{R^2+X_c^2}}=\frac{3\times4}{\sqrt{3^2+4^2}}$$
$$=\frac{12}{5}=2.4\Omega\text{이다.}$$

16 정답 ②

전력은 단위시간인 1초당 전기가 한 일을 나타낸다.

$P=\dfrac{W}{t}=\dfrac{876{,}000}{25\times60}=584\text{W}=0.58\text{kW}$이다.

17 정답 ②

세라믹 콘덴서는 유전율이 높은 산화 타이타늄이나 타이타늄산바륨 등의 자기(세라믹스)를 유전체로 하는 콘덴서이다.

① **마일러 콘덴서** : 유전체로 폴리에스테르 등이 사용되고 다른 종류보다 저렴하나 정밀하지 못하다.

③ **전해 콘덴서** : 극성이 있으며, 띠 있는 쪽이 음극이다. 보통 용량과 정격전압이 숫자로 씌어 있으며, 누설전류가 조금 있고, 초고역에서의 주파수 특성이 좋지 않다.

④ **마이카 콘덴서** : 전기 용량을 크게 하기 위하여 금속판 사이에 운모를 끼운 축전기를 말한다.

18 정답 ①

$1\text{m}=10^2\text{cm}$, $1\text{cm}=10^{-2}\text{m}$이다.

19 정답 ③

$\mu_S<1$는 반자성체의 특색을 나타낸다.

② $\mu_S\gg1$: 강자성체

④ $\mu_S>1$: 상자성체

20 정답 ④

렌츠의 법칙이란 유도기전력과 유도전류는 자기장의 변화를 상쇄하려는 방향으로 발생한다는 전자기법칙이다.

① **플레밍의 왼손법칙** : 자기장 속에 있는 도선에 전류가 흐를 때 자기장의 방향과 도선에 흐르는 전류의 방향으로 도선이 받는 힘의 방향을 결정하는 규칙이다.

② **쿨롱의 법칙** : 전하를 가진 두 물체 사이에 작용하는 힘의 크기는 두 전하의 곱에 비례하고 거리의 제곱에 반비례한다는 것이다.

③ **패러데이의 법칙** : 전기분해를 하는 동안 전극에 흐르는 전하량(전류×시간)과 전기분해로 인해 생긴 화학변화의 양 사이의 정량적인 관계를 나타내는 법칙이다.

21 정답 ②

SCR이 on 상태로 되면 전류가 유지 전류 이상으로 유지되는 이상 게이트 전류는 전류의 유무에 관계없이 항상 일정하게 흐르므로 부하전류는 20A가 흐른다.

22 정답 ①

몰드 변압기란 권선 부분을 에폭시수지로 굳혀 절연한 건식 변압기로 바니스함침 타입의 H종 건식변압기에 비하여 내습성이 있다.

③ **건식 변압기** : 절연유 속에 담그지 않고 사용하는 변압기이며 절연유 대신 변압기 본체를 대기 중에 노출하여 자연 냉각시킨다.

④ **유입 변압기** : 철심과 권선을 탱크 내에 넣어 변압기 기름으로 깨끗하게 하여 냉각하는 변압기이다.

23 정답 ④

동기속도는 $N=\dfrac{120f}{P}$이고 극수는 $p=\dfrac{120f}{N}$이므로

$p=\dfrac{120\times60}{1{,}800}=4$극이다.

24 정답 ③

GTO(Gate Turn Off) 사이리스터는 게이트와 케소드에 순바이어스를 걸면 턴 온(Turn On)하고, 반대로 역바이너스를 걸면 턴 오프(Turn Off)하는 SCR을 말한다. 자기 소호 기능은 on 상태에서 off할 수 있는 것이다.

25 정답 ②

역변환 장치(인버터)란 직류를 교류로 변환하기 위해 사용되는 장치로 최근에는 SCR을 사용한 정지형 역변환 장치가 많이 쓰인다.

변환
- **컨버터** : 교류 → 직류의 변환
- **인버터** : 직류 → 교류의 변환
- **사이클로 컨버터** : 어느 주파수에서 다른 주파수로의 변환

26 정답 ④

거리 계전기 송전선에 사고가 발생했을 때 고장 구간의 전류를 차단하는 작용을 하는 계전기로 계전기 쪽에서 본 송전선의 임피던스가 일정값 이하이면 작동한다.

27 정답 ①

P형 반도체는 순수한 반도체 물질에 불순물을 첨가하여 정공(hole)이 증가하게 만든 것이 p형 반도체이며, 전자수를 증가시킨 n형 반도체와 대조된다.

28 정답 ③

권수비는 $a=\frac{6,600}{220}=30$ 이다.

따라서 변압기 2차 전압은 $V_2=\frac{V_1}{a}=\frac{2,850}{30}=95\text{V}$이다.

29 정답 ②

플레밍의 오른손 법칙에 따라 코일에 발생되는 기전력의 크기는 $e=Blv\text{V}$이다.

30 정답 ①

1차 출력=2차 출력이므로 60−1=59kW이다. 기계적 출력은 다음과 같이 계산한다.

$P_0=(1-s)P_2=(1-0.04)\times 59=56.64 \fallingdotseq 57\text{kW}$

31 정답 ④

와전류손은 와전류에 의한 줄 열 때문에 생기는 에너지의 손실이다. 이에 의해서 기기의 온도가 상승한다. 철심 중의 와전류를 피하기 위해 규소 강판의 성층 철심을 사용한다.

32 정답 ②

직류 분권전동기는 계자코일과 전기자코일이 병렬로 연결된 방식으로 두 코일에 인가된 전압이 같다. 회전방향을 바꾸려면 계자전류나 전기자전류 중 하나만 방향을 바꾸면 된다.

33 정답 ①

여자전류를 증가시키면 진상 역률을 만들고, 감소시키면 지상 역률을 만든다. 계자 전류가 역률 1보다 크면 앞선 전기자 전류가 흐르고, 1보다 작으면 뒤진 전기자 전류가 흐른다.

34 정답 ③

유도전동기의 제동법은 다음과 같다.
- **발전제동** : 전동기를 발전기로 작용하게 할 때, 전동기의 운동 에너지를 전기 에너지로 변환하여 전동기의 속도를 저감하는 제동 방식이다.
- **회생제동** : 전동기를 발전기로 동작시켜 그 발생 전력을 전원에 되돌려서 하는 제동방법이다.
- **역전(역상)제동(플러깅 제동)** : 유도전동기에서 전원의 위상을 역으로 하는 것에 따라 제동력을 얻는 전기제동이다.

35 정답 ②

직류 복권발전기의 병렬운전에 균압선을 설치하는 목적은 운전을 안전하게 하기 위해서이다. 균압선은 직류 복권(또는 직권)발전기의 안정된 병행운전을 할 수 있게 하기 위하여 각 기기의 전기자 권선과 직권 계자권선과의 접속점을 서로 접속하는 저저항의 도선을 말한다.

36 정답 ④

고압용은 개방형, 저압용은 반폐형을 주로 사용한다.

37 정답 ①

$N_s = \frac{120f}{P} = \frac{120 \times 60}{4} = 1{,}800\text{rpm}$이다.

슬립을 구하면

$s = \frac{N_s - N}{N_s} \times 100 = \frac{1{,}800 - 1{,}700}{1{,}800} \times 100 \fallingdotseq 5.56\%$이다.

38 정답 ③

I_a가 E보다 $\frac{\pi}{2}\text{rad}$ 뒤진 경우 직축 반작용으로 감자작용을 한다.

> I_a와 E
> - I_a가 E와 동상인 경우 횡축 반작용으로 교차 자화작용을 한다.
> - I_a가 E보다 $\frac{\pi}{2}\text{rad}$ 앞서는 경우 자화작용으로 증자작용을 한다.

39 정답 ②

기전력의 크기가 다를 경우 무효 순환전류가 흐르고, 기전력의 위상이 다르면 유효 순환전류가 흐른다.

40 정답 ④

비율 차동계전기란 고장에 의해서 생긴 불평형 차 전류가 평행전류의 몇 % 이상일 때 동작하는 계전기로서 TR 내부고장 보호용 등에 사용한다.

① **역상계전기** : 상 회전 방향의 역전으로 인한 전동기의 역전을 막고 또는 1상의 단선에 대하여 전동기의 과열을 예방하기 위한 보호용 계전기로, 적산 전력계와 같은 구조의 전압 계전기이다.

② **접지계전기** : 1선 지락, 2선 지락 등의 지락 고장이 발생했을 때 동작하는 계전기이다.

③ **과전압계전기** : 입력 전압이 규정치보다 크게 되었을 때 동작하는 계전기이다.

41 정답 ①

직선접속은 다음과 같이 구분한다.

- **단선 직선접속** : 트위스트 직선접속, 브리타니아 직선접속
- **연선 직선접속** : 복권 직선접속, 단권 직선접속, 권선 직선접속

42 정답 ④

앤트런스 캡은 인입구, 인출구 수직배관의 상부에 사용되어 비의 침입을 막는데 사용되는 부품이다.

43 정답 ②

무대, 무대 밑, 오케스트라 박스, 영사실, 기타 사람이나 무대도구가 접촉할 우려가 있는 장소에 시설하는 저압옥내배선, 전구선 또는 이동전선은 사용 전압이 400V 이하이어야 한다.

44 정답 ③

리셉터클이란 전구 소켓으로 직접 사용되는 것 외에, 삽입구의 수를 증가시키기 위해서 나사플러그를 이용하여 옥내배선과 전기기구의 접속용으로도 사용된다.

④ **테이블 탭** : 코드로 연결된 나머지 한쪽은 플러그를 꽂을 수 있는 삽입구를 두 개 이상 설치한 전기 기구이다.

45 정답 ④

합성수지제의 호칭은 안지름에 가까운 짝수 mm로 호칭하며 관의 규격은 PE관 CD관의 규격과 같다.

46 정답 ①

슬리브는 전선 또는 부품을 덮는 절연용 튜브로 옥내 배선에 주로 사용한다.

47 정답 ②

같은 굵기의 절연전선을 동일 관내에 넣는 경우 금속관의 굵기는 전선의 피복을 포함한 총 단면적이 금속관 내부 단면적의 48% 이하가 되도록 할 수 있다.

48 정답 ③

와이어 커넥터는 정크션 박스 내의 전선을 접속할 경우 사용하는 기구이다.

49 정답 ①

지중에 매설되어 있고 대지와의 전기저항 값이 3Ω 이하의 값을 유지하고 있는 금속제 수도관로가 전기시설규정에 따르는 경우 접지극으로 사용이 가능하다.

50 정답 ④

트위스트 직선접속은 $6mm^2$이하의 단선인 경우에만 적용한다.

51 정답 ②

반간접 조명방식은 발산광속 중 상향 광속이 60~90%이고, 하향 광속이 10~40%이다.

52 정답 ③

저압 가공전선의 높이는 다음과 같다.

- 도로를 횡단하는 경우에는 지표상 6m 이상
- 철도 또는 궤도를 횡단하는 경우에는 레일면상 6.5m 이상
- 횡단보도교의 위를 시설하는 경우에는 저압 가공전선은 그 노면상 3.5m 이상

53 정답 ①

링 리듀서는 전선관용의 한 부속품으로 박스의 노크아웃 지름보다 작은 지름의 전선관을 접속하는 경우 노크아웃 지름을 작게 하기 위해 사용하며, 관 중심의 이동을 방지하기 위해 돌기를 세 군데 둔다.

54 정답 ③

화약류 저장소에서 전기설비의 시설은 다음과 같다.

- 전로에 대지전압은 300V 이하일 것
- 전기기계기구는 전폐형의 것일 것
- 케이블을 전기기계기구에 인입할 때에는 인입구에서 케이블이 손상될 우려가 없도록 시설할 것

55 정답 ②

화약류 저장소 인입구까지의 배선공사는 케이블을 이용하여 지중에 매설하여야 한다.

56 정답 ④

진상용 콘덴서는 변전설비 및 개별 부하의 역률 개선을 목적으로 이용되는 콘덴서이다.

① **컨덕턴스** : 누설시험에서 일정한 보전 상태 하에서 기공이나 도관을 통하여 흐르는 기체의 일정기간 흐른 양에 대한 양쪽 끝에서의 유동 기체 압력차에 대한 비율이다.
② **저항** : 물체에 전류가 흐를 때 이 전류의 흐름을 방해하는 요소를 말한다.
③ **리액터** : 코일이 가진 리액턴스를 이용하여 전류 제한 등에 사용하는 장치이다.

57 정답 ①

케이블 트렁킹은 건축물에 고정되는 본체부와 제거할 수 있거나 개폐할 수 있는 커버로 이루어지며 절연전선, 케이블 및 코드를 완전하게 수용할 수 있는 것을 뜻한다.

58 정답 ③

유입 차단기는 전기회로를 개폐하는 차단기의 일종이며 차단 부분이 절연유 속에 들어 있는 것으로 오일차단기 또는 OCB라고도 한다.

① **자기 차단기** : 차단시에 생기는 아크를 소호하는 데 좁은 홈의 아크 슈트 중에 아크를 봉해 넣고 차단하는 것이다.
② **진공 차단기** : 진공 안에서 전자의 고속도 확산에 의한 소화작용을 이용한 차단기로이다.
④ **기중 차단기** : 압축공기를 사용하여 아크를 끄는 전기개폐 장치이다.

59 정답 ②

FL전선이란 형광방전등용 전선을 의미한다.

① **인입용 비닐절연전선** : DV
④ **옥외용 비닐절연전선** : OW

60 정답 ④

계기용 변압기는 고전압을 측정하기 위해 사용하는 전압 변성기로, 1차 코일을 측정해야 할 전원과 병렬로 접속한다.

제3회

CBT 모의고사 정답 및 해설

전기이론·전기기기·전기설비

01	①	02	③	03	②	04	④	05	③
06	②	07	③	08	③	09	②	10	①
11	③	12	④	13	②	14	③	15	②
16	②	17	④	18	②	19	②	20	①
21	①	22	④	23	②	24	③	25	④
26	①	27	②	28	③	29	④	30	②
31	①	32	③	33	④	34	②	35	①
36	③	37	②	38	③	39	①	40	③
41	②	42	④	43	①	44	③	45	②
46	④	47	①	48	②	49	③	50	①
51	②	52	②	53	①	54	③	55	②
56	③	57	①	58	③	59	②	60	④

01 정답 ①

2전력계법으로 3상 전력 측정
- **유효전력** : $P=P_1+P_2$
- **무효전력** : $Q=P=\sqrt{3}(P_1\times P_2)$

02 정답 ③

$W=KQ=KItg$이다. 이때 K : 화학당량, Q : 통과한 전기량$(Q=It)$, t=시간s이므로 계산해보면 다음과 같다.
$W=0.3293\times10^{-3}\times10\times60\times60=11.8548\text{g}$

03 정답 ②

줄의 법칙 $Q=0.24VIt\text{cal}$이다. 흐른 시간은
$t=\dfrac{Q}{0.24VI}=\dfrac{2,400}{0.24\times100\times5}=20\text{sec}$이다.

04 정답 ④

전류 $I=\dfrac{V}{Z}$이다.

$I=\dfrac{V}{\sqrt{R^2+X_L^{\,2}}}=\dfrac{300}{\sqrt{12^2+X_L^{\,2}}}=20\ \text{A}$이다.

리액턴스는 $X_L=\sqrt{\left(\dfrac{300}{20}\right)^2-12^2}=9\Omega$이다.

05 정답 ③

바리콘은 반원 형태로 된 극판의 한 쪽을 회전시켜 전기 용량을 어느 범위 안에서 바꿀 수 있는 축전기이다.

① **마일러 콘덴서** : 유전체로 폴리에스테르 등이 사용되고 다른 종류보다 저렴하나 정밀하지 못하다.
② **전해 콘덴서** : 극성이 있으며, 띠 있는 쪽이 음극이다. 보통 용량과 정격전압이 숫자로 씌어 있으며, 누설전류가 조금 있고, 초고역에서의 주파수 특성이 좋지 않다.
④ **마이카 콘덴서** : 전기 용량을 크게 하기 위하여 금속판 사이에 운모를 끼운 축전기를 말한다.

06 정답 ②

패러데이의 전자 유도 법칙은 유도기전력의 크기는 코일을 관통하는 자속(자기력선속)의 시간적 변화율과 코일의 감은 횟수에 비례한다는 전자기 유도법칙으로, 기전력의 방향을 정하는 렌츠의 법칙과 함께 전자기유도가 일어나는 방식을 나타낸다.

07 정답 ③

Y결선을 △결선으로 변경하면 저항의 값은 3배($12\times3=36\Omega$)가 된다.

08 정답 ③

전선의 저항은 길이에 비례하고 반지름의 제곱에 반비례한다. $R=\frac{l}{\sigma S}=\rho\frac{l}{S}=\rho\frac{l}{\pi r^2}$이다. 따라서 $R=\frac{3}{\left(\frac{1}{2}\right)^2}=12$배이다.

09 정답 ②

콘덴서를 직렬로 연결하면 합성 정전용량은 어느 한 개의 정전용량보다 작아지게 된다.

10 정답 ①

자기 모멘트는 자기장을 생성하는 가장 작은 단위로서 $M=ml$이다.

11 정답 ③

전자 에너지 $W=\frac{1}{2}LI^2$이다.

$72=\frac{1}{2}\times4\times I^2$이므로 $I=6\text{A}$이다.

12 정답 ④

도체 표면의 전기장은 그 표면에 수직이다.

전기력선의 기본적인 성질
- 전기력선은 교차하지 않는다.
- 양전하의 전기력선은 무한원점에서 시작되고 음전하의 무한원점에서 끝난다.
- 전기력선은 등전위면과 직교한다.
- 전기력선은 전위가 높은 곳에서 낮은 곳으로 향한다.

13 정답 ②

철, 코발트, 니켈은 강자성체에 속한다.

14 정답 ③

중첩의 원리란 다수의 기전력을 포함한 도선망의 각 부분의 전류는 각 기전력이 단독으로 인가된 경우에 흐르는 전류를 겹쳐 합친 것과 같다는 것으로 다른 전압원은 단락, 다른 전류원은 개방한다.

15 정답 ②

전류 · 자기장 · 도체 운동의 세 방향에 관한 법칙(플레밍의 법칙) 중 플레밍의 오른손 법칙은 자기장 속을 움직이는 도체 내에 흐르는 유도 전류의 방향과 자기장의 방향(N극에서 S극으로 향한다), 도체의 운동 방향과의 관계를 나타내는 법칙이다.

① **플레밍의 왼손 법칙** : 자기장 속에 있는 도선에 전류가 흐를 때 자기장의 방향과 도선에 흐르는 전류의 방향으로 도선이 받는 힘의 방향을 결정하는 규칙이다.
③ **앙페르의 오른나사 법칙** : 전선에서 언제나 오른나사가 진행하는 방향으로 전류가 흐르면, 자력선은 오른나사가 회전하는 방향으로 만들어진다는 원리이다.
④ **렌츠의 법칙** : 유도기전력과 유도전류는 자기장의 변화를 상쇄하려는 방향으로 발생한다는 전자기법칙이다.

16 정답 ②

같은 종류의 전하는 반발하고, 다른 종류의 전하는 흡인한다.

17 정답 ④

계산 결과 전류가 +로 표시된 것은 처음에 정한 방향과 같은 방향임을 나타낸다.

키르히호프의 법칙

- **키르히호프 제1법칙 또는 전류의 법칙**
  - "노드(node)로 들어오는 전류와 흘러나가는 전류는 같다"로 정의된다.
  - 계산 결과 전류가 처음에 정한 방향과 같은 방향이면 (+), 반대방향이면 (−)로 표시한다.
- **키르히호프 제2법칙 또는 전압의 법칙** : "닫힌 고리에서 모든 전압을 더했을 때 0이 된다"로 정의된다.

18 정답 ②

정현파의 평균값은 $\frac{2V_m}{\pi}$이므로

$V_m=\frac{\pi}{2}\times$평균값$=\frac{\pi}{2}\times 127 \fallingdotseq 200\text{V}$이다.

19 정답 ②

왜형파의 실효값은 각 파의 실효값 제곱의 합의 제곱근이다.
따라서

$$I=I_0+I_1+I_2$$
$$=\sqrt{I_0^2+(\frac{I_{m1}}{\sqrt{2}})^2+(\frac{I_{m2}}{\sqrt{2}})^2}$$
$$=\sqrt{3^2+10^2+5^2}=11.6\text{A}$$

20 정답 ①

Y−Y 결선 시 선전류(I_l)와 상전류(I_P)는 같다. 따라서

$I_l=I_P=\frac{V_p}{Z}=\frac{100}{8+j6}=\frac{100}{\sqrt{8^2+6^2}}=\frac{100}{10}=10\text{A}$이다.

21 정답 ①

기동기란 직류전동기의 기동을 원활하게 하기 위한 시동 장치로 전기자에 직렬로 외부저항을 넣어 들어오는 전류를 제한하고, 전동기가 회전하기 시작하면 역기전력이 발생해서 전류가 감소되므로, 차례로 외부저항을 작게 한다.

② **단속기** : 계전기의 자기 단속 또는 기계적으로 회전하는 캠 등에 의해 전화 교환기나 전기 신호장치의 동작에 필요한 단속을 발생하는 장치이다.

③ **가속기** : 전하를 띤 입자를 전자기력으로 가속시켜 고에너지를 갖게 하는 장치이다.

④ **제어기** : 어떤 일정한 동작을 하도록 만든 물리계가 원하는 대로 동작하도록 물리계에 필요한 조작을 가하기 위하여 제어대상에 조합되어 제어를 행하는 장치로 기준입력요소, 조절부와 조작부로 구성된 제어요소, 검출부로 구성되어 있다.

22 정답 ④

유기기전력이 크면 부하분담이 크고, 유기기전력이 작으면 부하분담이 작다. 용량이 크면 부하부담이 크고, 전지가 저항이 작으면 부하분담이 크다.

23 정답 ②

유도전동기의 원선도를 그리는데 필요한 시험에는 구속시험, 무부하시험, 저항측정시험 등이 있다.

24 정답 ③

크로우링의 현상은 농형 전동기에서 고정자와 회전자의 슬롯수가 적당하지 않을 경우에 발생하는 현상으로서 유도전동기의 공극이 일정하지 않거나 계자에 고조파가 유기될 때 전동기가 정격속도에 이르지 못하고 정격속도 이전의 낮은 속도에서 안정되어 버리는 현상을 말한다. 경사 슬롯을 채용하면 방지가 가능하다.

게르게스 현상

권선형 유도 전동기가 정상 작동하다 단선되어 2차 회로에는 단상 전류가 흘러들어 가게 되는데 이 때문에 전동기가 작동은 하되 정격속도의 50% 정도에서 더 이상 가속되지 않는다는 현상이다.

25
정답 ④

동기속도는 $N_S=\frac{120f}{p}$이다.

따라서 $N_S=\frac{120\times60}{2}=3{,}600\text{rpm}$이다.

26
정답 ①

계자 제어법은 자속의 변화로, 전압 제어법은 전동기의 공급 전압의 변화로, 저항 제어법은 저항의 변화로 제어된다.

27
정답 ②

$P_h\propto\frac{1}{f}$이므로 히스테리시스손은 주파수에 반비례한다. 즉 히스테리시스손이 감소하기 때문에 철손도 감소한다.

28
정답 ③

직류발전기의 유기기전력은 $E=\frac{PZ\phi N}{60a}$에서 중권이므로 $a=8$을 대입하면

$E=\frac{8\times500\times0.02\times600}{60\times8}=100\text{V}$이다.

29
정답 ④

위상 특성 곡선은 제어계의 전달 요소가 어떤 위상 특성을 가지고 있는가를 나타내는 곡선으로 가로축에 입력 신호의 각 주파수를 대수 눈금(계자전류)으로 취하고, 세로축에 입력 신호에 대한 위상의 벗어남을 등간격 눈금(전기자 전류)으로 취하여 나타낸 것이다.

30
정답 ②

직류발전기의 철심을 규소 강판으로 성층하여 사용하는 주된 이유는 규소를 넣으면 자기 저항을 크게 하여 와류손과 히스테리시스손의 감소하게 하기 때문이다. 철손에는 와류손과 히스테리시스손이 있다.

31
정답 ①

유도 전동기의 기계적 출력은 나타내는 정수는 $r=(\frac{1}{s}-1)r_2$이다. 따라서 $r=(\frac{1}{0.05}-1)r_2=19r_2$이다.

32
정답 ③

V결선 변압기의 이용률은 $\frac{V\text{결선용량}}{2\text{대용량}}$이다. 따라서 $\frac{V\text{결선용량}}{2\text{대용량}}=\frac{\sqrt{3}P}{2P}=\frac{\sqrt{3}}{2}=0.866=86.6\%$이다.

33
정답 ④

유도전동기의 슬립측정 방법에는 직류 밀리볼트계법, 수화기법, 스트로보스코프법, 회전계법이 있다.

34
정답 ②

플레밍의 오른손 법칙은 발전기의 원리와 관계가 깊고, 플레밍의 왼손 법칙은 전동기의 원리와 관계가 깊다.

35
정답 ①

동기발전기 병렬운전의 조건은 다음과 같다.
- 기전력의 크기가 같을 것
- 기전력의 위상이 같을 것
- 기전력의 주파수가 일치할 것
- 기전력의 파형이 일치할 것
- 기전력의 상회전 방향이 같을 것

36
정답 ③

과복권 발전기는 전압 변동률이 (−)이고 분권 발전기, 타여자 발전기, 부족 분권 발전기의 전압 변동률은 (+)이다.

37 정답 ②

제너 다이오드는 일정한 전압을 얻을 목적으로 사용되는 소자이다.

① **포토 다이오드** : 빛에너지를 전기에너지로 변환한다.
③ **발광 다이오드** : 전류를 직접 빛으로 변환시키는 반도체 소자이다.
④ **바리스터 다이오드** : 더 높은 전압에서 작동하며 쌍방향으로 작동한다.

38 정답 ④

단상 유도전동기는 단상교류 전원으로 운전되는 유도전동기로 회전 자계가 생기지 않기 때문에 보조적인 수단에 의해 가동되어야 하므로 고정자에 보조권선을 더하여 주권선과 5상권선을 형성한다.

39 정답 ①

콘덴서 유도전동기는 콘덴서가 역률 개선의 역할을 하므로 역률이 좋고 비교적 기동 토크가 크기 때문에 가정용 전동기에 주로 이용된다.

셰이딩 코일형(shading coil型)

수 W의 소형에 많이 사용되는 방식으로 고정측에 주권선 외에 셰이딩 코일을 놓고, 이것으로 시동 토크를 얻는 것이다.

40 정답 ③

$s=\frac{n_s-n}{n_s}$이므로 회전자의 회전속도가 증가할수록 슬립은 작아진다.

41 정답 ②

접착제를 사용하는 경우에는 0.8배 이상으로 한다.

합성수지관 및 부속물의 시설

- 관 상호 간 및 박스와는 관을 삽입하는 깊이를 관의 바깥지름의 1.2배(접착제를 사용하는 경우에는 0.8배) 이상으로 하고 또한 꽂음 접속에 의하여 견고하게 접속할 것
- 관의 지지점 간의 거리는 1.5m 이하로 하고, 또한 그 지지점은 관의 끝관과 박스의 접속점 및 관 상호 간의 접속점 등에 가까운 곳에 시설할 것

42 정답 ④

리노 테이프는 절연용의 테이프로 면의 양측에 바니스를 수회 발라서 말린 것으로 연피 케이블에 반드시 사용한다.

43 정답 ①

래크는 저압 가공전선을 수직 배열하는데 사용하는 공구이다.

② **클리프** : 굵은 전선을 절단할 때 사용하는 공구이다.
③ **오스터** : 파이프에 나사를 절삭하는 다이스 돌리기의 일종이다.
④ **인류 스트랍** : 저압 선로 인류애자 사용시 접지측 중성선 인류개소에 랙크와 클램프 연결 시 사용하는 공구이다.

44 정답 ③

지중 전선로를 직접 매설식에 의하여 시설하는 경우에는 매설 깊이를 차량 기타 중량물의 압력을 받을 우려가 있는 장소에는 1.0m 이상, 기타 장소에는 0.6m 이상으로 하고 또한 지중 전선을 견고한 트라프 기타 방호물에 넣어 시설하여야 한다.

45 정답 ②

가공전선로의 장주에 사용되는 조수가 3조일 때 완금의 길이는 다음과 같다.

- **특고압** : 2,400mm
- **고압** : 1,800mm
- **저압** : 1,400mm

46 정답 ④

메거는 절연저항을 측정하는 기구이다.

> **콜라우시 브리지**
> 비례변에 미끄럼 저항선을 사용하고, 전원에 가청 주파수의 교류를 사용하는 점이 특색이며, 전지의 내부 저항이나 전해액의 도전율 등의 측정에 사용된다.

47 정답 ①

사람이 상시 통행하는 터널 안의 전선로 사용전압은 저압 또는 고압에 한한다.

- **저압전선** : 금속관공사, 금속제 가요전선관공사, 케이블공사, 애자공사, 합성수지공사
- **고압전선** : 케이블공사

48 정답 ②

저압 가공전선로의 지지물은 목주인 경우에는 풍압하중의 1.2배의 하중, 기타의 경우에는 풍압하중에 견디는 강도를 가지는 것이어야 한다.

49 정답 ③

변전소의 역할은 다음과 같다.

- 전압의 변성 및 조정
- 전압의 집중과 배분
- 유효전력 제어 및 무효전력 제어
- 송배전선로와 기기 보호

50 정답 ①

지지점은 관의 끝관과 박스의 접속점 및 관 상호 간의 접속점 등에 가까운 곳에 시설한다.

51 정답 ②

건축물의 종류에 따른 표준부하는 다음과 같다.

건축물의 종류	표준부하 VA/m^2
공장, 공회당, 사원, 교회, 극장, 영화관, 연회장 등	10
기숙사, 여관, 호텔, 병원, 학교, 음식점, 다방, 대중목욕탕 등	20
주택, 아파트, 사무실, 은행, 상점, 이발소, 미장원 등	30

52 정답 ②

피뢰기는 침입하는 뇌에 의한 이상 전압에 대하여 그 파고값을 저감시켜 전기 기기를 절연 파괴에서 보호하는 장치이다.

① **누전차단기** : 기기의 내부에서 누전사고가 발생했을 때나 외부 상자나 프레임 등에 접촉할 때 감전하는 것을 예방하기 위하여 사용한다.

③ **단로기** : 부하전류를 제거한 후 회로를 격리하도록 하기 위한 장치이다.

④ **배선용 차단기** : 과전류 벗겨내기 장치나 개폐기구 등을 몰드용기 안에 일체화시킨 기중 차단기이다.

53 정답 ①

가정용 전등에 설치되어 있는 스위치는 텀블러 스위치인데 스위치를 거쳐가는 선은 반드시 전압측 전선이어야 한다.

54 정답 ③

전반조명은 실내 조명에서 광원을 배치하는 한 형식으로 상당히 넓은 실내에 적당한 크기의 광원을 수많이 규칙적으로 배치하여 조도 분포를 고르게 한다. 공장, 사무실, 백화점 등에 많이 쓰인다.

① **간접조명** : 광원에서 나온 빛을 일단 벽이나 천장 등에 비추고 반사시켜 부드럽게 만든 후 그 반사광을 이용하는 방법이다.

② **직접조명** : 광원에서 나온 빛을 모아 곧바로 대상 영역 또는 물체를 비추게 하는 조명 방식이다.

④ **국부조명** : 작업대 · 실험대 · 제도대 등의 필요한 부분만을 특히 높은 조도로 조명하는 것이다.

55 정답 ②

특고압 가공전선과 저고압 가공전선의 병가 시 이격거리

사용전압의 구분	이격거리
35kV 이하	1.2m(특고압 가공전선이 케이블인 경우에는 0.5m)
35kV 초과 60kV 이하	2m(특고압 가공전선이 케이블인 경우에는 1m)
60kV 초과	2m(특고압 가공전선이 케이블인 경우에는 1m)에 60kV을 초과하는 10kV 또는 그 단수마다 0.12m를 더한 값

56 정답 ③

브리타니아 접속은 단면적 $10mm^2$의 굵은 단선에 적용한다.

트위스트 접속

단면적 $6mm^2$의 가는 단선에 적용한다.

57 정답 ①

버니어 캘리퍼스는 물체의 외경, 내경, 깊이 등을 0.05mm 정도의 정확도로 측정할 수 있는 기구이다.

② **와이어 게이지** : 와이어(철사)나 가는 드릴 등의 지름을 재는 데 사용하는 게이지이다.

③ **마이크로미터** : 물체의 외경, 두께, 내경, 깊이 등을 마이크로미터(μm) 정도까지 측정할 수 있는 기구이다.

④ **다이얼 게이지** : 변위량을 스핀들을 통하여 랙 피니언 및 기어열에 의하여 확대하여 눈금판 지침에 의하여 지시하게 하는 현장용의 길이측정기이다.

58 정답 ③

셀룰로이드, 성냥, 석유류, 기타 타기 쉬운 위험한 물질을 제조하거나 저장하는 곳에 시설하는 저압 옥내배선 등은 합성수지관공사(두께 2mm 미만의 합성수지 전선관 및 난연성이 없는 콤바인 덕트관을 사용하는 것을 제외), 금속관공사 또는 케이블공사에 의한다.

59 정답 ②

15kV 이하인 특고압 가공전선로의 전기저항 값은 다음과 같다.

- **각 접지점의 대지 전지저항 값** : 300Ω
- **1km마다의 합성 전기저항 값** : 30Ω

60 정답 ④

조가용선의 케이블에 접속시켜 그 위에 쉽게 부식하지 아니하는 금속 테이프 등을 0.2m 이하의 간격을 유지하여 나선상으로 감는다.

전기이론·전기기기·전기설비

01	①	02	④	03	②	04	④	05	③
06	①	07	②	08	①	09	②	10	③
11	④	12	①	13	③	14	④	15	②
16	③	17	①	18	④	19	④	20	①
21	①	22	④	23	③	24	②	25	④
26	①	27	③	28	②	29	④	30	③
31	①	32	②	33	④	34	①	35	③
36	②	37	④	38	③	39	①	40	②
41	①	42	②	43	④	44	③	45	①
46	③	47	②	48	④	49	④	50	①
51	②	52	③	53	①	54	②	55	④
56	①	57	③	58	②	59	④	60	①

01 정답 ①

Y결선에서 선간전압(V_l)은 상전압(V_P)에 비하여 $\sqrt{3}$배 크고, 상전류와 선전류는 같다. 따라서 상전압은 $V_P=\frac{210}{\sqrt{3}}=121\text{V}$이고, 상전류는 $I_P=I_l=10\text{A}$이다.

02 정답 ④

누설자속이란 자성체의 표면에서 누설되어 자로 이외의 곳을 통과하는 자속을 말한다.

① **주자속** : 변압기 등에 이어서 1차 또는 2차 전류에 의해서 발생한 자속 중 다른 권선측과 쇄교하는 자속을 말한다.

03 정답 ②

자기 인덕턴스는 $L=\frac{N\Phi}{I}$이다. 따라서

$L=\frac{N\Phi}{I}=\frac{100\times50\times10^{-3}}{2}=2.5\text{H}$이다.

04 정답 ④

전자 유도법칙에 따른 유도 기전력은 $e=-N\frac{d\Phi}{dt}$이다.

따라서 $e=-N\frac{d\Phi}{dt}=150\times\frac{1}{2}=75\text{V}$이다.

05 정답 ③

동일한 임피던스를 △에서 Y로 등가변환할 때 임피던스는 $\frac{1}{3}$배가 되고, 동일한 임피던스를 Y에서 △로 등가변환할 때 임피던스는 3배가 된다.

06 정답 ①

콘덴서의 직렬연결은 저항의 병렬연결처럼 합성 정전용량을 계산하고, 콘덴서의 병렬연결은 저항의 직렬연결처럼 합성 정전용량을 계산한다. 합성 정전용량은 $C=\frac{3\times(2+4)}{3+(2+4)}=2\mu F$이다.

07 정답 ②

$E=IZ$이다. 따라서 $E=IZ=20\times\sqrt{8^2+X_L{}^2}=200V$이므로 $\sqrt{8^2+X_L{}^2}=10$이므로 $X_L=\sqrt{10^2-8^2}=6$이다.

08 정답 ①

니켈 카드뮴 전지는 양극에 니켈의 수산화물을, 음극에 카드뮴을 사용한 알칼리 축전지이다.

② **산화은 전지** : 양극에 산화은, 음극에 아연을 사용하고, 수산화나트륨이나 수산화칼륨을 전해액으로 한 전지로, 단추형의 1차전지가 많이 사용된다.

③ **망간전지** : 대표적인 1차전지로 방전전압은 1.5V이며, 내부저항이 큰 단점이 있다.

④ **페이퍼 전지** : 용액인 전해질을 사용하지 아니하고 시트상의 고체 전해질을 사용한 전지이다.

09 정답 ②

비정현파 전압과 전류가 주어질 경우 전력은 같은 고조파 성분으로 구하면 된다.

10 정답 ③

진공 중 두 점전하 사이에 작용하는 힘은

$F=9\times10^9\times\frac{Q_1Q_2}{r^2}$이다.

따라서 $F=9\times10^9\times\frac{10\times10^{-6}\times20\times10^{-6}}{1^2}$

$=18\times10^{-1}N$이다.

11 정답 ④

$v=200\sqrt{2}\sin(\omega t+\frac{\pi}{2})$

$=200\angle\frac{\pi}{2}=200(\cos\frac{\pi}{2}+j\sin\frac{\pi}{2})$

$=j200$

12 정답 ①

$1Wb/m^2=1T=1gauss$

13 정답 ③

$P=\sqrt{3}VI\cos\theta$

$=\sqrt{3}\times110\times10\times0.7$

$=1334W\fallingdotseq1.3kW$

14 정답 ④

평행판 콘덴서의 정전 용량은 $C=\frac{\epsilon_0\epsilon_S S}{d}$이다.

정전 용량은 면적에 비례하고 간격에 반비례한다.

15 정답 ②

병렬 합성용량은 $C_P=nC$로 n배가 되고, 직렬 합성용량은 $C_S=\frac{C}{n}$로 $\frac{1}{n}$배가 된다. 따라서 $\frac{C_p}{C_s}=\frac{nC}{\frac{C}{n}}=n^2$으로 콘덴서 개수의 재곱배가 된다. 콘덴서가 5개이므로 25배에 해당한다.

16 정답 ③

유효전력은 P_1+P_2W, 무효전력은 $\sqrt{3}(P_1-P_2)var$이다. 그러므로 부하전력은

$P=P_1+P_2=200+200=400W$이다.

PART 3 정답 및 해설

17 정답 ①

$i = 10\cos(100\omega t - \frac{\pi}{3})$

$= 10\sin(100 - \frac{\pi}{3} + \frac{\pi}{2})$

$= 10\sin(100\omega t + \frac{\pi}{6})$

이다. 따라서

$P = VI\cos\theta$

$= \frac{100}{\sqrt{2}} \times \frac{10}{\sqrt{2}} \times \cos(\frac{\pi}{6} - \frac{\pi}{6})$

$= 500\text{W}$이다.

18 정답 ④

Y결선 시 임피던스는

$Z = 8 + j6 = \sqrt{8^2 + j6^2} = 10\Omega$이다.

Y결선 시 선전류는 상전류와 같으므로

$I_l = I_P = \frac{\frac{380}{\sqrt{3}}}{10} = 22\text{A}$이다.

19 정답 ④

1Ws=1J이고, 1Wh=3,600Ws이다. 1시간은 3,600초이므로 6Wh=6×3,600=21,600J이다.

20 정답 ①

비투자율은 공기에서 1이 된다.

21 정답 ①

저압측 선전류는

$I_2 = \frac{P}{\sqrt{3}V_2} = \frac{100 \times 10^3}{\sqrt{3} \times 200} = 288.68\text{A}$이므로

유효분 전류는 다음과 같이 구할 수 있다.

$I = I_2\cos\theta = 288.68 \times 0.8 = 230.94\text{A}$

22 정답 ④

3권선 변압기는 1개의 변압기에 1차권선과 2차권선 및 3차권선의 3조로 된 권선을 갖고 있으며, 3차권선의 본래 목적은 변압기의 결선이 y－y이면 제3고조파가 발생하여 파형이 찌그러지기 때문에 △결선으로 된 소요량의 제3선을 별도로 설치하여 왜곡방지에 있다.

23 정답 ③

농형 유도전동기의 기동법에는 기동보상기에 의한 기동, 전전압 기동, Y－△ 기동, 변연장 △결선 등이 있다.

24 정답 ②

동기기에 제동권선을 설치하는 이유는 난조가 발생하는 것을 방지하기 위한 것이다. 난조를 방지하는 방법에는 제동권선의 설치, 플라이휠을 부착하여 관성 모멘트를 크게 하는 것, 조속기를 예민하지 않게 하는 것, 저항을 작게 하는 것 등이 있다.

25 정답 ④

차동계전기는 변압기 내부의 이상 기능 발생시 작동하는 장치로서 변압기를 기준으로 1차측 전류와 2차측 전류의 차이를 감시하며, 기준치 이상의 값이 검출되는 경우 작동하는 계전기이다.

① **접지계전기** : 1선 지락, 2선 지락 등의 지락 고장이 발생했을 때 동작하는 계전기이다.

② **과전압 계전기** : 입력 전압이 규정치보다 크게 되었을 때 동작하는 계전기이다.

③ **역상계전기** : 상 회전 방향의 역전으로 인한 전동기의 역전을 막고 또는 1상의 단선에 대하여 전동기의 과열을 예방하기 위한 보호용 계전기로, 적산 전력계와 같은 구조의 전압 계전기이다.

26 정답 ①

전동기의 역기전력은

$E_e = V - I_aR_a = 300 - (40 \times 4.5) = 120\text{V}$이다.

27 정답 ③

목면, 명주, 종이 등의 절연재료는 내열등급 A종이고, 최고 허용온도는 105℃이다.

28 정답 ②

Triac은 2개의 실리콘 제어 정류기(SCR)가 역병렬로 접속된 것과 동일한 기능을 갖는 양방향 사이리스터로 교류 전원 컨트롤용으로 사용된다.

29 정답 ④

절연 내력시험에는 유도시험, 가압시험, 충격전압시험 등이 있다.

변압기 시험

- **무부하 시험(개방시험)에서 구할 수 있는 항목** : 무부하 전류, 철손, 와류손, 히스테리시스손, 여자 어드미턴스
- **단락시험에서 구할 수 있는 항목** : 전압 변동률, 임피던스 전압, 임피던스 와트, 동손

30 정답 ③

스타인메츠 상수는 주기적으로 변화하는 자계를 재료에 가했을 때 그 변화하는 자계의 1주기에 열로 변환되는 에너지는 재료의 단위 체적에 대하여 최대 자속밀도의 1.6승에 비례하고, 주파수는 1승에 비례한다.

31 정답 ①

$\varepsilon=\frac{V_0-V_n}{V_n}\times 100=\frac{253-220}{220}\times 200=15\%$이다.

32 정답 ②

유도기전력은 $E=4.44fN\phi_m$이다. 따라서

$$\phi_m=\frac{E}{4.44fN}=\frac{3,300}{4.44\times 60\times 1,650}$$
$$=0.0075$$
$$=7.5\times 10^{-3}$$

33 정답 ④

인터록회로는 회로에 A, B의 입력이 있으면 A를 누르게 되면 B가 동작하지 않고, B를 누르면 A가 동작하지 않는 회로로 선입력 우선회로이다.

② **동작지연회로** : 동작이 늦고 복귀는 타이머 코일과 함께 되는 회로이다.

③ **자기유지회로** : 푸시버튼 등의 순간동작으로 만들어진 입력신호가 계전기에 가해지면 입력신호가 제거되어도 계전기의 동작을 계속적으로 지켜주는 회로이다.

34 정답 ①

매극 매상당의 홈수 $q=\frac{\text{홈수}}{\text{극수}\times\text{상수}}=\frac{24}{4\times 3}=2$

35 정답 ③

전기자 철심은 전기자 권선을 감는 철심으로, 0.35mm 또는 0.5mm의 규소 강판을 겹쳐 쌓아서 만든다. 규소의 함유량은 1~1.5%인데 이유는 히스테리시스손의 감소를 위한 것이다.

36 정답 ②

직류전압은 $V_0=0.45V_i$이다.
따라서 $V_0=0.45\times 200=90\text{V}$이다. 전류는
$I=\frac{V_0}{R}=\frac{90}{10}=9\text{A}$이다.

37 정답 ④

단락비 $K_S=\frac{\text{무부하에서 정격전압을 유도하는데 필요한 여자전류}}{\text{정격전류와 같은 단락전류를 흘리는데 필요한 여자전류}}=1.5$이다.

%동기 임피던스는 단락비의 역의 관계에 있으므로 %동기 임피던스는

$Z_S'=\frac{100}{K_S}=\frac{100}{1.5}\fallingdotseq 66.7\%$이다.

38 정답 ③

3상 유도 전압조정기의 경우 단상 유도전압 조정기에서 Y 혹은 델타결선을 이용하여 3개의 상을 가지고 만든 조정기이다. 그렇기 때문에 단상 때와는 달리 위상차가 발생하게 되며, 회전자계 발생하고 단락권선은 필요 없게 된다.

39 정답 ①

변압기를 건조하는 방법으로는 열풍법, 단락법, 진공법이 있다.

40 정답 ②

변압기의 원리는 전자기 유도이다. 1차 코일에 교류를 흘리면 전자기유도로 2차 코일에도 교류가 흐르게 된다. 이상적인 변압기에서 1차 코일과 2차 코일의 감은 수(N), 전압(V), 전류(I)의 관계는 $\frac{V_P}{V_S}=\frac{I_S}{I_P}=\frac{N_P}{N_S}$이다.

41 정답 ①

알루미늄 전선과 전기기계기구 단자의 접속은 접촉이 완전하여야 하고 헐거워질 우려가 없게 하여야 한다.

42 정답 ②

나전선 등은 다음과 같다.

- 연동선
- 경동선(지름 12mm 이하의 것)
- 동합금선(단면적 25mm² 이하의 것)
- 경알루미늄선(단면적 35mm² 이하의 것)
- 알루미늄합금선(단면적 35mm² 이하의 것)
- 아연도강선
- 아연도철선(기타 방청도금을 한 철선을 포함한다.)

43 정답 ④

가공전선로의 지지물에 취급자가 오르고 내리는데 사용하는 발판 볼트 등을 지표상 1.8m 미만에 시설하여서는 아니 된다.

44 정답 ③

애자공사 시 옥외용 비닐절연전선 및 인입용 비닐절연전선은 사용할 수 없다.

애자공사 조건

- 전선은 절연전선(옥외용 비닐절연전선 및 인입용 비닐절연전선을 제외)이어야 한다.
- 사용하는 애자는 절연성, 난연성 및 내수성의 것이어야 한다.

45 정답 ①

연접 인입선의 시설규정은 다음과 같다.

- 인입선에서 분기하는 점으로부터 100m를 초과하는 지역에 미치지 아니할 것
- 폭 5m를 초과하는 도로를 횡단하지 아니할 것
- 옥내를 통과하지 아니할 것

46 정답 ③

경질비닐전선관의 호칭(mm)으로는 8, 12, 14, 16, 22, 28, 36, 42, 54, 70, 100이 있다.

47 정답 ②

종단겹침용 슬리브에 의해 종단 접속은 주로 가는 전선을 박스 안에서 접속할 때 사용하고 리드선이 붙은 조명기구 등의 접속에 사용하는데 압축공구를 이용하여 보통 2개소를 압착한다.

48 정답 ④

드라이브 이트는 경화 이후 콘크리트에 볼트를 박아 넣는 공구이다.

49 정답 ④

교통신호등 회로의 사용전압이 150V를 넘는 경우는 전로에 지락이 생겼을 경우 자동적으로 전로를 차단하는 누전차단기를 시설해야 한다.

50 정답 ①

가공전선로의 지지물에 하중이 가하여지는 경우에 그 하중을 받는 지지물의 기초의 안전율은 2(상정하중이 가하여지는 경우의 그 이상 시 상정하중에 대한 철탑의 기초에 대해서는 1.33) 이상이어야 한다.

51 정답 ②

종속차단 보호방식은 전원에서 가까운 곳은 정격차단용량이 큰 개폐기를 사용하고, 전원에서 멀어질수록 작은 개폐기를 사용하는 방식으로 부하측의 차단용량이 부족할 때 적용한다.

52 정답 ③

고무 절연 클로로프렌 캡타이어케이블은 이동전선으로 사용할 수 있다.

이동전선

- 이동전선은 0.6/1kV EP 고무 절연 클로로프렌 캡타이어케이블 또는 0.6/1kV 비닐 절연 비닐캡타이어케이블이어야 한다.
- 보더라이트에 부속된 이동전선은 0.6/1kV EP 고무 절연 클로로프렌 캡타이어케이블이어야 한다.

53 정답 ①

- **박강 전선관의 규격(mm)** : 15, 19, 25, 31, 39, 63, 75
- **후강 전선관의 규격(mm)** : 16, 22, 28, 36, 42, 54, 70, 82, 92, 104

54 정답 ②

물기 있는 장소 이외의 장소에 시설하는 저압용의 개별 기계기구에 전기를 공급하는 전로에 전기용품안전관리법의 적용을 받는 인체감전보호용 누전차단기는 정격감도전류가 30mA 이하, 동작시간이 0.03초 이하의 전류동작형에 한한다.

55 정답 ④

가요전선관 곡률 반지름은 다음과 같다.

- 1종 가요전선관을 구부릴 경우 곡률 반지름은 관 안지름의 6배 이상으로 할 것
- 2종 가요전선관을 구부릴 경우 노출장소 또는 점검 가능한 장소에서 관을 시설하고 제거하는 것이 자유로운 경우에는 관 안지름의 3배 이상으로 할 것

56 정답 ①

옥내배선의 경우 구부리기가 용이한 연동선을 사용하고, 배전선로에는 경동선을 사용한다.

57 정답 ③

와이어 스트리퍼는 절연전선의 피복 절연물을 벗기는 공구이다.

58 정답 ②

브리타니아 접속은 단면적 $10mm^2$ 이상 굵은 단선 전선을 접속할 때 사용한다. 이 접속법은 단선을 직접 서로 꼬아서 접속하는 형태가 아닌 별도의 조인트선과 첨선을 이용한 접속방법이다.

59 정답 ④

턴 로크 콘센트는 콘센트에 끼운 플러그가 빠지는 것을 방지하기 위하여 플러그를 끼우고 90°쯤 돌려주면 빠지지 않도록 되어 있는 콘센트이다.

60 정답 ①

가연성 가스 또는 인화성 물질의 증기가 누출되거나 체류하여 전기설비가 발화원이 되어 폭발할 우려가 있는 곳에 있는 저압 옥내전기설비는 금속관공사, 케이블공사에 준하여 시설하는 외에 위험의 우려가 없도록 시설하여야 한다.

제5회 CBT 모의고사 정답 및 해설

전기이론·전기기기·전기설비

01	①	02	④	03	③	04	②	05	①
06	④	07	③	08	①	09	②	10	①
11	④	12	③	13	①	14	③	15	②
16	④	17	①	18	③	19	②	20	④
21	①	22	④	23	③	24	②	25	④
26	①	27	③	28	②	29	③	30	④
31	①	32	②	33	④	34	③	35	①
36	④	37	①	38	③	39	③	40	④
41	④	42	①	43	②	44	③	45	④
46	①	47	③	48	②	49	④	50	③
51	①	52	②	53	③	54	④	55	②
56	①	57	③	58	②	59	④	60	①

01 정답 ①

패러데이의 제2법칙에 따르면, 같은 전기량에 의해 석출되는 물질의 양은 그 물질의 화학당량에 비례한다.

패러데이의 법칙

- **제1법칙** : 전해질용액을 전기분해할 때 전극에서 석출되는 물질의 질량은 그 전극을 통과한 전자의 몰수에 비례한다.
- **제2법칙** : 같은 전기량에 의해 석출되는 물질의 질량은 물질의 종류에 관계없이 각 물질의 화학당량에 비례한다.

02 정답 ④

$$F=\frac{\mu_0 I_1 I_2}{2\pi\mu}=\frac{2I^2}{r}\times10^{-7}=\frac{2\times100^2}{2\times10^{-2}}\times10^{-7}=0.1\text{N/m}$$

03 정답 ③

RL 직렬회로의 시정수는 $T=\frac{L}{R}\text{sec}$이다.

04 정답 ②

$V_1=\frac{100}{\sqrt{2}}$, $V_2=100\sin(\omega t+90^\circ)=j\frac{100}{\sqrt{2}}$이다.

실효값$=\sqrt{V_1^2+V_2^2}=\sqrt{\frac{100^2}{2}+\frac{100^2}{2}}=100\text{V}$이다.

05 정답 ①

전압계의 측정 범위를 넓히기 위하여 전압계에 직렬로 저항을 접속하여 측정하는데 이때 연결한 저항을 배율기라 하고, 전류계의 측정 범위를 넓히기 위하여 전류계에 병직렬로 저항을 접속하여 측정하는데 이때 연결한 저항을 분류기라 한다.

06 정답 ④

정전차폐는 정전 방해작용을 방지하기 위한 목적의 장치나 시설을 적당한 도전성 울로 외부 정전기장으로부터 일부 또는 전부를 차폐하는 것을 말한다.

① **핀치(pinch) 효과** : 전류가 흐르고 있는 플라즈마가 그 자신이 만드는 자기장과의 상호작용으로 인해 가늘게 수축하는 현상을 말한다.

② **홀(hall) 효과** : 도체 또는 반도체 내부에 흐르는 전하의 이동방향에 수직한 방향으로 자기장을 가하게 되면, 금속 내부에 전하 흐름에 수직한 방향으로 전위차가 형성되게 되는 것을 말한다.

③ **전자차폐** : 물질 내부에서 움직이는 전자 때문에 특정 전하가 다른 전하에 미치는 전기장의 크기가 감소하는 현상을 말한다.

07 정답 ③

용량 리액턴스는 $X_e=\frac{1}{2\pi fC}$이므로 정전용량에 반비례하는 것을 알 수 있다. 따라서 정전용량이 증가하면 용량 리액턴스는 감소하게 된다.

08 정답 ①

탄소피막 저항기는 세라믹 막대 표면에 얇은 탄소막을 입혀 저항체로 이용하는 고정 저항기로 탄소피막에 나선형으로 홈을 내어 필요한 저항값을 얻는다.

② **금속피막 저항기** : 단일 금속이나 합금의 박막을 유리나 도자기 따위의 절연성 지지체 위에 부착한 저항기로 내열성, 잡음 처리가 뛰어나다.

③ **어레이 저항기** : 동일한 저항값을 가진 작은 저항기들을 묶어 하나의 소자로 만든 저항기로 주로 전자회로에 사용한다.

④ **가변 저항기** : 저항값을 연속적으로 또는 단계적으로 바꿀 수 있는 저항기이다.

09 정답 ②

1차 전지는 방전한 뒤 충전으로 본래의 상태로 되돌릴 수 없는 비가역적 화학반응을 하는 전지이다. 1차 전지 중 가장 많이 사용하는 전지는 망간 건전지가 있고 최근에는 알카라인 전지가 많이 쓰인다.

10 정답 ①

V결선 변압기의 이용률은 $\frac{V\text{결선용량}}{2\text{대용량}}$이다.

11 정답 ④

정현파의 평균값은 $\frac{2V}{\pi}=\frac{2\times110}{\pi}\fallingdotseq 70\text{V}$이다.

12 정답 ③

원형 코일 중심 자기장의 세기는

$H=\frac{NI}{2r}=\frac{50\times I}{2\times0.2}=850\ \text{AT/m}$,

$I=\frac{850\times2\times0.2}{50}=6.8\ \text{A}$이다.

13 정답 ①

진공 중 두 점전하 사이에 작용하는 힘은

$F=9\times10^9\times\frac{Q_1Q_2}{r^2}$이다.

따라서 $F=9\times10^9\times\frac{4\times10^{-5}\times6\times10^{-5}}{2^2}=5.4\text{N}$이다.

전하의 부호가 같으면 반발력이 작용한다.

14 정답 ③

극성이 같은 방향이므로 3가지 전압을 얻을 수 있다. 모두 직렬인 경우 1가지 전압, 모두 병렬인 경우 2가지 전압, 2개는 병렬이고 1개는 직렬인 경우 3가지 전압을 얻을 수 있다.

15 정답 ②

전계의 세기는 전계 내의 한 점에 단위 정전하를 놓았을 때 이에 작용하는 힘을 말한다. 전계의 세기는 전장의 세기와 같이 같다.

① **전하** : 전기 현상을 일으키는 물질의 물리적 성질이다.

③ **전위** : 결정 속의 전위선을 따라 일어난 일련의 원자 변위이다.

④ **전위차** : 전기장 안의 두 점 사이의 전위의 차로 전압이라고도 한다.

16 정답 ④

금속은 정(+)의 온도계수를 가지고, 반도체는 부(−)의 온도계수를 가진다.

17 정답 ①

병렬로 접속하면 전압은 일정하게 두 콘덴서에 걸린다. 그러므로 축적되는 전하량은
$Q=CV=(4+6)\times10=100\text{C}$이다.

18 정답 ③

플레밍의 왼손 법칙이란 자기장 속에 있는 도선에 전류가 흐를 때 자기장의 방향과 도선에 흐르는 전류의 방향으로 도선이 받는 힘의 방향을 결정하는 규칙으로 전동기의 원리를 설명하는 법칙이다.

① **쿨롱의 법칙** : 전하를 가진 두 물체 사이에 작용하는 힘의 크기는 두 전하의 곱에 비례하고 거리의 제곱에 반비례한다.
② **옴의 법칙** : 전류의 세기는 두 점 사이의 전위차에 비례하고, 전기저항에 반비례한다는 법칙이다.
④ **플레밍의 오른손 법칙** : 자기장 속을 움직이는 도체 내에 흐르는 유도 전류의 방향과 자기장의 방향(N극에서 S극으로 향한다), 도체의 운동 방향과의 관계를 나타내는 법칙으로 발전기의 원리를 설명하는 법칙이다.

19 정답 ②

유도성 리액턴스는
$X_L=\omega L=2\pi\times60\times30\times10^{-3}=11.31\Omega$이다.
이때 흐르는 전류는
$I=\frac{V}{Z}=\frac{200}{5+j11.31}=\frac{200}{\sqrt{5^2+11.31^2}}=16.17\text{A}$이다.

20 정답 ④

쿨롱의 법칙에서 전하를 가진 두 물체 사이에 작용하는 힘의 크기는 두 전하의 곱에 비례하고 거리의 제곱에 반비례한다.

21 정답 ①

다이오드를 직렬로 연결한 경우는 과전압 방지, 다이오드를 병렬로 연결한 경우는 과전류 방지이다.

22 정답 ④

무부하 특성곡선은 유기기전력 E와 계자전류 I_f의 관계곡선이다.

23 정답 ③

변압기의 변압비는 $a=\frac{E_1}{E_2}=\frac{N_1}{N_2}$이다.

따라서 $a=\frac{4,000}{200}=20$이다.

24 정답 ②

변압기 2차 전압은 $V_2=\frac{V_1}{a}$이다.

따라서 $V_2=\frac{6,600}{30}=220\text{V}$이다.

25 정답 ④

몰드 변압기기의 권선 배치는 절연 기능을 극대화시키고 비용을 줄이기 위해 철심에 가까운 쪽에 저압 권선을 배치하고, 저압 권선의 바깥쪽에 고압 권선을 배치하는 방법을 주로 사용한다.

26 정답 ①

$I=\frac{P}{\sqrt{3}V}=\frac{66,000\times10^3}{\sqrt{3}\times22,900}\fallingdotseq1,664\text{A}$이다.

27 정답 ③

위상 특성 곡선은 제어계의 전달 요소가 어떤 위상 특성을 가지고 있는가를 나타내는 곡선으로 가로축에 입력 신호의 각 주파수를 대수 눈금(계자전류)으로 취하고, 세로축에 입력 신호에 대한 위상의 벗어남을 등간격 눈금(전기자 전류)으로 취하여 나타낸 것이다. 부하가 클수록 V곡선은 위로 이동한다.

28 정답 ②

자기 기동법은 회전자에 기동권선을 설치하여 기동하는 방법과 유도전동기를 커플링해서 초반에 기동토크를 가해주는 방법이 있다.

29 정답 ③

직류 분권발전기를 동일 극성의 전압을 단자에 인가하여 전동기로 사용하면 전류의 방향이 반대이므로 동일한 방향으로 회전한다.

30 정답 ④

등가회로는 주어진 실제 전기회로에 대해 그 회로의 모든 전기적 특성을 유지하면서 동시에 단순한 형태로 표현된 이론적인 회로이다.

① **유도회로** : 유도 코일과 선로 신호 장치를 통해서 나온 두 개의 리드선을 포함하는 회로이다.
② **단순회로** : 시작점과 끝점을 제외하고는 반복되는 정점이 없는 사이클이다.
③ **전기회로** : 전류가 흐를 수 있도록 전지, 도선, 스위치 등을 연결해 놓은 통로이다.

31 정답 ①

B종 절연물의 최고 허용온도는 130℃이고 기존 온도가 40℃이므로 온도 상승한도는 130－40＝90℃이다.

32 정답 ②

$e=Blv=0.3\times80\times10^{-2}\times40=9.6\text{V}$이다.

33 정답 ④

△－Y결선은 승압용, Y－△결선은 강압용으로 사용할 수 있다.

34 정답 ③

단상 전파 정류회로는

$E_d=\dfrac{2\sqrt{2}}{\pi}E=0.9E=0.9\times220=198\text{V}$이다.

35 정답 ①

동기발전기를 병렬운전하면 여자의 변화는 역률의 변화로 나타난다. 여자를 증가시키면 역률은 낮아지고, 다른 발전기의 역률은 반대로 높아진다.

36 정답 ④

유도전동기가 많이 사용되는 이유는 다음과 같다.

- 전원을 쉽게 얻을 수 있다.
- 가격이 저렴하다.
- 취급이 쉽고 운전이 쉽다.
- 구조가 간단하고 튼튼하다.
- 부하의 변화에도 불구하고 변동이 적고 정속도 운전이 가능하다.

37 정답 ①

$\varepsilon_{\text{MAX}}=\sqrt{p^2+q^2}=\sqrt{3^2+4^2}=5\%$이다.

38 정답 ③

V결선 시 출력은 1대의 용량에 $\sqrt{3}$배이다.
따라서 $P_V=\sqrt{3}P_1=\sqrt{3}\times40=69.3\text{kVA}$이다.

39 정답 ③

IGBT(절연 게이트 양극성 트랜지스터)는 금속 산화막 반도체 전계효과 트랜지스터 (MOSFET)를 게이트부에 짜 넣은 접합형 트랜지스터로 게이트-이미터간의 전압이 구동되어 입력 신호에 의해서 온 · 오프가 생기는 자기소호형이므로, 대전력의 고속 스위칭이 가능한 반도체 소자이다.

40 정답 ④

무부하는 부하가 걸리지 않은 상태로 전기자 전류가 흐르지 않으므로 중성점의 위치가 변하지 않는다.

41 정답 ④

암 밴드는 지지물에 전선을 고정시키기 위하여 사용하는 것으로 아연 도금을 한 앵글을 많이 사용한다.

42 정답 ①

도로를 횡단하여 시설하는 지선의 높이는 지표상 5m 이상으로 하여야 한다. 다만, 기술상 부득이한 경우로서 교통에 지장을 초래할 우려가 없는 경우에는 지표상 4.5m 이상, 보도의 경우에는 2.5m 이상으로 할 수 있다.

43 정답 ②

합성수지몰드는 홈의 폭 및 깊이가 35mm 이하, 두께는 2mm 이상의 것이어야 한다. 다만, 사람이 쉽게 접촉할 우려가 없도록 시설하는 경우에는 폭이 50mm 이하, 두께 1mm 이상의 것을 사용할 수 있다.

44 정답 ③

단로기는 부하전류를 제거한 후 회로를 격리하도록 하기 위한 장치. 보통의 부하전류는 개폐하지 않는다. 송전선이나 변전소 등에서 차단기를 연 무부하상태에서 주회로의 접속을 변경하기 위해 회로를 개폐하는 장치이다.

45 정답 ④

저압 연결(이웃 연결) 인입선은 다음에 따라 시설하여야 한다.

- 인입선에서 분기하는 점으로부터 100m를 초과하는 지역에 미치지 아니할 것
- 폭 5m를 초과하는 도로를 횡단하지 아니할 것
- 옥내를 통과하지 아니할 것

46 정답 ①

전선의 접속방법에는 슬리브에 의한 접속, 분기접속, 종단접속(커넥터 접속), 직선접속(트위스트 접속) 등이 있다.

47 정답 ③

가공 전선로의 지지물에는 목주, 철주, 철탑, 철근 콘크리트주 등이 있다.

48 정답 ②

2종 금속제 가요전선관의 굵기 선정은 다음과 같다.

전선굵기	전선본수(가닥)					
단선 · 연선 (mm^2)	1	2	3	4	5	6
	전선관의 최소 굵기(mm)					
1.5	10	15	15	17	24	24
2.5	10	15	15	17	24	24
4.0	10	17	17	24	24	24
6.0	10	17	24	24	24	30

49 정답 ④

가공인입선의 설치 높이는 다음과 같다.

- 도로 5.0m
- 철도, 궤도 6.5m
- 횡단보도교 3.0m
- 기타의 경우 4.0m

50 정답 ③

가요전선관 공사는 가요전선관은 자유롭게 굽힐 수 있어 금속관 배선 대신에 시설할 수가 있으며, 굴곡이 자유롭고 길이가 길어서 부속품의 종류가 적게 드는 관계로 배관의 능률을 기할 수 있다. 수변전실에서 배전반에 이르는 부분의 전선관 공사는 버스덕트공사를 한다.

51 정답 ①

저압 접촉전선을 애자공사에 의하여 옥내에 전개된 장소에 시설하는 경우에는 전선의 바닥세서의 높이는 3.5m 이상으로 하고 또한 사람이 접촉할 우려가 없도록 시설해야 한다.

52 정답 ②

가공인입선의 설치 높이는 다음과 같다.

- 도로 5.0m
- 철도, 궤도 6.5m
- 횡단보도교 3.0m
- 기타의 경우 4.0m

53 정답 ③

덕트 상호 간 및 전선 상호 간은 견고하게 또한 전기적으로 완전히 접속해야 한다.

라이팅덕트공사

- 덕트 상호 간 및 전선 상호 간은 견고하게 또한 전기적으로 완전히 접속할 것
- 덕트는 조영재에 견고하게 붙일 것
- 덕트의 지지점 간의 거리는 2m 이하로 할 것
- 덕트의 끝부분은 막을 것

54 정답 ④

절전은 전기를 아껴 쓰는 것을 말하고, 전선의 접속이 불완전하여 발생할 수 있는 사고에는 누전, 감전, 화재 등이 있다.

55 정답 ②

합성수지 몰드는 홈의 폭 및 깊이가 35mm 이하, 두께는 2mm 이상의 것이어야 한다. 다만, 사람이 쉽게 접촉할 우려가 없도록 시설하는 경우에는 폭이 50mm 이하, 두께 1mm 이상의 것을 사용할 수 있다.

56 정답 ①

비상용 콘센트는 화재 시 소방대가 보유하고 있는 조명장치, 파괴기구 등을 접속하여 사용하는 전원설비로서 소화활동이 곤란한 11층 이상의 건물에 설치하여야 한다.

57 정답 ③

버스 덕트의 종류에는 트롤리 버스 덕트, 피더 버스 덕트, 플러그 인 버스 덕트, 익스텐션 버스 덕트, 탭붙이 버스 덕트, 트랜스포지션 벅스 덕트 등이 있다.

58 정답 ②

과부하 보호장치는 전로 중 도체의 단면적, 특성, 설치방법, 구성의 변경으로 도체의 허용전류 값이 줄어드는 곳(분기점)에 설치해야 한다.

59 정답 ④

일반적으로 저압전로가 변압기의 내부고장 또는 전선단선 등의 사고시에 고압 또는 특고압 전로와 혼촉을 일으키고 고압 또는 특고압 전기가 침입하여 위험하게 될 우려가 있을 경우의 보호방법으로서 제2종 접지공사(판단기준 제18조)를 하도록 정한 것으로서 제2종 접지공사를 해야 하는 접지점은 원칙적으로 결합 변압기의 저압측 중성점으로 정해져 있다.

60 정답 ①

$N=\frac{AED}{FU}=\frac{100\times150\times1.25}{2,500\times0.5}=15$개이다.($N$은 전등 수, A는 면적, D는 감광 보상률, F는 광원 1개의 광속, U는 조명률)

PART 3 정답 및 해설

전기기능사 필기

Craftsman Electricity

CRAFTSMAN
ELECTRICITY

PART 4

빈출 개념 문제 300제

1과목 전기이론
2과목 전기기기
3과목 전기설비

1과목 전기이론

01 다음 파고율, 파형률이 모두 1인 파형은?

① 구형파 ② 삼각파
③ 사인파 ④ 고조파

정답 ①

파고율과 파형률

구분	파형률	파고율
정현파(반파)	1.57	2.0
정류파(전파)	1.11	1.414
정현파	1.11	1.414
삼각파	1.15	1.732
구형파	1.0	1.0

02 $2\pi F$, $3\pi F$, $5\pi F$인 3개의 콘덴서가 병렬로 접속되었을 때의 합성 정전용량 πF은?

① 5 ② 10
③ 12.5 ④ 17.2

정답 ②

콘덴서를 병렬로 접속하면 저항의 직렬접속처럼 계산하면 된다.
$C=2+3+5=10\pi F$

03 공기 중에서 mWb의 자극으로부터 나오는 자속수는?

① m ② $\mu_0 m$
③ $\frac{1}{m}$ ④ $\frac{m}{\mu_0}$

정답 ④

mWb의 자하에서는 m개의 자속과 $\frac{m}{\mu_0}$개의 자기력선이 나온다.

04 회로에서 검류계의 지시기가 0일 때 저항 X는?

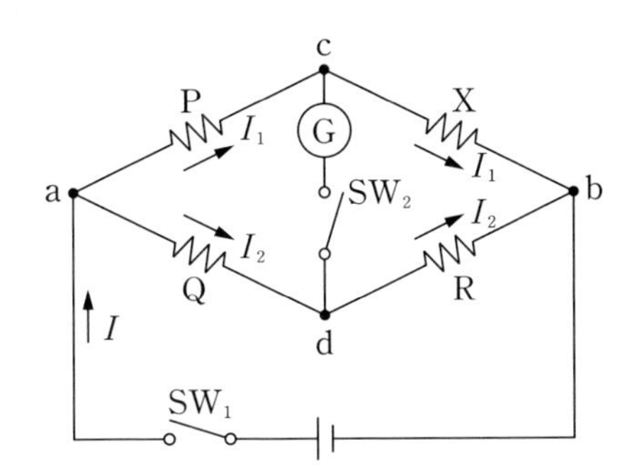

① $X=\frac{Q}{P}R$　　② $X=\frac{P}{Q}R$

③ $X=\frac{Q}{R}P$　　④ $X=\frac{P^2}{R}Q$

정답 ②

점 c와 d의 전위가 같을 때 $\Pi_1=QI_2$ 또는 $\Xi_1=EI_2$이다. 따라서 $X=\frac{P}{Q}R$이 되는데 이를 브리지의 평형조건이라 한다.

05 200V에서 1kW의 전력을 소비하는 전열기를 100V에서 사용하면 소비전력은 몇 W인가?

① 250　　② 200

③ 150　　④ 100

정답 ①

전력은 전열기에 가하는 전압의 제곱에 비례한다. 따라서 $\frac{P'}{P}=(\frac{V'}{V})^2$, $P'=\left(\frac{100}{200}\right)^2\times 1{,}000=250$W이다.

06 회전자가 1초에 30회전을 하면 각속도는?

① 30πrad/s　　② 40πrad/s

③ 50πrad/s　　④ 60πrad/s

정답 ④

주파수 $f=30$c/s이다.
따라서 각속도는
$\omega=2\pi f=2\pi\times 30$
$=60\pi$rad/s이다.

07 500Ω의 저항에 1A의 전류가 1분 동안 흐를 때 발생하는 열량은 몇 cal인가?

① 1,200　　② 3,600

③ 7,200　　④ 8,600

정답 ③

$Q=0.24\times 1^2\times 500\times 60$
$=7{,}200$cal

08 콘덴서의 정전용량에 관한 설명으로 틀린 것은?

① 극판의 간격에 비례한다.
② 극판의 넓이에 비례한다.
③ 전압에 반비례한다.
④ 이동 전하량에 비례한다.

정답 ①

극판 간격 d, 면적 S인 평행 평판 도체의 정전용량 C는 $C=\frac{\epsilon_0}{d}SF$이다. 따라서 정전용량은 극판의 간격에 반비례한다.

09 저항 4Ω, 유도 리액턴스 8Ω, 용량 리액턴스 5Ω이 직렬로 된 회로에서의 역률은 얼마인가?

① 0.5　② 0.8
③ 0.9　④ 1.0

정답 ②

임피던스는
$Z=R+jX_L-jX_C$에서
$Z=4+j8-j5=4+j3\Omega$이다.
따라서 역률은

$$\cos\theta=\frac{R}{\sqrt{R^2+X^2}}=\frac{4}{\sqrt{4^2+3^2}}=0.8$$이다.

10 평형 3상 교류회로에서 △결선을 할 때 선전류 I_l과 상전류 I_P의 관계 중 옳은 것은?

① $I_l=I_P$　② $2I_l=2I_P$
③ $I_l=3I_P$　④ $I_l=\sqrt{3}I_P$

정답 ④

△결선에서는 선전류가 상전류보다 $\sqrt{3}$배 크고, 위상은 30° 뒤지게 된다.

11 유전율 ϵ의 유전체 내에 있는 전하 QC에서 나오는 전기력선 수는?

① Q　② $\frac{Q}{\epsilon_0}$
③ $\frac{Q}{\epsilon}$　④ $\frac{Q}{\epsilon_s}$

정답 ③

가우스의 법칙에서 Q의 전하에서는 Q개의 전속이 나오며 $\frac{Q}{\epsilon}$개의 전기력선이 나온다.

12 자체 인덕턴스 0.2H의 코일에 전류가 0.01초 동안에 3A로 변화하였을 때 이 코일에 유도되는 기전력은?

① 60 ② 70
③ 80 ④ 90

정답 ①

전자 유도법칙에 의한 유도 기전력은 $e=-L\frac{dI}{dt}$이다.

따라서 $e=0.2\times\frac{3}{0.01}=60\text{V}$이다.

13 다음 비오－사바르의 법칙은 어떤 관계를 나타낸 것인가?

① 전압과 전장의 세기 ② 기자력과 자화력
③ 기전력과 회전력 ④ 전류와 자장의 세기

정답 ④

비오－사바르의 법칙 : 전류에 의해서 만들어지는 자계의 세기를 구하는 기본이 되는 법칙으로, 전류의 아주 작은 부분이 어느 점에 만드는 자기장의 크기는 전류의 세기, 그 작은 부분의 길이, 전류 방향과 그 점의 방향이 이루는 각의 사인(sine)에 비례하고, 그 점까지의 거리의 제곱에 반비례한다는 법칙이다.

14 자체 인덕턴스 L_1, L_2 상호 인덕턴스 M의 코일을 같은 방향으로 직렬 연결한 경우 합성 인덕턴스는?

① L_1+L_2+M ② L_1+L_2+2M
③ L_1+L_2-2M ④ L_1+L_2-M

정답 ②

코일의 감는 방향을 동일하게 하여 직렬로 연결하는 것을 가동결합이라 하는데 가동결합의 합성 인덕턴스는 $L_1+L_2+2M\text{H}$이다.

15 저항 4Ω과 유도 리액턴스 3Ω이 직렬로 접속된 회로에 100V의 교류 전압을 가하면 흐르는 전류[A]는?

① 20 ② 30
③ 60 ④ 80

정답 ①

임피던스
$Z=\sqrt{R^2+X_L{}^2}$는
$Z=\sqrt{4^2+3^2}=5\Omega$이다.
따라서 전류는
$I=\frac{V}{Z}=\frac{100}{5}=20\text{A}$이다.

16 인덕턴스 0.5H에 주파수가 60Hz이고 전압이 220V인 교류 전압이 가해질 때 흐르는 전류는 약 몇 A인가?

① 0.57　② 0.86
③ 1.17　④ 1.54

정답 ③

흐르는 전류는

$I=\frac{V}{X_L}=\frac{V}{\omega L}=\frac{V}{2\pi fL}$

이다. 따라서

$I=\frac{220}{2\pi\times 60\times 0.5}=1.17\mathrm{A}$

이다.

17 일반적인 경우 교류를 사용하는 전기난로의 전압과 전류의 위상에 대한 설명으로 옳은 것은?

① 전류가 전압보다 60도 앞선다.
② 전압과 전류는 동상이다.
③ 전압이 전류보다 60도 앞선다.
④ 전류가 전압보다 90도 앞선다.

정답 ②

전기난로는 저항 부하이어서 전압과 전류가 동상이 된다.

18 정전용량 $C_1=120\mu\mathrm{F}$, $C_2=30\mu\mathrm{F}$가 직렬로 접속되어 있을 때의 합성 정전용량은 몇 μF인가?

① 12　② 16
③ 20　④ 24

정답 ④

직렬 연결의 합성 정전용량은

$C=\frac{1}{\frac{1}{C_1}+\frac{1}{C_2}}=\frac{C_1C_2}{C_1+C_2}$

이다. 따라서

$C=\frac{120\times 30}{120+30}=24\mu\mathrm{F}$이다.

19 그림의 회로에서 전압이 100V의 교류전압을 가했을 때 전력은?

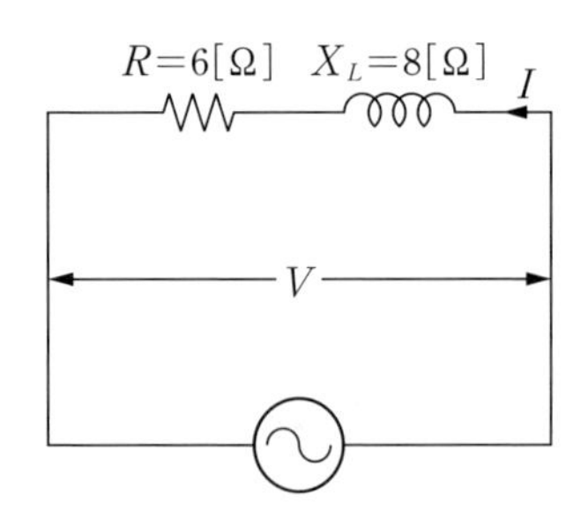

① 600W　② 700W
③ 800W　④ 1,200W

정답 ①

직렬회로는 전류가 일정하므로 전력은 $P=I^2R$이다. 따라서 흐르는 전류는 임피던스에 의해 구하므로 $Z=\sqrt{6^2+8^2}=10\Omega$이고, Z전류는 $I=\frac{V}{Z}$이므로 전력은

$P=I^2R$
$=(\frac{100}{10})^2\times 6$
$=600\mathrm{W}$

20 50회 감은 코일과 쇄교하는 자속이 0.5sec 동안 0.1Wb에서 0.2Wb로 변화하였다면 기전력의 크기는?

① 3V ② 5V
③ 10V ④ 20V

정답 ③

기전력은 다음과 같다.

$$e=-\frac{d\Phi}{dt}=-N\frac{d\phi}{dt}$$
$$=-50\times\frac{0.2-0.1}{0.5}$$
$$=-10$$

음(−)의 부호는 기전력의 방향이 쇄교 자속의 변화를 방해하는 방향으로 발생하기 때문이다.

21 100V의 전압계가 있다. 이 전압계를 써서 200V의 전압을 측정하려면 최소 몇 Ω의 저항을 외부에 접속해야 하는가?(단, 전압계의 내부저항은 5,000Ω이다.)

① 500 ② 5,000
③ 50,000 ④ 500,000

정답 ②

$V_0=V(\frac{R_m}{r}+1)$V이므로

$\frac{200}{100}=\frac{R_m}{r}+1$이다.

배율기 저항은

$R_m=1\times5{,}000=5{,}000\Omega$

이다.

22 저항이 9Ω이고, 용량 리액턴스가 12Ω인 직렬회로의 임피던스Ω는?

① 5Ω ② 8Ω
③ 10Ω ④ 15Ω

정답 ④

저항과 용량 리액턴스 회로의 임피던스는 $Z=\sqrt{R^2+X_c^2}$이므로 $Z=\sqrt{9^2+12^2}=15\Omega$이다.

23 어떤 저항(R)에 전압(V)을 가하니 전류(I)가 흘렀다. 이 회로의 저항(R)을 20% 줄이면 전류(I)는 처음의 몇 배가 되는가?

① 1.25 ② 1.45
③ 2.10 ④ 2.68

정답 ①

옴의 법칙에서 $I=\frac{V}{R}$이다. 전압이 일정하다고 가정하면 전류와 저항은 반비례한다. 따라서

$$I\propto\frac{1}{(1-0.2)R}=\frac{1}{0.8R}$$
$$=1.25\frac{1}{R}$$

이다.

24 그림에서 폐회로에 흐르는 전류는 몇 A인가?

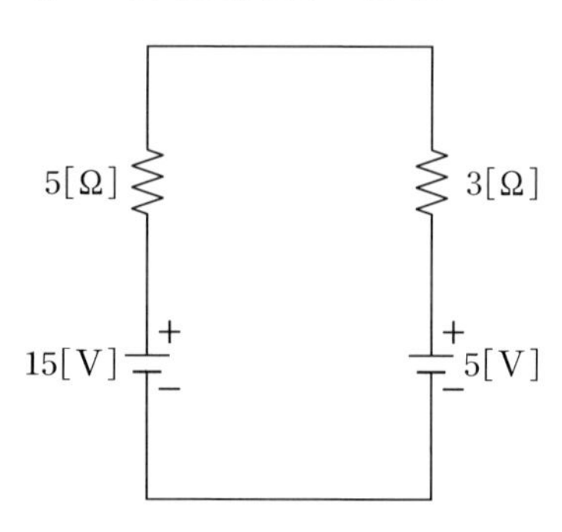

① 0.75　　② 1
③ 1.25　　④ 2

정답 ③

전원의 극성이 반대로 되어 있으므로 폐회로에 흐르는 전류는 $I=\frac{E}{R}=\frac{15-5}{5+3}=1.25\text{A}$이다.

25 정격전압에서 1kW의 전력을 소비하는 저항에 정격의 90% 전압을 가했을 때 전력은 몇 W인가?

① 230W　　② 390W
③ 670W　　④ 810W

정답 ④

전력 $P=\frac{V^2}{R}$에서 저항은 일정하다. 정격의 90% 전압을 가하면 $P\propto V^2=0.9^2=0.81$배가 된다. 정격의 90% 전압을 가했을 때 전력은 $P'=0.81\times1{,}000=810\text{W}$이다.

26 교류 전력에서 일반적으로 전기기기의 용량을 표시하는데 쓰이는 전력은?

① 기전력　　② 피상전력
③ 무효전력　　④ 유효전력

정답 ②

피상전력은 교류의 부하 또는 전원의 용량을 나타내는데 사용하는 값으로, 단위에는 VA 또는 kVA를 쓴다.
① 2점 간에 전류를 흐르게 하려고 하는 힘을 말한다.
③ 무효성분의 크기와 전압의 크기와의 곱에 비례하는 양을 말한다.
④ 전원에서 공급되고 부하에서 실제로 소비되는 전력을 말한다.

27 회로망의 임의의 접속점에 유입되는 전류는 $\Sigma I = 0$이라는 법칙은?

① 키르히호프의 제1법칙
② 키르히호프의 제2법칙
③ 쿨롱의 법칙
④ 플레밍의 법칙

정답 ①

키르히호프의 제1법칙에서 회로 내의 어느 점을 취해도 그곳에 흘러들어오거나(+) 흘러나가는(−) 전류를 음양의 부호를 붙여 구별하면, 들어오고 나가는 전류의 총계는 0이 된다.

② 임의의 닫힌 회로(폐회로)에서 회로 내의 모든 전위차의 합은 0이다.
③ 전하를 가진 두 물체 사이에 작용하는 힘의 크기는 두 전하의 곱에 비례하고 거리의 제곱에 반비례한다.
④ 전자유도에 의해 생기는 유도전류의 방향을 나타내는 오른손법칙과 전류가 흐르고 있는 도선에 대해 자기장이 미치는 힘의 방향을 나타내는 왼손법칙이 있다.

28 다음 1eV는 몇 J인가?

① 1.6×10^{9}
② 1.6×10^{-9}
③ 1.6×10^{19}
④ 1.6×10^{-19}

정답 ④

1eV는 전자가 1V의 전위차를 지나갈 때 얻는 에너지를 말한다. $e = 1.6 \times 10^{-19}C$이므로 $1eV = 1.6 \times 10^{-19}J$이다.

29 원자핵의 구속력을 벗어나서 물질 내에서 자유로이 이동할 수 있는 것은?

① 분자
② 양자
③ 중성자
④ 자유전자

정답 ④

자유전자는 도체 물질에 대한 모형에서 상호작용이 없이 자유롭게 움직일 수 있다고 가정한 전자들이다.

① 어떤 물질 고유의 정체성을 유지하면서 그 물질을 구성하는 최소의 단위체를 분자라고 할 수 있다.
② 물리량이 취할 수 있는 최소량을 의미한다.
③ 원자를 구성하고 있는 입자의 한 종류로 전하를 띠지 않는다.

30 $m_1=4\times10^{-5}$Wb, $m_2=6\times10^{-3}$Wb, $r=10$cm이면 두 자극 m_1, m_2 사이에 적용하는 힘은 약 몇 N인가?

① 1.34　② 1.52
③ 2.56　④ 152

정답 ②

쿨롱의 법칙은

$F=6.33\times10^4\times\frac{m_1m_2}{r^2}$,

$F=6.33\times10^4\times\frac{4\times10^{-5}\times6\times10^{-3}}{(10\times10^{-2})^2}$

$=1.52$N이다.

31 황산구리($CuSO_4$) 전해액에 2개의 구리판을 넣고 전원을 연결하였을 때 음극에서 나타나는 현상은?

① 구리판이 두터워진다.
② 산소 가스가 발생한다.
③ 변화가 없다.
④ 구리판이 얇아진다.

정답 ①

양극에서는 산화반응이 나타나고, 음극에서는 환원반응이 나타나므로 양극 쪽은 얇아지고, 음극 쪽은 두터워진다.

32 PN접합 다이오드의 대표적인 작용은?

① 변조작용　② 증폭작용
③ 정류작용　④ 발진작용

정답 ③

p−n 접합 다이오드는 p형 반도체와 n형 반도체가 접합을 이루어 형성된 반도체 다이오드이다. 바이어스 전압의 방향에 따라 전류가 흐르거나 흐르지 않게 되는 작용을 정류작용이라고 한다.

33 영구자석의 재료로서 적당한 것은?

① 잔류자기가 적고 보자력이 큰 것
② 잔류자기가 크고 보자력이 작은 것
③ 잔류자기와 보자력이 모두 작은 것
④ 잔류자기와 보자력이 모두 큰 것

정답 ④

영구자석의 재료 외부의 자계에 잔류 자속이 쉽게 없어지지 않아야 하므로 잔류자기와 보자력이 커야 한다. 영구자석의 재료로는 코발트강, 텅스텐강 등이 사용된다.

34 비투자율 1,000, 자속밀도 1Wb/m^2일 때 에너지 밀도 J/m^3는?

① 200 ② 400
③ 800 ④ 1,600

정답 ②

자계 에너지 밀도는

$$\omega = \frac{B^2}{2\mu} = \frac{1}{2}\mu H^2 = \frac{1}{2}BH \text{J/m}^3.$$

$$\omega = \frac{B^2}{2\mu_0\mu_s} = \frac{1^2}{2\times 4\pi\times 10^{-7}\times 1{,}000} = 397.89 \fallingdotseq 400\text{J/m}^3$$

35 동일한 크기의 저항을 10개 접속하는 경우에 합성저항의 값이 최소가 되는 접속은?

① 모두 병렬접속
② 모두 직렬접속
③ 직렬접속과 병렬접속 혼합
④ 5개를 직렬로 접속하고 이것을 2조로 병렬접속

정답 ①

동일한 저항 10개를 직렬로 연결할 경우의 합성저항은 $nR=10R$이고, 동일한 저항 10개를 병렬로 연결할 경우의 합성저항은 $\frac{R}{n}=\frac{R}{10}$이므로 최소가 되려면 모두 병렬접속한다.

36 200[V]의 배전선 전압을 220V로 승압하여 30kVA의 부하에 전력을 공급하고 있는 단권 변압기의 자기 용량 kVA은?

① 1.2 ② 1.8
③ 2.7 ④ 3.2

정답 ③

$\frac{\text{자기용량}}{\text{부하용량}} = \frac{V_h - V_l}{V_h}$이다.
자기용량은

$30\times\frac{220-200}{220} \fallingdotseq 2.72\text{kVA}$

이다.

37 다음 중 전위의 단위가 아닌 것은?

① V ② V/m
③ A · Ω ④ J/C

정답 ②

V/m은 전계의 세기를 나타내는 단위이다.

38 제벡 효과에 대한 설명으로 틀린 것은?

① 두 종류의 금속을 접속하여 폐회로를 만들고 두 접속점에 온도의 차이를 주면 기전력이 발생하여 전류가 흐른다.
② 열기전력의 크기와 방향은 두 금속 점의 온도차에 따라서 정해진다.
③ 열전쌍은 두 종류의 금속을 조합한 장치이다.
④ 전자 냉동기, 전자 온풍기에 응용된다.

정답 ④

전자 냉동기, 전자 온풍기에 응용되는 것은 펠티에 효과이다. 펠티에 효과는 제벡 효과의 역효과이다.

펠티에 효과, 제벡 효과
- **펠티에 효과** : 두 종류의 금속을 접합하여 폐회로를 만들고 두 접합점 사이에 전류를 흘리면 접합점에서 열의 흡수 또는 발생되는 현상으로 된다.
- **제벡 효과** : 두 종류의 금속을 접합하여 폐회로를 만들고 두 접합점 사이에 온도차가 발생하면 열기전력이 생기는 현상이다.

39 평등 전장 중에 4C의 전하를 전장의 방향과 반대로 10cm만큼 이동하는데 200J의 일을 요했다. 이 두 점간의 전위차 V는?

① 50 ② 70
③ 100 ④ 120

정답 ①

에너지는 $W=V \cdot Q$J에서 전위차는

$V=\frac{W}{Q}=\frac{200}{4}=50$V이다.

40 다음 중 히스테리시스 곡선이 종축과 만나는 점은?

① 기자력 ② 보자력
③ 포화특성 ④ 잔류자기

정답 ④

물질의 반응 정도를 외부 자극 크기 및 방향에 대한 함수로 그림을 그렸을 때 나타나는 곡선을 히스테리시스곡선이라 한다.

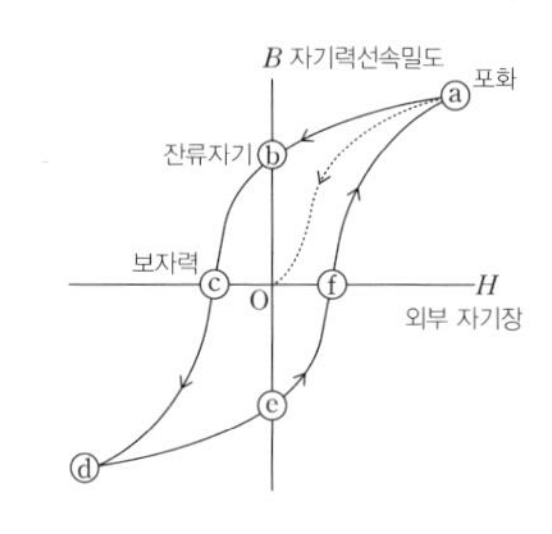

41 두 콘덴서 C_1, C_2를 직렬로 접속하고 양단에 E[V]의 전압을 가할 때 C_1에 걸리는 전압은?

① $\frac{C_1+C_2}{C_1}E$
② $\frac{C_1+C_2}{C_2}E$
③ $\frac{C_1}{C_1+C_2}E$
④ $\frac{C_2}{C_1+C_2}E$

정답 ④

콘덴서의 경우 전압 분배법칙은 전압이 정전용량에 반비례한다. 따라서 $E_1=\frac{C_2}{C_1+C_2}E$이다.

42 길이 1cm당 5회 감은 무한장 솔레노이드가 있다. 이것에 전류를 흘렸을 때 솔레노이드 내부 자장의 세기가 1,000AT/m이었다. 이때 솔레노이드에 흐른 전류 A는?

① 2
② 4
③ 6
④ 10

정답 ①

$H=n_0I$에서 솔레노이드의 단위 길이당 권수를 n_0라 할 때 1cm당 5회 감으면 1m당 500회 감은 것이다. 따라서 전류는 $I=\frac{H}{n_0}=\frac{1,000}{500}=2\text{A}$이다.

43 접지저항이나 전해액저항 측정에 사용하는 것은?

① 메거
② 콜라우시 브리지
③ 휘스톤 브리지
④ 전위차계

정답 ③

휘스톤 브리지는 X에 미지의 저항을 연결하고 브리지로 전압계나 검류계를 사용하면 X의 저항값을 측정할 수 있다.
① 절연저항을 측정하는 기구이다.
② 전지의 내부 저항이나 전해액의 도전율 등의 측정에 사용된다.
④ 저항값을 임의로 조절할 수 있는 가변저항을 말하며 보통 전압을 조절하는 목적으로 쓰인다.

44 다음 반도체의 특징이 아닌 것은?

① 매우 낮은 온도에서 절연체가 된다.
② 불순물이 섞이면 저항이 증가한다.
③ 일반적으로 온도가 상승함에 따라 저항은 감소한다.
④ 전기적 전도성은 금속과 절연체의 중간적 성질을 가지고 있다.

정답 ②

순수한 반도체에 소량의 불순물을 첨가하면 저항이 감소한다.

45 다음 중 도전율을 나타내는 단위는?

① Ω/m ② Ω · m

③ ℧/m ④ ℧ · m

정답 ④

도전율 $\sigma = \frac{1}{\rho}$℧ · m

46 1.5kW의 전열기를 정격 상태에서 30분간 사용할 때의 발열량은 몇 kcal인가?

① 648 ② 556

③ 428 ④ 224

정답 ①

줄의 법칙 $Q=0.24Pt$에서

$Q=0.24Pt$

$=0.24\times1.5\times30\times60$

$=648$kcal

47 전하의 성질에 대한 설명으로 옳지 않은 것은?

① 전하는 가장 안정한 상태를 유지하려는 성질이 있다.

② 대전체에 들어 있는 전하를 없애려면 접지시킨다.

③ 같은 종류의 전하는 흡인하고 다른 종류의 전하끼리는 반발한다.

④ 대전체의 영향으로 비대전체에 전기가 유도된다.

정답 ③

전하는 같은 종류는 반발하고 다른 종류는 흡인한다. 전하를 띤 입자 사이에 작용하는 힘은 쿨롱의 법칙을 따른다.

48 그림과 같은 평형 3상 △회로를 등가 Y결선으로 환산하면 각상의 임피던스는 몇 Ω이 되는가?(단, $Z=12\Omega$이다.)

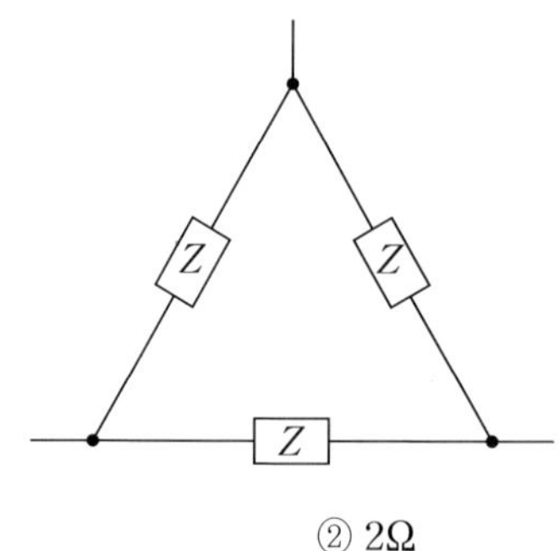

① 1Ω ② 2Ω

③ 3Ω ④ 4Ω

정답 ④

세 임피던스의 값이 동일할 경우 △결선을 Y결선으로 변경하면 $\frac{1}{3}$배가 되고, Y결선을 △결선으로 변경하면 3배가 된다. 따라서 $Z_Y=\frac{1}{3}Z_\triangle=\frac{1}{3}\times12=4\Omega$이다.

49 3상 유도 전동기에 공급 전압이 일정하고 주파수가 정격값보다 수 % 감소할 때 다음 현상 중 옳지 않은 것은?

① 역률이 나빠진다.
② 누설 리액턴스가 증가한다.
③ 등가속도가 감소한다.
④ 철손이 증가한다.

정답 ②

리액턴스는 주파수에 비례하여 감소한다.
① 역률은 자속은 증가하지만 자기포화 때문에 역률이 나빠진다.
③ 등가속도는 주파수에 비례하여 감소한다.
④ 철손은 주파수에 반비례하여 증가한다.

50 절연체 중 플라스틱, 고무, 종이 등과 같이 전기적으로 분극 현상이 일어나는 물체를 무엇이라 하는가?

① 유전체 ② 도체
③ 도전체 ④ 반도체

정답 ①

전기의 절연체를 전기장 내에 놓았을 때 표면에 전하가 유기되는 현상이 있는데, 이러한 관점에서 절연체를 다룰 때 이것을 유전체라 한다.
② 한 방향이나 여러 방향으로 전류 즉 전기의 흐름이 가능한 물체나 물질을 말한다.
③ 전기 또는 열에 대한 저항이 매우 작아 전기나 열을 잘 전달하는 물체를 말한다.
④ 어떤 특별한 조건하에서만 전기가 통하는 물질을 말한다.

51 $i_1=8\sqrt{2}\sin\omega t$A, $i_2=4\sqrt{2}\sin(\omega t+180^\circ)$A와의 차에 상당한 전류의 실효값은?

① 3A ② 6A
③ 12A ④ 18A

정답 ③

i_1 전류를 기준으로 i_1과 i_2를 실효값의 정지 벡터로 나타내면 $I_1=8\angle 0^\circ=8$, $I_2=4\angle 180^\circ=-4$이다. 따라서 $I=I_1-I_2=8-(-4)=12\text{A}$이다.

52 단위 길이당 권수 100회인 무한장 솔레노이드에 10A의 전류가 흐를 때 솔레노이드 내부의 자장 AT/m은?

① 1 ② 10
③ 100 ④ 1,000

정답 ④

솔레노이드 외부의 자장 세기는 0이고, 내부 자장의 세기는 $H=\frac{nI}{l}\text{AT/m}$이다. 따라서

$$H=\frac{nI}{l}=\frac{100\times 10}{1}=1{,}000\text{AT/m}$$
이다.

53 **다음 전기력선의 성질로 옳지 않은 것은?**

① 전기력선은 도중에 만나거나 끊어지지 않는다.
② 전기력선은 등전위면과 교차하지 않는다.
③ 전기력선의 접선방향이 전장의 방향이다.
④ 전기력선은 양(+)전하에서 나와 음(−)전하에서 끝난다.

정답 ②

전기력선과 등전위면은 직교한다.

전기력선의 성질
- 전기력선은 교차하지 않는다.
- 양전하의 전기력선은 무한원점에서 시작되고 음전하의 무한원점에서 끝난다.
- 전기력선과 등전위면은 직교한다.
- 등전위면의 간격이 좁은 곳일수록 전계가 강하다.
- 상이한 등전위면은 교차하지 않는다.

54 **전자석의 특징으로 옳지 않은 것은?**

① 전류를 많이 공급하면 무한정 자력이 강해진다.
② 같은 전류라도 코일 속에 철심을 넣으면 더 강한 전자석이 된다.
③ 코일을 감은 횟수가 많을수록 강한 전자석이 된다.
④ 전류의 방향이 바뀌면 전자석의 극도 바뀐다.

정답 ①

전자석은 코일을 감고 코일 속에 철심을 넣어 전류를 흘리는 것이므로 전류가 일정 이상 증가하면 철심이 자기포화 되어 자력이 더 이상 증가하지 못하고 그 상태를 유지한다.

55 **서로 다른 종류의 안티몬과 비스무트의 두 금속을 접속하여 여기에 전류를 통하면 그 접점에서 열의 발생 또는 흡수가 일어난다. 줄열과 달리 전류의 방향에 따라 열의 흡수와 발생이 다르게 나타나는 이 현상은??**

① 제벡 효과 ② 열전 효과
③ 펠티에 효과 ④ 볼타의 법칙

정답 ③

펠티에 효과는 서로 다른 종류의 도체를 접합하여 전류를 흐르게 할 때 접합부에 줄열(Joule's heat) 외에 발열 또는 흡열이 일어나는 현상을 말한다.

① 상이한 금속을 접합하여 전기 회로를 구성하고, 양쪽 접속점에 온도차가 있으면 회로에 열기전력이 발생하는 현상을 말한다.
② 제벡효과, 펠티에 효과, 톰슨효과의 세 가지 열과 전기의 상관현상을 총칭하여 열전효과라 한다.
④ 각각 나른 도체간의 전위차에 대한 법칙이다.

56 공기 중에서 5cm 간격을 유지하고 있는 2개의 평행 도선에 각각 10A의 전류가 동일한 방향으로 흐를 때 도선 1m당 발생하는 힘의 크기 N는?

① 3×10^{-3} ② 3×10^{-4}
③ 4×10^{-3} ④ 4×10^{-4}

정답 ④

간격을 rm이라 할 때 힘은

$$F=\frac{\mu_0 I_1 I_2}{2\pi r}=\frac{2I^2}{r}\times10^{-7}$$
$$=\frac{2\times10^2}{5\times10^{-2}}\times10^{-7}$$
$$=4\times10^{-4}\text{N/m}$$

57 200V의 교류전원에 선풍기를 접속하고 전력과 전류를 측정하였더니 600W, 5A이었다. 이 선풍기의 역률을 구하면?

① 0.3 ② 0.6
③ 0.9 ④ 1.5

정답 ②

역률은

$$\cos\theta=\frac{\text{유효전력}}{\text{피상전력}}=\frac{P}{VI}$$
$$=\frac{600}{200\times5}=0.6$$

이다.

58 자체 인덕턴스가 각각 160mH, 250mH의 두 코일이 있다. 두 코일 사이의 상호 인덕턴스가 150mH이면 결합계수는?

① 0.75 ② 0.82
③ 0.86 ④ 0.98

정답 ①

상호 인덕턴스는 $M=k\sqrt{L_1L_2}$이다. 따라서 결합계수는

$$k=\frac{M}{\sqrt{L_1L_2}}=\frac{150}{\sqrt{160\times250}}$$
$=0.75$이다.

59 평행한 왕복 도체에 흐르는 전류에 의한 작용력은?

① 회전력 ② 반발력
③ 흡인력 ④ 작용력이 없다.

정답 ②

평행한 두 도체의 전류의 방향이 같을 경우 흡인력이 발생하고 전류의 방향이 다를 경우 반발력이 발생한다. 두 평행한 왕복 도체에 흐르는 전류는 반발력이 작용한다.

60 다음 복소수에 관한 설명으로 틀린 것은?

① 거리와 방향을 나타내는 스칼라 양으로 표시한다.
② 허수를 제곱하면 음수가 된다.
③ 복소수는 $A=a+jb$의 형태로 표시한다.
④ 실수부와 허수부로 구성한다.

정답 ①

복소수는 실수와 허수의 합으로 이루어지는 수로 복소수는 거리와 방향을 나타내는 벡터의 양으로 표시한다.

61 다음 중 값이 클수록 좋은 것은?

① 접촉저항 ② 도체저항
③ 절연저항 ④ 가변저항

정답 ③

절연저항은 절연체에 전압을 가했을 때 절연체가 나타내는 전기 저항으로 클수록 좋다.
① 물질 자체가 가지고 있는 고유 저항값이 아니라 전극이나 연결부와 같은 외부의 다른 물질과 접촉하여 발생하는 저항이다.
② 재료의 길이에 비례하고 단면적에 반비례한다.
④ 전기회로의 소자로서 회로에 흐르는 전류를 주어진 범위 내에서 다양하게 변화시킬 수 있는 저항이다.

62 자극 가까이에 물체를 두었을 때 자화되는 물체와 자석이 그림과 같은 방향으로 자화되는 자성체는?

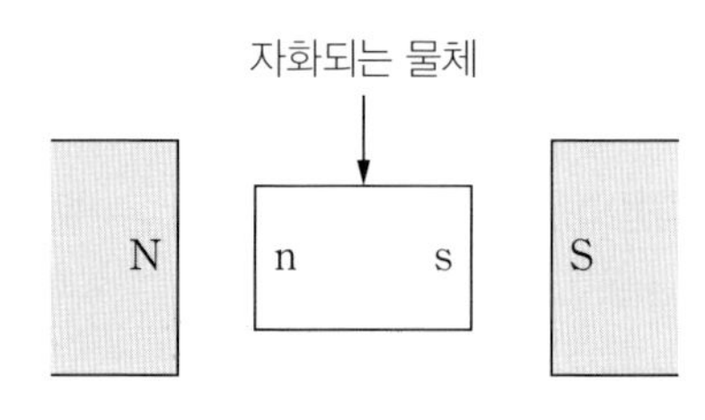

① 반자성체 ② 강자성체
③ 비자성체 ④ 상자성체

정답 ①

자극 가까이에 물체를 두었을 때 자화되는 물체와 자석이 같은 방향으로 자화되는 자성체는 반자성체이고, 자극 가까이에 물체를 두었을 때 자화되는 물체와 자석이 다른 방향으로 자화되는 자성체는 강자성체이다.

63 $R=2\Omega$, $L=10\text{mH}$, $C=4\mu\text{F}$으로 구성되는 직렬 공진회로의 L과 C에서의 전압 확대율은?

① 10 ② 15
③ 20 ④ 25

정답 ④

직렬 공진회로

$Q=\frac{1}{R}\sqrt{\frac{L}{C}}$
$=\frac{1}{2}\sqrt{\frac{10\times10^{-3}}{4\times10^{-6}}}=25$

64 플레밍의 왼손 법칙에서 전류의 방향을 나타내는 손가락은?

① 엄지 ② 검지
③ 중지 ④ 약지

정답 ③

플레밍의 왼손 법칙은 자기장 속에 있는 도선에 전류가 흐를 때 자기장의 방향과 도선에 흐르는 전류의 방향으로 도선이 받는 힘의 방향을 결정하는 규칙이다. 왼손의 검지를 자기장의 방향, 중지를 전류의 방향으로 했을 때, 엄지가 가리키는 방향이 도선이 받는 힘의 방향이 된다.

65 전선의 반지름을 2배로 하였을 때 저항을 R_1이라 하면 처음 저항을 R이라 할 때 옳은 것은?

① $R_1=\frac{1}{2}R$ ② $R_1=\frac{1}{4}R$
③ $R_1=2R$ ④ $R_1=4R$

정답 ②

전선의 저항과 반지름은 제곱에 반비례한다.

66 콘덴서의 정전용량에 대한 설명 중 옳지 않은 것은?

① 정전용량은 전압에 반비례한다.
② 정전용량은 유전율에 비례한다.
③ 정전용량은 극판의 면적에 비례한다.
④ 정전용량은 극판의 거리에 비례한다.

정답 ④

극판 간격 d, 면적 S인 평행평판 도체에서의 정전용량 C는 $C=\frac{\epsilon_0}{d}S\text{F}$이다. 따라서 정전용량은 극판의 간격에 반비례한다.

67 일반적으로 절연체를 서로 마찰시키면 이들 물체는 전기를 띠게 된다. 이와 같은 현상은?

① 코로나 ② 대전
③ 분극 ④ 정전

정답 ②

대전이란 절연체를 서로 마찰시키면 이들 물체는 전기를 띠게 되는 현상을 말한다.
① 두 전극 사이에 높은 전압을 가하면 불꽃을 내기 전에 전기장의 강한 부분만이 발광하여 전도성을 갖는 현상을 말한다.
③ 평형 전위에서 어긋나 일어나는 현상을 말한다.
④ 오던 전기가 끊어지는 것을 말한다.

68 0.25H와 0.23H의 자체 인덕턴스를 직렬로 접속할 때 합성 인덕턴스의 최댓값은 약 몇 H인가?

① 0.96H ② 2.6H
③ 4.88H ④ 10.25H

정답 ①

직렬로 접속한 경우
$L=L_1+L_2+2\sqrt{L_1L_2}$이다.
따라서
$L=0.25+0.23+2\sqrt{0.25\times0.23}$
$=0.96\text{H}$
이다.

69 1H의 인덕턴스에 60Hz의 교류를 인가할 때 유도 리액턴스 Ω는?

① 27.5 ② 136.8
③ 376.8 ④ 421.4

정답 ③

유도 리액턴스 $X_L=2\pi fL\Omega$이다. 따라서
$X_L=2\times\pi\times60\times1$
$=376.8\Omega$
이다.

70 전류가 전압에 비례하고 저항에 반비례한다. 다음 중 어느 것과 관련이 있는가?

① 중첩의 원리 ② 패러데이의 법칙
③ 키르히호프의 제1법칙 ④ 옴의 법칙

정답 ④

옴의 법칙은 전류의 세기는 두 점 사이의 전위차에 비례하고, 전기저항에 반비례한다는 법칙이다.

① 어느 한 순간 매질의 한 점 P에서 두 파동의 변위가 각각 yA, yB이면 두 파동의 합성 변위는 y=yA+yB가 되는 것을 중첩의 원리라고 한다.
② 전기분해를 하는 동안 전극에 흐르는 전하량(전류×시간)과 전기분해로 인해 생긴 화학변화의 양 사이의 정량적인 관계를 나타내는 법칙이다.
③ 전류가 흐르는 길에서 들어오는 전류와 나가는 전류의 합이 같다.

71 전압 1.5V, 내부 저항 0.2Ω의 전지 5개를 직렬로 접속하면 전전압은 몇 V인가?

① 4.7 ② 7.5
③ 8.2 ④ 12.6

정답 ②

기전력은

$E_0 = nE = 5 \times 1.5 = 7.5\text{V}$

이다.

72 자기 저항 200AT/Wb의 회로에 기자력을 가할 때 생기는 자속 Wb은?

① 2 ② 40
③ 600 ④ 1,200

정답 ①

자기 옴의 법칙에서 자속은

$\Phi = \frac{F}{R_m} = \frac{400}{200} = 2\text{Wb}$

이다.

73 임피던스 $Z=6+j8\Omega$에서 서셉턴스 ℧는?

① 0.02 ② 0.06
③ 0.08 ④ 0.8

정답 ③

$Y=G+jB$,
$Y=\frac{1}{Z}=\frac{1}{6+j8}$
$=0.06-j0.08$℧

74 유도 기전력과 관계되는 사항으로 옳은 것은?

① 쇄교 자속에 비례한다.
② 쇄교 자속에 반비례한다.
③ 쇄교 자속의 제곱에 비례한다.
④ 쇄교 자속의 시간의 변화에 비례한다.

정답 ④

유도 기전력은 $e=N\frac{d\Phi}{dt}$V이다. 따라서 기전력은 쇄교 자속의 시간의 변화에 비례한다.

75 어떤 콘덴서에 전압 20V를 가할 때 전하 800μC이 축적되었다면 이때 축적되는 에너지는?

① 0.008J ② 0.08J
③ 0.8J ④ 8J

정답 ①

정전 에너지는
$W=\frac{1}{2}VQ=\frac{1}{2}CV^2$이다.
따라서
$W=\frac{1}{2}\times20\times800\times10^{-6}$
$=0.008$J
이다.

76 다음 중 반자성체인 것은?

① 철 ② 코발트
③ 은 ④ 알루미늄

정답 ③

'은'은 반자성체이다.

- 상자성체 : 알루미늄, 공기, 백금, 산소
- 강자성체 : 니켈, 철, 코발트
- 반자성체 : 물, 은, 구리, 비스무트

77 저항 2Ω과 3Ω을 직렬로 접속했을 때의 합성 컨덕턴스는?

① 0.1℧ ② 0.2℧
③ 5℧ ④ 10℧

정답 ②

합성저항은 $R=2+3=5\Omega$이다. 따라서 합성 컨덕턴스는 $G=\frac{1}{R}=\frac{1}{5}=0.2℧$이다.

78 Y결선에서 상전압이 220V이면 선간 전압은 약 몇 V인가?

① 380 ② 542
③ 668 ④ 700

정답 ①

Y결선에서 $V_l=\sqrt{3}V_P\angle 30^\circ$, 각 선간 전압은 각 상전압에 비해 크기가 $\sqrt{3}$배이고, 위상은 30° 빠르다. 따라서 $V_l=\sqrt{3}\times 220=380$V이다.

79 2개의 코일을 서로 근접시켰을 때 한쪽 코일의 전류가 다른 쪽 코일에 유도 기전력이 발생하는 현상은?

① 자체 결합 ② 자체 유도
③ 상호 유도 ④ 상호 결합

정답 ③

상호 유도란 2개의 코일이 인접해 있을 때, 한 코일에 흐르는 전류를 변화시키면 전자기 유도 현상으로 인해 다른 코일에 전류가 유도되는 현상을 말한다.

80 Y－Y 결선회로에서 선간 전압이 200V일 때 상전압은 약 몇 V인가?

① 100V ② 105V
③ 110V ④ 115V

정답 ④

Y결선에서 $V_1=\sqrt{3}V_P\angle 30^\circ$, 각 선간 전압은 각 상전압에 비해 크기가 $\sqrt{3}$배이고, 위상은 30° 빠르다. 따라서 상전압은 $V_P=\frac{V_l}{\sqrt{3}}=\frac{200}{\sqrt{3}}=115$V이다.

81 **반지름이 50cm, 권수 10회인 원형 코일에 0.1A의 전류가 흐를 때 이 코일 중심의 자계 세기 H는?**

① 1AT/m　　② 5AT/m
③ 10AT/m　　④ 20AT/m

정답 ①

원형 코일의 중심 자계의 세기는

$H = \frac{NI}{2a} = \frac{10 \times 0.1}{2 \times 50 \times 10^{-2}}$

$= 1AT/m$

이다.

82 **다음 정전기 발생 방지 대책으로 틀린 것은?**

① 배관 내 액체의 흐름 속도 제한
② 접지 및 보호구 착용
③ 대기의 습도를 30% 이하로 건조함을 유지
④ 대전 방지제 사용

정답 ③

상대 습도를 60~70% 이상으로 하여야 정전기가 발생하는 것을 방지할 수 있다.

83 **전류계의 측정범위를 확대시키기 위해 전류계와 병렬로 접속하는 것은?**

① 검류계　　② 분류기
③ 배율기　　④ 전위차계

정답 ②

분류기는 전류계에 병렬 접속시켜 전류 측정 범위를 넓히기 위한 저항기이다.

① 전기회로의 매우 작은 전류, 전압, 전기량을 측정하는 기구
③ 전압계의 측정범위를 확대하기 위해서 계기의 내부 회로에 직렬로 접속하는 저항기
④ 전압을 나누는 목적으로 만들어진 가변저항

84 **기전력 1.5V, 내부 저항 0.2Ω인 전지 5개를 직렬로 연결하고 이를 단락하였을 때의 단락전류 A는?**

① 1.5A　　② 2.5A
③ 4.5A　　④ 7.5A

정답 ④

건전지 5개를 직렬로 접속하면 전압은 연결 개수의 배수로 증가한다. 따라서 내부 저항은 직렬로 5개가 연결한 것이 된다. 이때 흐르는 전류는

$I = \frac{V}{R} = \frac{7.5}{1} = 7.5A$이다.

85 두 코일의 자체 인덕턴스를 L_1H, L_2H라 하고 상호 인덕턴스를 M이라 할 때 두 코일을 자속이 동일한 방향과 역방향이 되도록 하여 직렬로 각각 연결하였을 경우 합성 인덕턴스의 큰 쪽과 작은 쪽의 차이는?

① $4M$　② $8M$
③ $16M$　④ $32M$

정답 ①

코일은 직렬로 연결한 경우 합성 인덕턴스는 $L=L_1+L_2\pm 2M$H이다. 따라서 큰 쪽과 작은 쪽의 차이는
$L'=L_1+L_2+2M-(L_1+L_2-2M)$
$=4M$
이다.

86 다음 자기력선에 대한 설명 중 틀린 것은?

① 자석의 N극에서 나와 S극으로 들어간다.
② 자기장의 모양을 나타낸 선이다.
③ 자기력선이 교차된 곳에서 자기력이 세다.
④ 자기력선이 조밀할수록 자기력이 세다.

정답 ③

자기장 안의 임의의 점에서 자기력이 작용하는 방향은 하나만 있으므로, 도중에서 나누어지거나 2개의 자기력선이 만나지 않는다.

87 다음 코일의 성질에 대한 설명으로 옳지 않은 것은?

① 전원 노이즈 차단 기능이 있다.
② 전류의 변화를 확대시키려는 성질이 있다.
③ 공진하는 성질이 있다.
④ 상호 유도작용이 있다.

정답 ②

코일에 전류를 흘리면 자속을 발생하고, 전자 유도나 전자력의 작용을 촉진한다. 또, 인덕턴스를 가지므로 콘덴서와 조합시키면 한 주파수에서 공진 특성을 나타낸다.

88 다음 비정현파의 실효값을 나타낸 것은?

① 각 고조파의 실효값의 합
② 최대값의 실효값
③ 각 고조파 실효값의 합의 제곱근
④ 각 고조파 실효값의 제곱의 합의 제곱근

정답 ④

비정현파의 실효값은 각 고조파 실효값의 제곱의 합의 제곱근이다.

89 전지의 전압강하의 원인으로 틀린 것은?

① 산화작용 ② 분극작용
③ 국부작용 ④ 자기방전

정답 ①

산화작용은 화학전지의 양극에서는 환원반응이 발생하고, 음극에서는 산화반응이 발생한다.
② 전기 분해를 하고 있는 전해조 내에는 생성물이 액 속에서 일종의 전지를 만들어 외부에서 가하고 있는 전압과 역방향으로 기전력을 발생하여 전류를 잘 흐르지 못하도록 하는 것을 말한다.
③ 축전지에서 외부에 전류를 공급하고 있지 않는 경우에 전극에 사용하고 있는 아연판의 불순물과 아연이 국부 전지를 만들어 단락 전류를 흘리기 때문에 자기방전을 하는 것을 국부 작용이라 한다.
④ 축전지를 사용하지 않아도 자연적으로 방전이 되어 용량이 감소하는 현상을 말한다.

90 2전력계법으로 3상 전력을 측정할 때 지시값이 $P_1=300\text{W}$, $P=300\text{W}$일 때 부하전력 W은?

① 100 ② 300
③ 600 ④ 1,000

정답 ③

2전력계법에서 유효전력은 $P_1+P_2\text{W}$이고, 무효전력은 $\sqrt{3}(P_1-P_2)\text{Var}$이다.
부하전력은
$P=P_1+P_2=300+300$
$=600\text{W}$
이다.

91 다음 설명 중 틀린 것은?

① 코일은 직렬로 연결할수록 인덕턴스가 커진다.
② 저항은 병렬로 연결할수록 저항값이 작아진다.
③ 리액턴스는 주파수의 함수이다.
④ 콘덴서는 직렬로 연결할수록 용량이 커진다.

정답 ④

콘덴서는 직렬로 연결할수록 용량이 작아지고, 병렬로 연결할수록 용량이 커진다.

92 동일한 저항 4개를 접속하여 얻을 수 있는 최대 저항값은 최소 저항값의 몇 배인가?

① 4배　② 8배
③ 16배　④ 32배

정답 ③

동일한 저항을 직렬로 연결할 때 합성저항은 $R_1 = nR$, 동일한 저항을 병렬로 연결할 때 합성저항은 $R_2 = \frac{R}{n}$이다.

$\frac{R_1}{R_2} = \frac{nR}{\frac{R}{n}} = n^2$이므로

$n^2 = 4^2 = 16$이다.

93 최대 눈금 1A, 내부 저항 10Ω의 전류계로 최대 101A까지 측정하려면 몇 Ω의 분류기가 필요한가?

① 0.01　② 0.1
③ 0.5　④ 1

정답 ②

분류기의 배율은

$m = \frac{I_0}{I} = (\frac{r}{R_S} + 1)$이다.

따라서 $\frac{101}{1} = (\frac{10}{R_2} + 1)$이므로 $R_S = 0.1\Omega$이다.

94 3kW의 전열기를 1시간 동안 사용할 때 발생하는 열량 kcal은?

① 2,580kcal　② 3,680kcal
③ 4,590kcal　④ 5,240kcal

정답 ①

줄의 법칙에 따라 계산하면

$Q = \frac{1}{4,186} Pt$

$= \frac{1}{4,186} \times 3 \times 60$

$= 2,586\text{kcal}$

이다.

PART 4 빈출 개념 문제 300제

95 **코일의 감긴 수와 전류와의 곱은 무엇을 나타내는가?**

① 역률　　② 기전력
③ 전자력　　④ 기자력

정답 ④

기자력은 자기장이 생기도록 하는 힘이다. 기자력은 $F=N\times I$이므로 코일의 감긴 수와 전류와의 곱이다.
① 전류가 단위 시간에 하는 일의 비율이다.
② 낮은 퍼텐셜에서 높은 퍼텐셜로 단위전하를 이동시키는 데 필요한 일이다.
③ 자계 중에 두어진 도체에 전류를 흘리면 전류 및 자계와 직각 방향으로 도체를 움직이는 힘이다.

96 **키르히호프의 법칙을 이용하여 방정식을 세우는 방법으로 틀린 것은?**

① 각 폐회로에서 키르히호프의 제2법칙을 적용한다.
② 각 회로의 전류를 문자로 나타내고 방향을 가정한다.
③ 계산 결과 전류가 －로 표시된 것은 처음에 정한 방향과 같은 방향임을 나타낸다.
④ 키르히호프의 제1법칙을 회로망의 임의의 한 점에 적용한다.

정답 ③

키르히호프의 법칙에 따라 계산한 결과 처음에 정한 방향과 같은 방향이면 ＋, 반대 방향이면 －로 표시한다.

97 **자기 인덕턴스가 각각 30mH, 80mH인 코일을 같은 방향으로 감았을 때 합성 인덕턴스를 계산하면?(단, 상호 인덕턴스는 50mH이다.)**

① 90　　② 120
③ 180　　④ 210

정답 ④

가동 결합의 경우 합성 인덕턴스는
$L=L_1+L_2+2M$이므로
$L=30+80+(2\times 50)$
$=210\text{mH}$

98 **정전 흡인력에 관한 설명으로 옳은 것은?**

① 정전 흡인력은 쿨롱의 법칙으로 직접 계산한다.
② 정전 흡인력은 전압의 제곱에 비례한다.
③ 정전 흡인력은 극판 간격에 비례한다.
④ 정전 흡인력은 극판 면적의 제곱에 비례한다.

정답 ②

정전 흡인력은 $F=\frac{dW}{dl}$N, 정전 에너지는 $W=\frac{1}{2}CV^2$J이다. 따라서 정전 흡인력은 전압의 제곱에 비례한다.

99 **10V/m의 전장에 어떤 전하를 놓으면 0.1N의 힘이 작용한다. 이 전하의 양은 몇 C인가?**

① 10^{-2}
② 10^{-4}
③ 10^{-6}
④ 10^{2}

정답 ①

쿨롱력과 전계의 세기 사이의 관계는 $F=QE$이다. 따라서 $Q=\frac{F}{E}=\frac{0.1}{10}=10^{-2}$이다.

100 **알칼리 축전지의 대표적인 축전지로 널리 사용되고 있는 2차 전지는?**

① 망간 전지
② 페이퍼 전지
③ 니켈 카드뮴 전지
④ 산화은 전지

정답 ③

알칼리 축전지는 전해액으로 알칼리용액을 사용하는 축전지로 부하에 철분을 이용한 것을 에디슨 전지, 카드뮴을 이용한 것을 니켈-카드뮴 축전지 또는 윤그너(Jungner) 전지가 있다.

2과목 전기기기

01 다음 분권전동기가 기동할 때의 방법은?

① 기동기는 최소, 계자 조정기는 최대
② 기동기는 최대, 계자 조정기는 최소
③ 기동기, 계자 저항기 모두 최대
④ 기동기, 계자 저항기 모두 최소

정답 ②

기동 전류를 줄이고 기동 토크를 최대로 하기 위하여 기동기의 저항은 최대로 하고, 계자 저항은 최소로 하여 기동하면 된다.

02 3상 동기 발전기의 전기자 권선은 보통 어떤 결선인가?

① Y결선 ② △결선
③ 지그재그 결선 ④ 지그재그 삼각형

정답 ①

동기 발전기는 3상으로 대부분 Y결선이 이중 결선을 사용한다. Y결선은 각 상의 기점을 한 곳에 결합하여 Y형으로 한 결선을 이른다.

03 그림은 동기기의 위상 특성곡선을 나타낸 것이다. 전기자 전류가 가장 작게 흐를 때의 역률은?

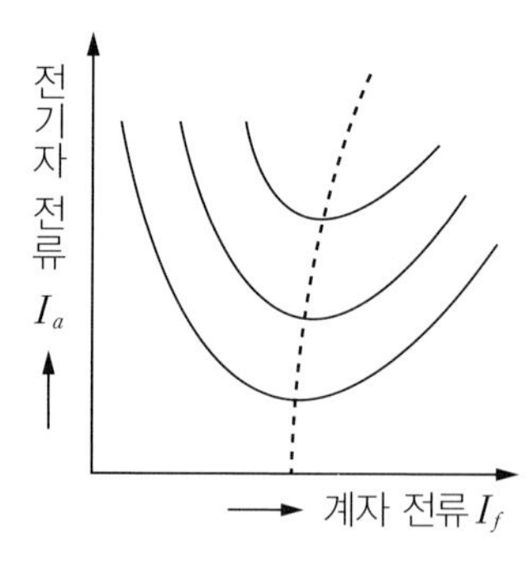

① 0 ② 0.9[지상]
③ 0.9[진상] ④ 1

정답 ④

위상 특성곡선에서 역률이 1인 경우 전기자 전류가 최소가 된다.

04 다음 중 동기 와트로 표시되는 것은?

① 효율　　② 1차 효율
③ 토크　　④ 2차 입력

정답 ③

유도전동기의 2차측 입력으로, 전동기 토크에 동기속도 ns를 곱한 것과 같다. 따라서 동기 와트는 전동기 토크를 나타내는 척도로 사용할 수 있다.

05 직류전동기의 제어에 널리 응용되는 직류－직류 전압제어장치는?

① 전파정류　　② 초퍼
③ 인버터　　④ 컨버터

정답 ②

초퍼는 직류 또는 저주파 교류를 고주파의, 그리고 본질적인 방형의 전기 신호로 변환하는 장치로서 기계적, 전기 기계적, 혹은 전자적인 것 등 여러 종류가 있다.

① 교류의 음파일 때도 양파와 같은 방향의 전류가 부하에 흐르도록 하는 정류 방식이다.
③ 직류전력을 교류전력으로 변환하는 장치이다.
④ 신호 또는 에너지의 모양을 바꾸는 장치이다.

06 직류발전기의 정류를 개선하는 방법 중 틀린 것은?

① 코일의 자기 인덕턴스가 원인이므로 접촉저항이 작은 브러시를 사용한다.
② 보극 권선은 전기자 권선과 직렬로 접속한다.
③ 보극을 설치하여 리액턴스 전압을 감소시킨다.
④ 브러시를 전기적 중성축을 지나서 회전방향으로 약간 이동시킨다.

정답 ①

브러시의 접촉저항을 크게 해야 한다.

직류발전기의 정류를 개선하는 방법
- 정류를 방해하는 리액턴스 전압을 작게 한다.
- 인덕턴스를 작게 한다.
- 정류 주기를 크게 한다.
- 브러시의 접촉저항을 크게 한다.
- 보극을 설치한다.

07 정격속도로 운전하는 무부하 분권전동기의 계자 저항이 60Ω, 계자 전류가 1A, 전기자 저항이 0.5Ω라 하면 유도기전력은 약 몇 V인가?

① 10.3　② 30.5
③ 60.5　④ 95.5

정답 ③

단자전압 V는 계자회로의 전압강하와 같다. 따라서 $V=I_fR_f=1\times60=60\text{V}$이다.
유기기전력은
$E=V+I_aR_a(I_a=I_f)$
$=V+I_fR_a$
$=60+0.5$
$=60.5\text{V}$
이다.

08 농형 유도전동기의 기동법이 아닌 것은?

① 리액터 기동법
② Y－△ 기동법
③ 기동 보상기에 의한 기동법
④ 2차 저항 기동법

정답 ④

2차 저항 기동법은 비례추이를 이용하는 방법으로 권선형 유도전동기의 기동법이다.

> 농형 유도전동기의 기동법
> 전전압 기동(직입기동), 리액터 기동법, Y－△ 기동법, 기동 보상기에 의한 기동법 등

09 효율이 80%, 출력 10kW일 때 입력은 몇 kW인가?

① 7.5　② 12.5
③ 18　④ 25

정답 ②

입력을 p라 하면 효율은 $\dfrac{출력}{입력}$이다. 따라서 $0.8=\dfrac{10}{p}\text{kW}$, $p=\dfrac{10}{0.8}=12.5\text{kW}$이다.

10 일반적으로 전철이나 화학용과 같이 비교적 용량이 큰 수은 정류기용 변압기의 2차측 결선방식으로 쓰이는 것은?

① 6상 2중 성형　② 3상 크로즈파
③ 3상 반파　④ 3상 전파

정답 ①

수은 정류기의 직류측 전압에는 맥동이 있어 맥동을 적게 하기 위하여 상수를 6상 또는 12상을 사용하는데 대용량의 경우에는 6상식을 사용한다.

11 극수 20, 동기속도 600rpm인 동기발전기에서 나오는 전압의 주파수는 몇 Hz인가?

① 10 ② 50
③ 100 ④ 1,000

정답 ③

주파수와 동기속의 관계는

$N_S = \frac{120f}{p}$ rpm이다.

따라서 주파수는

$f = \frac{N_s \times p}{120} = \frac{600 \times 20}{120}$

$= 100$ Hz이다.

12 E종 절연물의 최고 허용온도는 몇 ℃인가?

① 90 ② 120
③ 155 ④ 180

정답 ②

절연물과 최고 허용온도

절연물의 종류	Y	A	E	B
최고 허용 온도(℃)	90	105	120	130
절연물의 종류	F	H	C	
최고 허용 온도(℃)	155	180	180 이상	

13 반송보호 계전방식의 장점을 설명한 것으로 틀린 것은?

① 동작을 예민하게 할 수 있다.
② 고장 구간의 선택이 확실하다.
③ 고장 구간의 고속도 동시에 차단이 가능하다.
④ 다른 방식에 비해 장치가 간단하다.

정답 ④

반송보호 계전방식은 표시선 계전방식에 비해 방식이 다소 복잡하지만, 설비비가 적게 들어 장거리 송전선에서는 경제적이다.

14 전동기의 정 · 역 운전을 제어하는 회로에서 2개의 전자개폐기의 작동이 일어나지 않도록 하는 회로는?

① 인터록 회로 ② 촌동 회로
③ 자기유지 회로 ④ Y－△ 회로

정답 ①

인터록 회로는 회로에 A, B의 입력이 있으면 A를 누르게 되면 B가 동작하지 않고, B를 누르면 A가 동작하지 않는 회로이다.

② 푸시 버턴 스위치의 접점을 이용하여 어떠한 외부의 신호가 있는 동안만 가동되는 회로이다.
③ 시동신호 및 정지신호 등의 제어명령에 의해서 접점이 작동하고, 그 상태를 계속 유지하는 기능을 가지고 있다.
④ Y결선으로 기동하고 수초 후에 △결선으로 변환하여 운전하는 회로이다.

15 변압기를 $\triangle-\mathbf{Y}$로 연결할 때 1, 2차 간의 위상차는?

① 15° ② 30°
③ 60° ④ 90°

정답 ③

1차 선간전압과 2차 선간전압의 위상차는 30°이다.

16 단중 중권의 극수가 P인 직류기에서 전기자 병렬 회로수 a는 어떻게 되는가?

① 극수 P와 같게 된다.
② 극수 P의 2배가 된다.
③ 극수 P의 3배가 된다.
④ 극수 P와 무관하게 항상 2가 된다.

정답 ①

단중 중권의 극수가 P인 직류기에서 전기자 병렬 회로수는 극수 P와 같게 되고, 단중 파권의 극수가 P인 직류기에서 전기자 직렬 회로수는 극수 P와 무관하게 항상 2가 된다.

17 교류 동기 서보 모터에 비하여 효율이 훨씬 좋고 큰 토크를 발생하여 입력되는 각 전기신호에 따라 규정된 각도만큼씩 회전하여 회전자는 축방향으로 자화된 영구 자석으로서 보통 50개 정도의 톱니로 만들어져 있는 것은?

① 동기전동기 ② 직류 스테핑 모터
③ 유도전동기 ④ 전기 동력계

정답 ②

직류 스테핑 모터는 자동 제어 장치를 제어하는 데 사용되는 특수전기 기기로서 고출력 서보 기구에 많이 사용된다. 직류 스테핑 모터는 전기 신호를 받아 회전 운동으로 바꾸고 기계적 이동을 하게 한다. 이것은 교류 동기 서보 모터에 비하여 효율이 훨씬 좋고 큰 토크를 발생한다.

① 외측과 내측의 자극이 다른 극을 대립시켜 외측의 자극을 회전시키면 내측의 자극은 같은 방향, 같은 속도로 회전한다.
③ 3상 코일을 감은 고정자에 삼상 교류를 흘리면 회전자계(磁界)가 생기고 이것에 의해 회전자 도체에 기전력이 생김으로써 전류가 흘러 회전자를 회전시킨다.
④ 원동기의 동력을 발전기를 회전시킴으로써 전기적으로 측정하는 장치이다.

18 다음 권선저항과 온도와의 관계는?

① 온도와 관련이 없다.
② 온도가 상승함에 따라 권선저항은 감소와 증가를 반복한다.
③ 온도가 상승함에 따라 권선저항은 감소한다.
④ 온도가 상승함에 따라 권선저항은 증가한다.

정답 ④

권선은 구리로 되어 있고, 구리와 같은 금속의 온도계수는 온도가 높아지면 저항도 높아지게 된다. 따라서 온도가 상승함에 따라 권선저항은 증가한다.

19 분권전동기의 회전수(N)와 토크(τ)와의 관계는?

① $\tau \propto N$　② $\tau \propto \frac{1}{N}$
③ $\tau \propto \frac{1}{N^2}$　④ $\tau \propto N^2$

정답 ③

직류전동기의 회전수(N)와 토크(τ)와의 관계

- 직권전동기 : 제곱에 반비례 $\tau \propto \frac{1}{N^2}$
- 분권전동기 : 반비례 $\tau \propto \frac{1}{N}$

20 다음 중 동기전동기의 부하각은?

① 역기 전압 E와 부하전류 I와의 위상각
② 공급 전압 V와 역기 전압 E와의 위상각
③ 공급 전압 V와 부하전류 I와의 위상각
④ 3상 전압의 상전압과 선간전압과의 위상각

정답 ②

동기전동기의 부하각은 공급 전압 V와 역기 전압 E와의 위상각이다.

동기발전기의 부하각
유기기전력(E)과 단자전압(V)의 위상차(전기각)

21 동기발전기의 병렬운전 중 기전력의 위상차가 생기면?

① 동기화력이 생겨 두 기전력의 위상이 동상이 되도록 한다.
② 부하 분담이 변한다.
③ 위상이 일치하는 경우보다 출력이 감소한다.
④ 무효 순환전류가 흘러 전기자 권선이 과열된다.

정답 ①

동기발전기의 병렬운전 중 기전력의 위상차가 생기면 동기화 전류가 흐르고, 수수전력이 생겨 동기화력이 생긴다. 따라서 동기화력이 생겨 두 기전력의 위상이 동상이 되도록 한다.

22 변압기 절연물의 열화 정도를 파악하는 방법으로 적절하지 않은 것은?

① 유중가스분석 ② 유전정접
③ 흡수전류나 잔류전류측정 ④ 접지저항측정

정답 ④

접지저항측정은 대지에 접지봉을 박아놓고 접지저항을 측정하는 방법이다.

23 다음 동기 검정기로 알 수 있는 것은?

① 전류의 크기 ② 주파수
③ 전압의 위상 ④ 전압의 크기

정답 ③

동기 검정기는 교류전원의 주파수와 위상이 일치하는가를 검출하기 위해서 사용하는데, 반복해서 일어나는 2개의 현상이 같은 순간에 일어나고 있는가를 검출하는 장치를 말한다.

24 동기전동기의 자기 기동법에서 계자권선을 단락하는 이유는?

① 기동이 쉽다.
② 고전압 유도에 의한 절연과 위험을 방지한다.
③ 전기자 반작용을 방지한다.
④ 기동권선으로 이용한다.

정답 ②

동기전동기의 기동 시 계자권선 중에 고전압이 유도되어 절연을 파괴하므로 장전 저항을 접속하여 단락 상태로 기동한다. 즉 절연과 위험을 방지하기 위함이다.

25 기중기, 전기 자동차, 전기 철도와 같은 곳에서 가장 많이 사용되는 전동기는?

① 분권전동기　　② 가동 복권전동기
③ 차동 복권전동기　　④ 직권전동기

정답 ④

직권전동기는 전기자와 계자 권선이 직렬로 접속된 정류자 전동기로 부하 변동이 큰 변속 전동기로 전차, 기중기, 전기 자동차, 전기 철도, 실험실용으로 널리 사용된다.

① 계자권선과 전기자를 병렬로 접속한 것이며 부하전류의 변동과 관계 없이 속도는 대개 일정하다.
② 복권 전동기의 직권 계자 기자력이 분권 계자 기자력에 합쳐지도록 직권 권선이 감겨 있는 것을 말한다.
③ 분권 계자와 직권 계자가 같은 자극 철심에 감겨 있으며, 기자력은 서로 반대가 된다. 속도가 거의 일정하거나 부하가 증가하면 속도도 증가하는 특성이 있다.

26 슬립이 4%인 유도전동기에서 동기속도가 1,200rpm일 때 전동기의 회전속도 rpm는?

① 1,152rpm　　② 1,563rpm
③ 1,894rpm　　④ 2,246rpm

정답 ①

회전자 속도는
$N=(1-s)N_S$rpm이므로
$N=(1-0.04)\times 1,200$
$=1,152$rpm
이다.

27 PN 접합 정류소자에 대한 설명 중 틀린 것은?(단, 실리콘 정류자인 경우이다.)

① 역방향 전압에서는 극히 작은 전류만이 흐른다.
② 온도가 높아지면 순방향 및 역방향 전류가 모두 감소한다.
③ 순방향 전압은 P형에 (+), N형에 (−) 전압을 가함을 말한다.
④ 정류비가 클수록 정류특성은 좋다.

정답 ②

반도체는 저온에서는 전류가 흐르기 어렵지만 온도가 높아지면 도체와 같이 전류가 흐르므로 PN 접합 정류소자는 온도가 높아지면 전류가 증가한다.

28 다음 권선형에서 비례추이를 이용한 기동법은?

① Y－△ 기동법　② 리액터 기동법
③ 2차 저항기동법　④ 기동 보상기법

정답 ③

2차 저항기동법은 기동 저항기법으로 비례추이 특성을 이용하는 방법이다. 슬립링 측에 가변저항을 넣음으로써 기동전류를 감소시키고 기동 토크가 증가하는 기동법이다.

29 변압기의 2차측을 개방하였을 경우 1차측에 흐르는 전류는 무엇에 의해 결정되는가?

① 여자 어드미턴스　② 누설 리액턴스
③ 임피던스　④ 저항

정답 ①

여자 어드미턴스는 변압기를 이상 변압기와 1차 권선에 병렬로 접속한 컨덕턴스 또는 서셉턴스로 구성된 등가 회로로 나타내었을 때의 어드미턴스로, 압기의 2차측을 개방하였을 경우 1차측에 흐르는 전류는 여자 어드미턴스에 의해 결정된다.

30 회전 변류기의 직류측 전압을 조정하는 방법이 아닌 것은?

① 동기 승압기를 사용하는 방법
② 여자전류를 조정하는 방법
③ 직렬 리액턴스에 의한 방법
④ 유도 전압조정기를 사용하는 방법

정답 ②

회전 변류기의 직류측 전압을 조정하는 방법
- 동기 승압기를 사용하는 방법
- 직렬 리액턴스에 의한 방법
- 부하 시 전압 조정변압기를 사용하는 방법
- 유도 전압조정기를 사용하는 방법

31 직류 분권전동기의 기동방법 중 가장 적절한 것은?

① 계자 저항기의 저항값을 크게 한다.
② 기동 토크를 작게 한다.
③ 기동저항기를 전기자와 병렬 접속한다.
④ 계자 저항기의 저항값을 0으로 한다.

정답 ④

직류 분권전동기의 기동방법은 기동 토크를 크게 할 것, 계자 저항기의 저항값을 0으로 할 것, 기동저항기를 전기자와 직렬 접속할 것 등이다.

32 주파수 60Hz를 내는 발전용 원동기인 터빈 발전기의 최고 속도 rpm는?

① 1,200rpm ② 2,800rpm
③ 3,600rpm ④ 8,600rpm

정답 ③

터빈 발전기는 고속의 발전기로 회전속도는 $N_S = \frac{120f}{p}$이다. 극수가 최소일 때 최고의 속도가 되므로 $N = \frac{120 \times 60}{2}$ =3,600rpm이다.

33 다음 동기기의 전기자 권선법이 아닌 것은?

① 전절권 ② 중권
③ 2층권 ④ 분포권

정답 ①

동기기의 전기자 권선법으로는 2층권, 중권, 분포권, 단절권이 있다.

34 직류발전기에서 균압환을 설치하는 이유로 옳은 것은?

① 저항 감소 ② 브러시 불꽃방지
③ 전압강하 방지 ④ 전압 상승

정답 ②

균압환은 공극의 불균일에 의한 전압 불평등 시 발전기 전기자 권선 내에 흐르는 순환전류를 방지하기 위해 설치하는 원형 도체이다. 순환전류가 브러시를 통해 흘러 불꽃발생 등의 나쁜 영향을 방지하기 위한 것이다.

35 다이오드를 사용한 정류회로에 여러 개를 직렬로 연결하여 사용할 경우 얻는 효과는?

① 부하 출력의 맥동률 감소
② 전력 공급의 증대
③ 다이오드를 과전류로부터 보호
④ 다이오드를 과전압으로부터 보호

정답 ④

다이오드를 직렬로 연결할 경우 과전압을 방지하고, 다이오드를 병렬로 연결할 경우 과전류를 방지한다.

36 동기발전기 전기자의 단절권의 목적은?

① 절연을 좋게 한다.
② 역률을 좋게 한다.
③ 고조파를 제거한다.
④ 기전력을 높게 한다.

정답 ③

단절권의 특징
- 동량을 절감할 수 있어 발전기의 크기가 축소된다.
- 가격이 저렴하다.
- 고조파가 제거되어 기전력의 파형이 개선된다.
- 전절권에 비해 기전력의 크기가 저하한다.

37 최소 동작값 이상의 구동 전기량이 주어지면 일정 시한으로 동작하는 계전기는?

① 정한시 계전기 ② 반한시 계전기
③ 순한시 계전기 ④ 반한시-전한시 계전기

정답 ①

정한시 계전기는 정해진 값 이상의 전류가 흘렀을 때 동작 전류의 크기에는 관계없이 정해진 시간이 경과한 후에 작동하는 계전기이다.
② 정해진 값 이상의 전류가 흘렀을 때 동작하는 시간과 전류값이 서로 반비례하여 동작하는 계전기이다.
③ 최소 동작 전류 이상의 전류가 흐르면 즉시 동작하는 계전기이다.
④ 어느 전류값까지는 반한시 계전기의 성질을 띠지만 그 이상의 전류가 흐르는 경우 정한시 계전기의 성질을 띠는 계전기이다.

38 동기발전기의 돌발 단락전류를 주로 제한하는 것은?

① 권선저항 ② 누설 리액턴스
③ 역상 리액턴스 ④ 동기 리액턴스

정답 ②

동기발전기가 운전 중 갑자기 3상 단락을 일으켰을 때 순간 전자 누설 리액턴스와 계자 누설 리액턴스는 단락 전류를 제한한다.

39 단락비가 큰 동기발전기를 설명하는 것으로 옳지 않은 것은?

① 공극이 크고 전압 변동률이 작다.
② 동기 임피던스가 작다.
③ 단락전류가 크다.
④ 전기자 반작용이 크다.

정답 ④

단락비가 클 때 전기자 반작용이 작다.

40 전압제어에 의한 속도제어가 아닌 것은?

① 일그너 방식　② 직병렬 제어
③ 회생제어　④ 정지형 레어너드 방식

정답 ③

전압제어에 의한 속도제어 방식으로는 일그너 방식, 원드-레어너드 방식, 정지형 레어너드 방식이 있다.

41 정지 상태에 있는 3상 유도전동기의 슬립값은?

① 0　② ∞
③ −1　④ 1

정답 ④

유도전동기의 슬립값은 $0<s<1$이다. $s=1$이면 $N=0$으로 전동기는 정지 상태이고, $s=0$이면 $N=N_S$으로 전동기는 동기속도로 회전한다.

42 변압기가 무부하인 경우에 1차 권선에 흐르는 전류는?

① 여자전류　② 정격전류
③ 부하전류　④ 단락전류

정답 ①

변압기 2차를 개방하고 1차에 정격전압을 가하면 2차 개방단에는 전류가 흐르지 않으나 1차에는 미소전류가 흐르는데 이 전류를 여자전류라 한다.

43 동기발전기를 계통에 병렬로 접속시킬 때 관계없는 것은?

① 전압 ② 전류
③ 위상 ④ 주파수

정답 ②

동기발전기를 계통에 병렬로 접속하는 경우 전압, 위상, 주파수 등이 동기화되어야 한다.

44 변압기유로 쓰이는 절연유에 요구되는 성질이 아닌 것은?

① 점도가 클 것
② 인화점이 높을 것
③ 비열이 클 것
④ 산화하지 않을 것

정답 ①

절연유에 요구되는 성질
- 인화점이 높고 응고점이 낮을 것
- 절연 내력이 클 것
- 점도가 낮고 비열이 클 것
- 산화하지 않을 것
- 화학작용을 일으키지 않을 것

45 브흐홀쯔 계전기로 보호되는 기기는?

① 직류발전기 ② 교류발전기
③ 변압기 ④ 유도전동기

정답 ③

브흐홀쯔 계전기는 변압기 본체 탱크에 발생한 가스 또는 이에 따른 유류를 검출하여 변압기 내부 고장을 검출하는데 사용되고 본체와 콘서베이터 상이에 설치하는 계전기이다.

46 직류기의 3대 요소 중 기전력이 발생하는 부분은?

① 계자 ② 정류자
③ 브러시 ④ 전기자

정답 ④

전기자는 전자기기의 전력을 생산하는 부분이다. 전기자는 발전기나 전동기의 주된 요소 중 하나이며 전기자의 코일변이 계자에서 발생된 주자속을 끊어서 기전력을 유도하는 역할을 한다.

47 실리콘 제어 정류기(SCR)에 대한 설명으로 적합하지 않은 것은?

① 인버터 회로에 이용될 수 있다.
② 정방향 및 역방향의 제어 특성이 있다.
③ 정류작용을 할 수 있다.
④ P－N－P－N 구조로 되어 있다.

정답 ②

실리콘 제어 정류기(SCR)는 단방향성 3단자 소자이다.

48 단상 유도전동기 기동장치에 의한 분류가 아닌 것은?

① 콘덴서 기동형 ② 분상 기동형
③ 회전계자형 ④ 셰이딩 코일형

정답 ③

단상 유도전동기 기동장치로는 셰이딩 코일형, 콘덴서 기동형, 분상 기동형, 반발 기동형, 반발 유도형, 콘덴서 운전형, 모노사이클릭 기동형 등이 있다.

49 3상 유도전동기의 1차 입력 60kW, 1차 손실 1kW, 슬립 3%일 때 기계적 출력 kW은?

① 57kW ② 75kW
③ 98kW ④ 107kW

정답 ①

2차 입력＝1차 입력－1차 손실이므로 60－1＝59kW이다. 따라서 기계적 출력은

$P_0=(1-s)P_2$
$=(1-0.03)\times 59$
$=57.23\text{kW}$

이다.

50 변압기 절연 내력시험 중 권선의 층간 절연시험은?

① 무부하시험 ② 가압시험
③ 충격 전압시험 ④ 유도시험

정답 ④

유도시험은 전기 기기의 권선의 절연 내력시험을 하는 한 방법이다.

① 기계의 내부마찰손실, 부속기기의 소요동력을 조사하거나 전기기기에서는 여자전류, 철심소손 등을 알아보기 위한 시험이다.
② 기기를 실 계통에 병입하여 48시간 동안 운전하는 것을 말한다.
③ 충격 전압에 의한 내전압, 섬락전압, 절연파괴 시험의 총칭이다.

51 동기발전기의 병렬운전 시 원동기에 필요한 조건으로 구성된 것은?

① 균일한 주파수와 적당한 속도 조정률을 가질 것
② 균일한 주파수와 적당한 파형을 가질 것
③ 균일한 각속도와 적당한 속도 조정률을 가질 것
④ 균일한 각속도와 기전력의 파형이 같을 것

정답 ③

동기발전기의 병렬운전 시 원동기에 필요한 조건
- 정격전압이 같을 것
- 정격 주파수가 같을 것
- 파형이 같을 것
- 위상이 일치할 것

52 보호구간에 유입하는 전류와 유출하는 전류의 차에 의하여 동작하는 계전기는?

① 거리계전기 ② 비율 차동계전기
③ 방향계전기 ④ 부족 전압계전기

정답 ②

비율 차동계전기는 고장에 의해서 생긴 불평형 차 전류가 평행전류의 몇 % 이상일 때 동작하는 계전기로서 TR 내부 고장 보호용 등에 사용한다.

① 송전선에 사고가 발생했을 때 고장구간의 전류를 차단하는 작용을 하는 계전기이다.
③ 전류나 전력의 방향을 식별해서 동작하는 계전기이다.
④ 전압이 설정값 혹은 그 이하로 저하하면 동작하는 계전기이다.

53 변압기의 퍼센트 저항강하가 3%, 퍼센트 리액턴스 강하가 4%이고, 역률이 80% 지상이다. 이 변압기의 전압 변동률 %은?

① 4.8% ② 5.8%
③ 6.8% ④ 7.8%

정답 ①

전압 변동률은 다음과 같다.

$$\varepsilon = p\cos\theta + q\sin\theta = 3\times 0.8 + 4\times 0.6 = 4.8\%$$

54 다음 유도전동기에서 슬립이 가장 큰 경우는?

① 경부하 운전시 ② 무부하 운전시
③ 정격부하 운전 ④ 기동시

정답 ④

유도전동기 슬립영역
- 정지시(기동시) $s=1$
- 동기속도로 회전하는 경우 $s=0$

55 주상 변압기의 고압측에 탭을 여러 개 만든 이유는?

① 역률 개선 ② 단자 공장 대비
③ 선로 전압조정 ④ 선로 전류조정

정답 ③

주상 변압기의 고압측에 탭을 여러 개 만든 이유는 변전소로부터 먼 거리에 있는 배전용 변압기일수록 선로 전압강하에 의해 1차측 전압이 낮아지므로 탭 전압을 조정하여 배전용 변압기 2차측의 부하 단자전압을 거리에 관계없이 일정하게 유지하기 위해서이다.

56 다음 동기조상기를 과여자로 사용하면?

① 저항손의 보상
② 콘덴서로 작용
③ 리액터로 작용
④ 일반부하의 뒤진 전류 보상

정답 ②

동기조상기가 부족여자로 사용하면 리액터로 작용하고, 과여자로 사용하면 콘덴서로 작용한다.

57 다음 유도전동기의 무부하 시 슬립은?

① 0 ② 1
③ 2 ④ 3

정답 ①

슬립은 $s=\frac{N_s-N}{N_s}$이다. 따라서 무부하 시 $N_S=N$이므로 슬립은 0이다.

58 변압기의 효율이 가장 좋을 때의 조건은?

① 동손＝2철손 ② 동손＝$\frac{1}{2}$철손
③ 철손＝동손 ④ 철손＝$\frac{1}{2}$동손

정답 ③

최대 효율조건은 철손(무부하손)＝동손(부하손)이다.

59 정류곡선 중 브러시의 후단에서 불꽃이 발생하기 쉬운 것은?

① 과정류　② 정현파 정류
③ 직선정류　④ 부족정류

정답 ④

직선정류와 정현파 정류는 정류상태가 양호하므로 브러시에 불꽃(섬락)이 발생하지 않는다. 부족정류와 과정류는 부족정류의 경우 브러시 뒤쪽에서, 과정류의 경우 브러시 앞쪽에서 불꽃이 발생하게 된다. 불꽃이 발생하는 것은 불필요한 손실을 뜻하므로 효율의 저하를 의미하기도 한다.

60 입력으로 펄스신호를 가해주고 속도를 입력펄스의 주파수에 의해 조절하는 전동기는?

① 권선형 유도전동기　② 스테핑 전동기
③ 서보전동기　④ 전기동력계

정답 ②

스테핑 전동기는 구동회로의 신호입력 단자에 펄스신호가 들어오면 회전자는 일정한 각도(스텝각)만큼 회전한다.

① 회전자에 권선과 슬립링을 가진 유도전동기를 말한다.
③ 시간적으로 연속된 신호를 받고 지시된 대로 작동하는 전동기를 말한다.
④ 원동기의 동력을 발전기를 회전시킴으로써 전기적으로 측정하는 장치이다.

61 다음 중 권선저항 측정방법은?

① 켈빈 더블 브리지법　② 메거
③ 휘이스톤 브리지법　④ 전압 전류계법

정답 ①

켈빈 더블 브리지법은 $10^5 \sim 1$ [Ω] 정도의 저 저항 정밀 측정에 사용된다.

② 옥내 전등선의 절연저항을 측정한다.
③ 검류계의 내부저항을 측정한다.
④ 백열 전구의 필라멘트 저항 측정 등에 사용된다.

62 극수 10, 동기속도 600rpm인 동기발전기에서 나오는 전압의 주파수는 몇 Hz인가?

① 10 ② 20
③ 30 ④ 50

정답 ④

주파수는 다음과 같다.

$$f=\frac{N_s \times p}{120}=\frac{600\times 10}{120}=50\text{Hz}$$

63 직류기의 파권에서 극수에 관계없이 병렬 회로수 a는 얼마인가?

① 1 ② 2
③ 8 ④ 10

정답 ②

전기자 병렬 회로수
- 파권(직렬권) : 항상 2이다. $a=2$
- 중권(병렬권) : 극수와 같다. $s=p$

64 다음 단상 유도전동기 중 역률이 가장 좋은 것은?

① 반발 기동형 ② 분상 기동형
③ 콘덴서 기동형 ④ 셰이딩 코일형

정답 ③

콘덴서 기동형 단상 유도전동기는 콘덴서가 역률 개선의 역할을 하고 있어 역률이 좋고 기동 토크가 크다.

65 직류 직권전동기의 용도 중 가장 적당한 것은?

① 전차 ② 세탁기
③ 선풍기 ④ 압연기

정답 ①

직류 직권전동기는 사용 전원을 직류로 하는 전동기로 광범위한 속도 제어가 필요한 자동차, 항공기 등에 많이 사용된다.

66 다음 제3고조파가 포함된 결선은?

① Y－△　　② △－Y
③ △－△　　④ Y－Y

정답 ④

Y－Y결선은 1차와 2차 모두 성형으로 한 것으로 중성점을 접합할 수 있는 이점이 있으며, 제3조파 전류가 선로에 흐르므로 통신선에 유도 장해를 줄 염려가 있다.

67 직류기의 전기자 반작용의 영향을 보상하는데 효과가 큰 것은?

① 보극　　② 보상권선
③ 탄소 브러시　　④ 균압 고리

정답 ②

보상권선은 상대 전기자 권선의 전류와 반대 방향에 전류를 흐르게 해서 자극편 아래 부분의 전기자 반작용을 없애는 작용을 한다.

68 변압기 외함에 들어 있는 기름을 펌프를 이용하여 외부에 있는 냉각장치로 보내서 냉각시킨 다음 냉각된 기름을 다시 외함의 내부로 공급하는 방식으로 냉각효과가 크기 때문에 300,000kVA 이상의 대용량 변압기에 사용되는 냉각방식은?

① 유입풍냉식　　② 건식풍냉식
③ 유입송유식　　④ 유입자냉식

정답 ③

유입송유식은 변압기 외함 상부의 가열된 변압기유를 펌프로 외부에 있는 냉각기에 보내어 냉각시켜서 이를 다시 외함의 저부에 송입하는 냉각방식이다.

① 방열기를 부착한 유입변압기에 송풍기를 부착하여 강제통풍을 시킴으로 냉각효과를 얻는 방식으로 대용량 변압기에 사용된다.
② 건식변압기의 송풍기로 강제통풍을 행하는 방식으로 이는 냉각효과를 크게 하기 위한 것으로 절연유를 사용하지 않기 때문에 절연유에 의한 화재를 특히 방지할 필요가 있을 경우에, 예를 들면 갱내의 변압기실 등에 사용된다.
④ 변압기유를 가득히 채운 외함에 변압기 본체를 넣고 변압기유의 대류작용에 의해서 철심 및 권선에 발생하는 열을 외함으로 전달하고 외함에서의 방사와 대류에 의해서 열을 외기 중으로 방산시키는 방식이다.

69 직류발전기의 전기자 반작용으로 일어나는 현상은?

① 과대전압 유지 ② 기전력 감소
③ 철손 증가 ④ 철손 감소

정답 ②

전기자 반작용은 발전기, 전동기에 있어서 전기자 전류에 의해 생기는 자속이 주계자의 자속 분포를 일그러지게 하고 그 결과 전동기 속도나 발전기의 전압 변동율 등에 영향을 미친다.

70 변압기의 열화방지와 관련이 가장 먼 것은?

① 부싱 ② 브리더
③ 불활성 질소 ④ 컨서베이터

정답 ①

부싱은 변압기 · 차단기 등의 단자로서 사용하며, 애자의 내부에 도체를 관통시키고 절연한 것을 말한다.

> 변압기의 열화방지 대책
> 컨서베이터 설치, 광유 또는 불연성 합성 절연유 사용, 불활성 질소로 공기 접촉방지, 브리더 설치

71 반도체 사이리스터에 의한 전동기의 속도제어 중 주파수 제어는?

① 브리지 정류제어 ② 초퍼 제어
③ 컨버터 제어 ④ 인버터 제어

정답 ④

인버터 제어는 모터를 가동할 시에는 인버터를 이용하여 제어하고 전 · 후진 끝단쪽에는 감속제어를 한다.

72 3상 동기발전기의 전기자 권선은 보통 어떤 결선인가?

① △결선 ② Y결선
③ 지그재그 결선 ④ 지그재그 삼각형

정답 ②

Y결선은 3상 교류회로에서의 각 상 접속법의 일종으로, 각 상의 종단을 한 곳에 묶은 결선 방법이다.

73 변압기 명판에 표시된 정격에 대한 설명으로 틀린 것은?

① 변압기 정격은 2차측을 기준으로 한다.
② 변압기의 정격은 용량, 전류, 전압, 주파수 등으로 결정된다.
③ 변압기의 정격 출력 단위는 kW이다.
④ 정격이란 정해진 규정에 적합한 범위 내에서 사용할 수 있는 한도이다.

정답 ③

변압기의 정격 출력 단위는 kVA이다. 변압기는 전력 및 주파수 값을 변경하지 않고 한 회로에서 다른 회로로 전력을 전송한다. kVA로 정격을 표시한다.

변압기 명판에 표시된 정격
명칭, 적용 규격, 상수, 정격 용량, 주파수

74 직류발전기에서 계자 철심에 잔류 자기가 없어도 발전을 할 수 있는 발전기는?

① 타여자 발전기 ② 직권발전기
③ 분권발전기 ④ 복권발전기

정답 ①

타여자 발전기는 계자 코일에 외부에서 별도의 전원으로 전기를 공급하여 사용하는 발전기로 계자 철심에 잔류 자기가 없어도 발전을 할 수 있다. 자여자 발전기(직권, 분권, 복권 발전기)는 잔류 자기가 없으면 발전이 불가능하다.

75 다음 정류방식 중에서 맥동 주파수가 가장 많고 맥동률이 가장 작은 정류방식은?

① 단상 전파식 ② 단상 반파식
③ 3상 반파식 ④ 3상 전파식

정답 ④

정류 방식 중에서 맥동 주파수가 가장 많고 맥동률이 가장 작은 정류 방식은 3상 전파식이다. 상수가 높을수록 맥동 주파수는 증가하고, 맥동률은 작아진다.

76 다음 정공은 어느 경우에 생성되는가?

① 전도대에서 가전자대로 옮길 때
② 전자가 공유결합을 이탈할 때
③ 원자핵을 움직일 때
④ 인가 전압에 의해서 자유전자가 만들어질 때

정답 ②

정공(hole)은 공유결합을 깰 때 자유전자가 나가고 비어 있는 자리이다.

77 60[Hz]의 전원에 접속되어 5%의 슬립으로 운전되고 있는 유도전동기의 2차 권선에 유기되는 전압의 주파수 Hz는?

① 3 ② 5
③ 7 ④ 9

정답 ①

2차 주파수는 $F_2 = sF_1$이다. 따라서 $f_2 = 0.05 \times 60 = 3\text{Hz}$이다.

78 동기전동기의 전기자 전류가 최소일 때의 역률은?

① 0.1 ② 0.2
③ 0.7 ④ 1.0

정답 ④

V곡선에서 역률이 1일 때 전기자 전류가 최소이다.

79 직류발전기에서 전압 정류의 역할을 하는 것은?

① 전기자 ② 리액턴스 코일
③ 보극 ④ 탄소 브러시

정답 ③

보극은 회전기의 중성대 부분의 전기가 반작용을 상쇄하고 또 전압 정류를 하기 위하여, 정류 자속을 발생시키기 위하여 사용하는 극을 말한다.

80 보호를 요하는 회로의 전류가 어떤 일정한 값(정정값) 이상으로 흘렀을 때 동작하는 계전기는?

① 비율 차동 계전기 ② 과전류 계전기
③ 과전압 계전기 ④ 차동 계전기

정답 ②

과전류 계전기는 하전류가 규정치 이상 흘렀을 때 동작하여 전기회로를 차단하고 기기를 보호하는 계전기이다.

① 2개 또는 그 이상의 같은 종류의 전기량의 벡터차가 예정 비율을 넘었을 때 동작하는 계전기를 이른다.
③ 전기에 주어지는 전압이 설정한 값과 같거나 그보다 커지면 움직이는 계기이다.
④ 정상시에는 계전기를 적용한 2개소의 회로의 전압 또는 전류가 같지만 고장시에는 전압 또는 전류에 차가 생겨서 이에 의해 동작하는 계전기이다.

81 동기전동기에 관한 설명으로 틀린 것은?

① 난조가 발생하기 쉽고 속도제어가 간단하다.
② 정속도로 비교적 회전수가 낮고 큰 출력이 요구되는 부하에 이용된다.
③ 가변 주파수에 의해 정밀속도 제어 전동기로 사용된다.
④ 전력 계통의 전류세기, 역률 등을 조정할 수 있는 동기 조상기로 사용된다.

정답 ①

동기전동기는 정상으로 운전할 경우의 회전자속도는 전원 주파수가 일정한 한 120f/p로 된 일정값으로서, 이 값은 부하의 경중에 관계없이 완전히 일정하다.

82 송배전 계통에 거의 사용되지 않는 변압기 3상 결선방식은?

① △－Y ② Y－△
③ △－△ ④ Y－Y

정답 ④

Y－Y결선은 중성점을 접합할 수 있는 이점이 있으나, 제3조파 전류가 선로에 흐르므로 통신선에 유도 장해를 줄 염려가 있다.

83 다음 정속도 전동기에 속하는 것은?

① 교류 정류자 전동기 ② 유도전동기
③ 분권전동기 ④ 직권전동기

정답 ③

분권전동기는 계자권선과 전기자를 병렬로 접속한 것이며 부하전류의 변동과 관계없이 속도는 대개 일정하다.

① 교류전원에 의해 동작하며 직류전동기와 거의 같은 정류자를 부착한 회전자를 가진 교류전동기이다.
② 전자 유도로써 회전자에 전류를 흘려 회전력을 생기게 하는 교류 전동기이다.
④ 전기자와 직권 계자가 직렬로 연결된 전동기이다.

84 동기발전기를 회전 계자형으로 하는 이유가 아닌 것은?

① 전기자가 고정되어 있지 않아 제작비용이 저렴하다.
② 고전압에 견딜 수 있게 전기자 권선을 절연하기 쉽다.
③ 기계적으로 튼튼하게 만드는데 용이하다.
④ 전기자 단자에 발생한 고전압을 슬립링 없이 간단하게 외부회로에 인가할 수 있다.

정답 ①

동기발전기를 회전 계자형으로 하는 이유

- 계자극은 기계적으로 튼튼하게 만드는데 용이하다.
- 계자 회로는 직류의 저압 회로이므로 소요 동력이 작다.
- 전기자 권선은 전압이 높고 결선이 복잡하다.

85 다음 변압기의 정격출력으로 옳은 것은?

① 정격 2차 전압 × 정격 1차 전류
② 정격 2차 전압 × 정격 2차 전류
③ 정격 1차 전압 × 정격 2차 전류
④ 정격 1차 전압 × 정격 1차 전류

정답 ②

1차측은 입력이고 2차측은 출력이므로 변압기의 정격출력은 정격 2차 전압 × 정격 2차 전류이다.

86 직류 직권전동기의 특징에 대한 설명으로 옳지 않은 것은?

① 무부하 운전이나 벨트를 연결한 운전은 위험하다.
② 부하전류가 증가하면 크게 감소한다.
③ 계자권선과 전기자 권선이 직렬로 접속되어 있다.
④ 기동 토크가 작다.

정답 ④

직권 전동기는 다른 전동기와 비교하여 기동 토크가 크고, 또 가벼운 부하에서는 고속으로 회전한다.

87 전력 계통에 접속되어 있는 변압기나 장거리 송전 시 정전용량으로 인한 충전특성 등을 보상하기 위한 기기는?

① 유도전동기　② 유도발전기
③ 동기조상기　④ 동기발전기

정답 ③

동기조상기는 동기전동기를 무부하로 하여 계자전류를 조정함에 따라 진상 또는 지상 전류를 공급하여 송전 계통의 전압 조정과 역률을 개선하는 동기전동기이다.

88 유도전동기가 회전하고 있을 때 생기는 손실 중에서 구리손은 무엇인가?

① 표유 부하손　② 1차, 2차 권선의 저항손
③ 베어링의 마찰손　④ 브러시의 마찰손

정답 ②

구리손은 동손으로 코일에 전류가 흐름으로써 도체(보통 구리선) 내에 발생하는 저항 손실을 말한다.

89 **변압기 V결선의 특징으로 틀린 것은?**

① V결선 시 출력은 △결선 시 출력과 그 크기가 같다.
② 부하증가가 예상되는 지역에 시설한다.
③ 고장 시 응급처치 방법으로 쓰인다.
④ 단상 변압기 2대로 3상 전력을 공급한다.

정답 ①

V결선은 △결선에 비하여 출력이 저하된다. △결선인 경우의 출력에 대하여 V결선으로 하면 출력 용량은 57.7%로 저하하지만 △－△결선 변압기의 1대가 고장이 나도 그대로 전력을 공급할 수 있으므로 많이 사용된다.

90 **다음 직류 전압을 직접 제어하는 것은?**

① 3상 인버터　② 단상 인버터
③ 초퍼형 인버터　④ 브리지형 인버터

정답 ③

초퍼형 인버터는 직류 전압을 제어한다.

91 **다음 동기기 손실 중 무부하손이 아닌 것은?**

① 풍손　② 와류손
③ 베어링 마찰손　④ 계자 동손

정답 ④

- 무부하손
  - **철손** : 히스테리시스손, 와류손
  - **기계손** : 브러시 마찰손, 풍손, 베어링 마찰손
- 부하손
  - 전기자 동손
  - 브러시 전기손
  - 계자 동손
  - **표유 부하손** : 철손, 기계손, 동손 이외의 손실

92 **변압기의 철심에서 실제 철의 단면적과 유효 면적과의 비는?**

① 변류비　② 점적률
③ 변동률　④ 권수비

정답 ②

점적률은 어느 정해진 공간 면적 중 유효한 부분의 면적이 차지하는 비율을 말한다.
① 1차 부하 전류와 2차 부하 전류와의 비를 말한다.
③ 정격 상태에서의 단자전압(속도)과 무부하 상태에 있어서의 단자 전압(속도)의 차의 정격 단자전압(속도)에 대한 비를 말한다.
④ 변압기의 1차 권선과 2차 권선의 권수의 비율을 말한다.

93 P형 반도체의 불순물로 첨가하는 억셉터 물질은?

① 인듐 ② 비소
③ 안티몬 ④ 비스무트

정답 ①

- P형 반도체의 첨가물 : 인듐, 붕소, 갈륨
- N형 반도체의 첨가물 : 비스무트, 인, 비소, 안티몬

94 변압기에 대한 설명으로 옳지 않은 것은?

① 변압기의 정격용량은 피상전력으로 표시한다.
② 전압을 변성한다.
③ 전력을 발생하지 않는다.
④ 정격출력은 1차측 단자를 기준으로 한다.

정답 ④

변압기의 1차측은 전원측, 2차측은 부하측을 의미한다. 따라서 정격출력(부하)은 2차측 단자를 기준으로 한다.

95 수은 정류기에 있어서 정류기의 밸브 작용이 상실되는 현상은?

① 통호 ② 실호
③ 역호 ④ 점호

정답 ③

수은 정류기의 양극에 대해서 전압을 받고 있는 동안에 어떤 원인으로 양극에 음극점이 생겨 그곳으로부터 전자 방출이 이루어지면 다량의 전류가 거꾸로 양극에 흘러 들어가 밸브 작용이 없어져서 정류기로서의 기능을 상실하게 되는 현상이 역호이다.

96 P형 반도체의 전기 전도의 주된 역할을 하는 반송자는?

① 정공 ② 전자
③ 불순물 ④ 첨가물

정답 ①

P형 반도체의 반송자는 정공이고, N형 반도체의 반송자는 전자이다.

97 **교류 배전반에 전류가 많이 흘러 전류계를 직접 주 회로에 연결할 수 없을 때 사용하는 기기는?**

① 전류계용 절환 개폐기
② 계기용 변류기
③ 전류 제한기
④ 계기용 변압기

정답 ②

계기용 변류기는 고전압의 전류를 저전압의 전류로 변성하는 경우에 사용한다.

98 **교류발전기를 병렬 운전할 때 기전력의 크기가 다르면?**

① 고주파 전류가 흐른다.
② 한 쪽이 전동기가 된다.
③ 아무 이상없다.
④ 무효 순환전류가 흐른다.

정답 ④

두 발전기의 기전력의 크기가 다르면 무효 순환전류가 발생하고, 기전력의 주파수가 다를 경우 유효 순환전류가 발생한다.

99 **다음 제어 정류기의 용도로 옳은 것은?**

① 교류－직류 변환　② 직류－교류 변환
③ 교류－교류 변환　④ 직류－직류 변환

정답 ①

제어 정류기는 사이리스터 위상 제어 등을 사용하여, 출력의 직류전압을 가변제어 할 수 있는 정류기이다.

100 **변압기의 자속은 무엇에 비례하는가?**

① 전류　② 전압
③ 주파수　④ 권수

정답 ②

변압기의 유도기전력은 $E=4.44Nf\Phi_m$이고, 자속은 $\Phi_m=\frac{E}{4.44fN}\mathrm{Wb}$이다. 따라서 자속은 전압에 비례한다.

3과목 전기설비

01 케이블 공사에서 비닐 외장 케이블을 조영재의 옆면에 따라 붙이는 경우 전선의 지지점 간의 거리는 최대 몇 m인가?

① 2.0m ② 2.5m
③ 3.5m ④ 6.0m

정답 ①

전선을 조영재의 아랫면 또는 옆면에 따라 붙이는 경우에는 전선의 지지점 간의 거리를 케이블은 2m(사람이 접촉할 우려가 없는 곳에서 수직으로 붙이는 경우에는 6m) 이하 캡타이어케이블은 1m 이하로 하고 또한 그 피복을 손상하지 아니하도록 붙여야 한다.

02 테이블, 절삭 공구대 또는 이송 변환 기구 등과 베드 등의 사이에 위치하면서 안내면을 따라서 이동하는 역할을 하는 부분은?

① 부싱 ② 클램프
③ 로크너트 ④ 새들

정답 ④

새들은 테이블, 절삭 공구대 또는 이송 변환 기구 등과 베드 등의 사이에 위치하면서 안내면을 따라서 이동하는 역할을 하는 부분이다.

03 전선 재료로서 구비할 조건으로 적합하지 않은 것은?

① 내구성이 클 것 ② 인장강도가 작을 것
③ 설치가 쉬울 것 ④ 경제적일 것

정답 ②

전선재료의 구비조건
- 내구성이 클 것
- 전류를 잘 흘릴 것
- 기계적 강도가 충분할 것
- 가용성이 풍부하고 접속이 용이할 것
- 비중이 가벼워서 설치가 쉬울 것
- 경제적일 것

04 셀룰로이드, 성냥, 석유류 기타 타기 쉬운 위험한 물질을 제조하거나 저장하는 곳에 시설하는 저압 옥내 전기설비의 공사방법이 아닌 것은?

① 합성수지공사
② 금속관공사
③ 케이블공사
④ 두께 2mm 미만의 합성수지제 전선관공사

정답 ④

셀룰로이드, 성냥, 석유류 기타 타기 쉬운 위험한 물질을 제조하거나 저장하는 곳에 시설하는 저압 옥내배선 등은 합성수지공사(2mm 미만의 합성수지 전선관 및 난연성이 없는 콤바인 덕트관을 사용하는 것 제외), 금속관공사, 케이블공사에 의한다.

05 저 · 고압 가공전선이 궤도를 횡단하는 경우 레일면상 몇 m 이상으로 시설하여야 하는가?

① 6m ② 6.5m
③ 5m ④ 3.5m

정답 ②

고압 가공전선의 높이
- 도로횡단 : 지표상 6m 이상으로 설치할 것
- 철도 및 궤도횡단 : 레일면상 6.5m 이상
- 횡단보도교 위 : 노면상 3.5m 이상
- 일반장소 : 지표상 5m 이상

06 같은 지지물에 고압과 저압을 병가하는 이격거리는 몇 m인가?(단, 고압 가공전선에 케이블을 사용하지 않는 경우이다.)

① 0.3m ② 0.5m
③ 1.0m ④ 1.5m

정답 ②

저압 가공전선과 고압 가공전선을 동일 지지물에 시설하는 경우 저압 가공전선과 고압 가공전선 사이의 이격거리는 0.5m 이상이어야 한다.

07 합성수지관 공사 중 틀린 것은?

① 단면적 4.0mm^{2}의 450/750V 일반용 단심 비닐 절연전선을 사용한다.
② 관 상호 간을 삽입하는 깊이를 관 외경의 1.2배 이상으로 할 것
③ 관의 지지점 간 거리를 5m로 한다.
④ 전선은 합성수지관 안에서 접속점이 없도록 한다.

정답 ③

관의 지지점 간의 거리는 1.5m 이하로 한다.

08 합성수지관 상호 및 관과 박스는 접속 시에 삽입하는 깊이를 관 바깥지름의 몇 배 이상으로 하여야 하는가?(단, 접착제를 사용하는 경우이다.)

① 0.8배 ② 1.0배
③ 1.2배 ④ 1.8배

정답 ①

관 상호 간 및 박스와는 관을 삽입하는 깊이를 관의 바깥지름의 1.2배(접착제를 사용하는 경우에는 0.8배) 이상으로 하고 또한 꽂음 접속에 의하여 견고하게 접속해야 한다.

09 조명기구의 용량 표시에 관한 사항이다. 다음 중 H40의 설명으로 옳은 것은?

① 나트륨등 40W ② 메탈 할라이트등 40W
③ 수은등 40W ④ 형광등 40W

정답 ③

형광등 F, 나트륨등 N, 메탈할라이트등 M, 수은등 H

10 습기가 많은 장소 또는 물기가 있는 장소의 바닥 위에서 사람이 접촉할 우려가 있는 장소에 시설하는 사용 전압이 400V 이하인 전구선 및 이동전선은 최소 몇 mm^2 이상의 것을 사용하여야 하는가?

① $0.25mm^2$ ② $0.45mm^2$
③ $0.75mm^2$ ④ $1.25mm^2$

정답 ③

옥내에서 조명용 전원코드 또는 이동전선을 습기가 많은 장소 또는 수분이 있는 장소에 시설할 경우에는 고무코드(사용전압이 400V 이하인 경우에 한함) 또는 0.6/1kV EP 고무 절연 클로로프랜캡타이어케이블로서 단면적이 $0.75mm^2$ 이상인 것이어야 한다.

11 다음 플로어 덕트 공사에 관한 설명으로 옳지 않은 것은?

① 덕트의 끝부분은 막는다.
② 플로어 덕트는 접지공사를 하지 아니하여야 한다.
③ 덕트 상호 및 덕트와 박스 또는 인출구와 접속은 견고하고 전기적으로 완전하게 접속하여야 한다.
④ 덕트 및 박스 기타 부속품은 물이 고이는 부분이 없도록 시설하여야 한다.

정답 ②

덕트는 접지공사를 해야 한다.

12 전주의 길이가 15m 이하인 경우 땅에 묻히는 깊이는 전장의 얼마 이상인가?(단, 설계하중이 6.8kN 이하이다.)

① 3분의 1 이상 ② 4분의 1 이상
③ 5분의 1 이상 ④ 6분의 1 이상

정답 ④

전체 길이가 15m 이하인 경우는 땅에 묻히는 깊이를 전체 길이의 6분의 1 이상으로 해야 한다.

13 주상변압기는 시가지에 있어서 지표상 얼마 높이 이상으로 하는가?

① 4.5m ② 4.0m
③ 2.5m ④ 2.0m

정답 ①

기계기구(이에 부속하는 전선에 케이블 또는 고압 인하용 절연전선을 사용하는 것에 한한다.)를 지표상 4.5m(시가지 외에는 4m) 이상의 높이에 시설해야 한다.

14 조명용 백열전등을 일반주택 및 아파트 각 호실에 설치할 때 형광등에 최대 몇 분 이내에 소등되는 타임 스위치를 시설하여야 하는가?

① 1분 ② 2분
③ 3분 ④ 5분

정답 ③

일반주택 및 아파트 각 호실의 입구등은 3분 이내에 소등되어야 하고, 관광숙박업 또는 숙박업(여인숙업을 제외)에 이용되는 객실의 입구등은 1분 이내에 소등되어야 한다.

15 다단의 크로스암이 설치되고 또한 장력이 클 때 H주일 때 보통 2단 지선으로 부설하는 지선은?

① 궁지선 ② 공동지선
③ 보통지선 ④ Y지선

정답 ④

H주일 때 현장 여건상 전주별로 별도의 보통지선 설치가 곤란하거나 1개의 지선용 근가로 저항력을 확보할 수 있는 경우 1개의 지선 로드 및 근가로 2단의 지선을 시설하는 지선이 Y지선이다.

① 장력이 비교적 적고 공사상 부득이 한 경우 시설한다.
② 장력이 거의 같은 인류주, 분기주 또는 각도주가 인접한 경우 양주전간에 수평으로 시설한다.
③ 일반개소에 시설한다.

16 **전기울타리의 시설에 관한 설명으로 틀린 것은?**

① 수목과의 이격거리는 0.3m 이상일 것
② 전로의 사용전압은 600V 이하일 것
③ 사람이 쉽게 출입하지 아니하는 곳에 시설할 것
④ 전선과 이를 지지하는 기둥 사이의 이격거리는 25mm 이상일 것

정답 ②

전기울타리용 전원장치에 전원을 공급하는 전로의 사용전압은 250V 이하이어야 한다.

17 **고압 가공전선로의 지지물 중 지선을 사용해서는 안 되는 것은?**

① 철탑 ② 목주
③ 철근 콘크리트주 ④ A종 철근 콘크리트주

정답 ①

가공전선로의 지지물로 사용하는 철탑은 지선을 사용하여 그 강도를 분담시켜서는 안 된다.

18 **합성수지제 가요전선관으로 옳게 짝지어진 것은?**

① PVC전선관과 CD전선관
② PVC전선관과 제2종 가요전선관
③ PF전선관과 CD전선관
④ 후강전선관과 박강전선관

정답 ③

합성수지제 가요전선관은 PF전선관과 CD전선관을 통칭한 것이다.

19 **다음 애자공사에 사용되는 애자의 구비조건이 아닌 것은?**

① 절연성 ② 난연성
③ 내수성 ④ 광택성

정답 ④

사용하는 애자는 절연성, 난연성 및 내수성의 것이어야 한다.

20 논이나 기타 지반이 약한 곳에 건주 공사 시 전주의 넘어짐을 방지하기 위해 시설하는 것은?

① 완목 ② 근가
③ 행거밴드 ④ 완금

정답 ②

논이나 그 밖의 지반이 연약한 곳에서는 견고한 근가를 시설해야 한다.

21 지선의 시설에서 가공전선로의 직선부분은 수평각도 몇 도까지인가?

① 5° 이하 ② 10° 이하
③ 15° 이하 ④ 25° 이하

정답 ①

지선의 시설에서 전선로의 직선부분은 수평각도 5° 이하를 이루는 곳을 포함한다.

22 설계하중 6.8kN 이하인 철근 콘크리트 전주의 길이가 7m인 지지물을 건주하는 경우 땅에 묻히는 깊이로 옳은 것은?

① 0.8m ② 1.0m
③ 1.2m ④ 1.7m

정답 ③

전체 길이가 15m 이하인 경우는 땅에 묻히는 깊이를 전체 길이의 6분의 1 이상으로 해야 하므로, $7 \times \frac{1}{6} \fallingdotseq 1.17$m 이상이므로 1.2m

23 전압의 구분에서 저압 직류전압은 몇 V 이하인가?

① 1kV 이하인 것
② 1.5kV 이하인 것
③ 1.5V를 초과하고 5kV 이하인 것
④ 1.5V를 초과하고 7kV 이하인 것

정답 ②

구분	직류	교류
저압	1.5kV 이하	1kV 이하
고압	1.5V 초과, 7kV 이하	1kV 초과, 7kV 이하
특고압	7kV 초과	

24 **가공전선로의 지지물에서 다른 지지물을 거치지 아니하고 수용장소의 인입선 접속점에 이르는 가공전선은?**

① 연접 인입선　② 가공인입선
③ 옥외전선　④ 옥내전선

정답 ②

가공인입선이란 가공전선로의 지지물로 부터 다른 지지물을 거치지 아니하고 수용장소의 붙임점에 이르는 가공전선이다.

25 **전선접속 시 사용되는 슬리브의 종류가 아닌 것은?**

① B형 슬리브　② E형 슬리브
③ 매킹타이어 슬리브　④ A형 슬리브

정답 ④

슬리브의 종류로는 B형 슬리브, E형 슬리브, P형 슬리브, S형 슬리브, 매킹타이어 슬리브 등이 있다.

26 **화약고 등의 위험장소에서 전기설비 시설에 관한 설명으로 옳은 것은?**

① 전기기계기구는 전폐형일 것
② 전로에 대지전압은 500V 이하일 것
③ 개폐기 및 과전류 차단기에서 화약고 인입구까지의 배선은 케이블 배선으로 노출로 시설할 것
④ 화약고 내의 전기설비는 화약고 장소에 전용개폐기 및 과전류 차단기를 시설할 것

정답 ①

전기기계기구는 전폐형이어야 한다.
② 전로에 대지전압은 300V 이하일 것

27 **전선을 접속하는 경우 전선의 강도는 몇 % 이상 감소시키지 않아야 하는가?**

① 10% 이상　② 15% 이상
③ 20% 이상　④ 30% 이상

정답 ③

전선의 세기(인장하중)를 20% 이상 감소시키지 아니해야 한다.

28 금속관공사에 의한 저압 옥내배선이 잘못된 것은?

① 옥외용 비닐절연전선을 사용할 것
② 전선은 절연전선일 것
③ 전선은 연선일 것
④ 전선은 금속관 안에서 접속점이 없도록 할 것

정답 ①

전선은 절연전선(옥외용 비닐 절연전선을 제외)을 사용한다.

29 배전반 및 분전반을 넣은 강판제로 만든 함의 두께는 몇 mm 이상인가?(단, 가로 세로의 길이가 30cm 초과한 경우이다.)

① 1.0mm 이상　② 1.2mm 이상
③ 1.5mm 이상　④ 2.1mm 이상

정답 ②

배전반 및 분전반을 넣은 강판제로 만든 함의 두께는 1.2mm 이상이어야 한다. 가로 세로의 길이가 30cm 미만인 경우는 1.0mm 이상으로 할 수 있다.

30 전주 외등 설치 시 백열전등 및 형광등의 조명기구를 전주에 부착하는 경우 부착한 점으로부터 돌출되는 수평거리는 몇 m 이내로 하여야 하는가?

① 0.1m　② 0.3m
③ 0.5m　④ 1.0m

정답 ④

전주 외등 설치 시 백열전등 및 형광등의 조명기구를 전주에 부착하는 경우 부착한 점으로부터 돌출되는 수평거리는 1m 이내로 할 수 있다.

31 사람이 쉽게 접촉하는 장소에 설치하는 누전차단기의 사용전압 기준은 몇 V 초과인가?

① 50V　② 100V
③ 150V　④ 200V

정답 ①

금속제 외함을 가지는 사용전압이 50V를 초과하는 저압의 기계기구로서 사람이 쉽게 접촉할 우려가 있는 곳에 시설하는 것에 전기를 공급하는 전로에는 누전차단기를 시설한다.

32 소맥분, 전분 기타 가연성의 분진이 존재하는 곳의 옥내 배선공사 방법에 해당하는 것으로 짝지어진 것은?

① 합성수지관공사, 애자공사
② 금속관공사, 덕트공사
③ 합성수지관공사, 금속관공사, 케이블공사
④ 케이블공사, 애자공사

정답 ③

가연성 분진(소맥분, 전분, 유류 기타 가연성의 먼지로 공중에 떠다니는 상태에서 착화하였을 때에 폭발할 우려가 있는 것을 말하며 폭연성 분진을 제외)에 전기설비가 발화원이 되어 폭발할 우려가 있는 곳에 시설하는 저압 옥내배선 등은 합성수지관공사(두께 2mm 미만의 합성수지 전선관 및 난연성이 없는 콤바인 덕트관을 사용하는 것을 제외), 금속관공사 또는 케이블공사에 의한다.

33 고압 가공전선로의 지지물로 철탑을 사용하는 경우 경간은 몇 m 이하로 제한하는가?

① 100m ② 150m
③ 250m ④ 600m

정답 ④

고압 가공전선로 경간 제한

지지물의 종류	경간
목주, A종 철주 또는 A종 철근 콘크리트주	150m
B종 철주 또는 B종 철근 콘크리트주	250m
철탑	600m

34 진동이 심한 전기 기계 · 기구의 단자에 전선을 접속할 때 사용하는 것은?

① 링 슬리브 ② 스프링 와셔
③ 커플링 ④ 압착단자

정답 ②

스프링 와셔는 전기 기계 · 기구의 단자에 전선을 접속할 때 사용하는 것으로 너트의 풀림을 방지하기 위해 진동이 있는 곳에 사용한다.

35 다음 누전차단기를 설치하는 목적으로 옳은 것은?

① 과부하 ② 단선
③ 지락 ④ 단락

정답 ③

누전차단기를 설치하는 목적은 누전을 검출하여 감전사고, 전기화재 등을 예방하는 것이다.

36 공칭 단면적을 설명한 것 중 관계가 없는 것은?

① 전선의 실제 단면적과 반드시 같다.
② 전선의 굵기를 표시하는 호칭이다.
③ 단위는 mm^2으로 나타낸다.
④ 계산상의 단면적은 따로 있다.

정답 ①

전선의 단면적은 공칭 단면적과 근사적으로 같다.

37 전주 외등 설치 시 조명기구를 부착하는 경우 조명기구의 부착 높이는 지면으로부터 최소 몇 m 이상이어야 하는가?

① 2.5m 이상　② 3.5m 이상
③ 4.0m 이상　④ 4.5m 이상

정답 ④

옥측 또는 옥외의 방전등 공사 시 기구는 지표상 4.5m 이상의 높이에 시설한다.

38 완전 확산면에서는 어느 방향에서도 무엇이 같은 것을 나타내는가?

① 조도　② 휘도
③ 광속　④ 광도

정답 ②

반사면이 거칠면 난반사하여 빛이 확산한다. 이 확산 반사 중 면의 휘도가 어느 방향에서 보더라도 같은 표면을 완전 확산면이라 한다.

39 알루미늄 전선의 접속방법으로 적합하지 않은 것은?

① 트위스트 접속　② 직선접속
③ 분기접속　④ 종단접속

정답 ①

알루미늄 전선의 접속방법으로는 직선접속, 분기접속, 종단접속이 있다.

40 저압 크레인 또는 호이스트 등의 트롤리선을 애자공사에 의하여 옥내의 노출장소에 시설하는 경우 트롤리선의 바닥에서의 최소 높이는 몇 m 이상으로 설치하는가?

① 1.2m ② 2.5m
③ 3.5m ④ 6.5m

정답 ③

저압 접촉전선을 애자공사에 의하여 옥내에 전개된 장소에 시설하는 경우에는 전선의 바닥에서의 높이는 3.5m 이상으로 하고 또한 사람이 접촉할 우려가 없도록 시설해야 한다.

41 변압기 고압측 전로의 1선 지락 전류값이 5A일 때 중성점 접지공사의 접지저항 Ω의 최대는?

① 10Ω ② 15Ω
③ 20Ω ④ 30Ω

정답 ④

변압기 중성점 접지공사의 접지저항값은

$R_2 = \frac{150V}{1\text{선지락전류}}$ Ω이므로

$R_2 = \frac{150}{5} = 30\Omega$ 이다.

42 수변전 설비에서 차단기의 종류 중 가스 차단기에 들어가는 가스는?

① SF_6 ② CO
③ CO_2 ④ LPG

정답 ①

가스 차단기에 들어가는 가스는 SF_6(육불화황)으로 대기 중 존재량은 적으나 온난화지수는 이산화탄소보다 더 큰 기체이다.

43 다음 전선로의 종류가 아닌 것은?

① 옥측전선로 ② 터널안전선로
③ 선간전선로 ④ 수상전선로

정답 ③

전선로의 종류에는 가공전선로, 지중전선로, 옥측전선로, 터널안전선로, 수상전선로, 물밑전선로, 옥상전선도 등이 있다.

44 조도는 광원으로부터의 거리와 어떤 관계에 있는가?

① 거리의 제곱에 비례한다.
② 거리의 제곱에 반비례한다.
③ 거리에 비례한다.
④ 거리에 반비례한다.

정답 ②

조도는 거리의 제곱에 반비례한다. $E=\frac{I}{r^2}$lx

45 다음 과전류 차단기를 설치하여야 할 곳은?

① 다선식 전로의 중성선
② 저압 가공전선로의 접지측 전선
③ 접지공사의 접지도체
④ 송배전선을 보호하는 곳

정답 ④

접지공사의 접지도체, 다선식 전로의 중성선 및 전로의 일부에 접지공사를 한 저압 가공전선로의 접지측 전선에는 과전류차단기를 설치하여서는 안 된다.

46 과전류 차단기로 저압선로에 사용하는 150A 퓨즈는 수평으로 붙일 경우 정격전류의 1.6배 전류를 통한 경우에 몇 분 안에 용단되어야 하는가?

① 60분 ② 120분
③ 180분 ④ 240분

정답 ②

정격전류의 구분	시간
4A 이하	60분
4A 초과 16A 미만	60분
16A 초과 63A 이하	60분
63A 초과 160A 이하	120분
160A 초과 400A 이하	180분
400A 초과	240분

47 스틸브(sb)는 무엇을 나타내는 단위인가?

① 휘도 ② 광속
③ 광도 ④ 조도

정답 ①

휘도의 단위는 스틸브(sb) 또는 니트(nt)이다.

48 설치면적과 설치비용이 많이 들지만 가장 이상적이고 효과적인 진상용 콘덴서의 설치방법은?

① 가장 큰 부하측에만 설치
② 가장 작은 부하측에만 설치
③ 부하측에 분산하여 설치
④ 구전단 모선에 설치

정답 ③

진상용 콘덴서를 부하측에 분산하여 설치하면 선로손실이 저감되고 전체의 역률을 일정하게 유지할 수 있다.

49 고압 가공전선로의 지지물로 목주를 사용하는 경우 경간은 몇 m 이하로 하여야 하는가?

① 100m ② 150m
③ 250m ④ 600m

정답 ②

고압 가공전선로 경간 제한

지지물의 종류	경간
목주, A종 철주 또는 A종 철근 콘크리트주	150m
B종 철주 또는 B종 철근 콘크리트주	250m
철탑	600m

50 저압 가공전선로의 지지물이 철주인 경우 풍압하중의 몇 배에 견디는 강도를 가져야 하는가?

① 1.0배 ② 1.2배
③ 1.5배 ④ 1.6배

정답 ①

저압 가공전선로의 지지물은 목주인 경우에는 풍압하중의 1.2배의 하중, 기타의 경우에는 풍압하중에 견디는 강도를 가지는 것이어야 한다.

51 주위 온도가 일정 상승률 이상이 되는 경우에 작동하는 것으로서 일정한 장소의 열에 의해 작동하는 화재 감지기는?

① 이온화식 연기감지기
② 광전식 연기감지기
③ 차동식 분포형감지기
④ 차동식 포스트형감지기

정답 ④

차동식 포스트형감지기는 주위의 온도를 감지하는 것으로 주위 온도가 올라가면 작동한다.
① 공기 중의 이온화 현상에 의해 발생하는 이온 전류의 변화를 이용한 감지기이다.
② 연소로 인한 연기를 감지하여 화재에 의해 열이 발생하기 전에 사고를 발견하는 감지기이다.
③ 차동식 분포형감지기는 차동식 포스트형감지기보다 넓은 장소에 사용할 수 있는 감지기이다.

52 합성수지관 공사에서 합성수지관의 특성으로 옳은 것은?

① 내열성 ② 기계적 강도
③ 내부식성 ④ 내한성

정답 ③

합성수지관은 절연성이 우수하고 부식하지 않으나 열에 약하고 기계적 강도가 약하다.

53 간선에서 분기하여 분기 과전류차단기를 거쳐서 부하에 이르는 사이의 배선을 무엇이라 하는가?

① 인입선 ② 분기회로
③ 중성선 ④ 간선

정답 ②

분기회로는 시작과 끝이 연결된 닫힌회로에서 전류가 두 개 이상의 길로 나뉘어 흐르다가 회로 끝에 도달하기 전에 다시 합쳐지는 회로를 뜻한다.

54 해안지방의 송전용 나전선에 가장 적합한 것은?

① 철선 ② 알루미늄선
③ 알루미늄합금선 ④ 동선

정답 ④

알루미늄선과 철선은 염해에 약하여 해안지방에는 부적합하다.

55 성냥을 제조하는 공장의 공사방법으로 적당하지 않은 것은?

① 금속몰드공사 ② 금속관공사
③ 케이블공사 ④ 합성수지관공사

정답 ①

셀룰로이드, 성냥, 석유류 기타 타기 쉬운 위험한 물질을 제조하거나 저장하는 곳에 시설하는 저압 옥내배선 등은 합성수지관공사(두께 2mm 미만의 합성수지 전선관 및 난연성이 없는 콤바인 덕트관을 사용하는 것을 제외), 금속관공사 또는 케이블공사에 의한다.

56 **100cd의 광원으로부터 4m의 거리에서 그 방향과 직각인 면과 30° 기울어진 평면위의 조도 lx는?**

① 4.6lx ② 5.4lx
③ 11.5lx ④ 25.1lx

정답 ②

수평면 조도는 다음과 같다.

$$E=\frac{I}{r^2}\cos\theta$$
$$=\frac{100}{4^2}\times\cos30^\circ$$
$$\fallingdotseq 5.44\text{lx}$$

57 **1종 가요전선관을 구부릴 경우 곡률 반지름은 관 안지름의 몇 배 이상으로 하여야 하는가?**

① 8배 ② 6배
③ 4배 ④ 3배

정답 ②

- 1종 가요전선관을 구부릴 경우 곡률 반지름은 관 안지름의 6배 이상으로 할 것
- 2종 가요전선관을 구부릴 경우 노출장소 또는 점검 가능한 장소에서 관을 시설하고 제거하는 것이 자유로운 경우에는 관 안지름의 3배 이상으로 할 것

58 **조명설계 시 고려해야 할 사항이 아닌 것은?**

① 적당한 조도일 것
② 적당한 그림자가 있을 것
③ 휘도 대비가 높을 것
④ 균등한 광속 발산도 분포일 것

정답 ③

휘도는 눈부심 정도를 나타내는 것으로 휘도 대비가 높으면 불편하므로 작게 설계해야 한다.

59 **고압전류에서 지락사고가 발생하였을 때 지락전류를 검출하는데 사용하는 것은?**

① ZCT ② CT
③ MOF ④ PT

정답 ①

영상변류기(ZCT)는 지락전류를 감지하기 위하여 설치하는 것으로 고압 수전설비에 설치되는 지라계전기(GR) 및 저압회로에 설치되는 누전경보기(LGR)와 함께 설치한다.

60 지중선로 시설방식이 아닌 것은?

① 관로식　② 해저식
③ 직접 매설식　④ 암거식

정답 ②

지중선로의 종류에는 암거식, 직접 매설식, 관로식이 있다.

특수한 경우 방식
교량 첨가식, 케이블 전용 교식, 수저(해저)식, 가공식 (ABC)

61 특고압 3조의 저선을 설치할 경우 크로스 완금의 표준길이 mm는?

① 900mm　② 1,400mm
③ 1,800mm　④ 2,400mm

정답 ④

완금의 표준길이

전선의 개수	특고압	고압	저압
2	1,800	1,400	900
3	2,400	1,800	1,400

62 접지저항 측정방법으로 가장 적당한 것은?

① 콜라우시 브리지　② 절연 저항계
③ 전력계　④ 전류계

정답 ①

특수저항의 측정
- 접지저항 : 콜라우시 브리지법
- 검류계의 내부저항 : 휘트스톤 브리지법
- 전해액의 저항 : 콜라우시 브리지법

63 전선의 도체 단면적이 $1.5mm^2$인 전선 6본을 동일 관내에 넣은 경우의 2종 가요전선관의 최소 굵기 mm는?

① 10　② 15
③ 17　④ 24

정답 ④

전선 굵기	전선본수(가닥)					
단선 · 연선 (mm^2)	1	2	3	4	5	6
	전선관의 최소 굵기 (mm)					
1.5	10	15	15	17	24	24
2.5	10	15	15	17	24	24
4.0	10	17	17	24	24	24
6.0	10	17	24	24	24	30

64 **금속관 구부리기에 있어서 관의 굴곡이 3개소가 넘거나 관의 길이가 30m를 초과하는 경우 적용하는 것은?**

① 링 디듀서 ② 로크너트
③ 풀박스 ④ 커플링

정답 ③

풀박스는 배관 공사를 할 때 관이 긴 경우 전선을 쉽게 깔기 위하여 관과 관 사이에 설치하는 상자로 굴곡개소가 많거나 관이 긴 경우 설치한다.

65 **라이팅 덕트 공사에 의한 저압 옥내배선의 시설 기준으로 틀린 것은?**

① 덕트의 끝부분은 막을 것
② 덕트는 조영재를 관통하여 시설할 것
③ 덕트는 조영재에 견고하게 붙일 것
④ 덕트의 개구부는 아래로 향하여 시설할 것

정답 ②

덕트는 조영재를 관통하여 시설하지 아니해야 한다.

66 **절연물 중에서 가교폴리에틸렌(XLPE)과 에틸렌프로필렌고무혼합물(EPR)의 허용온도 ℃는?**

① 90(전선) ② 80(전선)
③ 70(전선) ④ 50(전선)

정답 ①

- 가교폴리에틸렌(XLPE)과 에틸렌프로필렌고무혼합물(EPR) : 90(전선)
- 염화비닐(PVC) : 70(전선)

67 **다음 링 리듀서의 용도로 적당한 것은?**

① 녹아웃 구멍을 막는데 사용
② 로크너트를 고정하는데 사용
③ 녹아웃 직경이 접속하는 금속관보다 큰 경우에 사용
④ 박스 내의 전선접속에 사용

정답 ③

링 리듀서는 전선관용의 한 부속품으로 박스의 녹아웃 지름보다 작은 지름의 전선관을 접속하는 경우 녹아웃 지름을 작게 하기 위해 사용하며, 관 중심의 이동을 방지하기 위해 돌기를 세 군데 둔다.

68 변압기 중성점 접지공사의 저항값을 결정하는 가장 큰 원인은?

① 변압기 1차측에 넣는 퓨즈의 용량
② 고압 가공전선로의 전선 연장
③ 변압기의 용량
④ 변압기 고압 또는 특고압측 전로의 1선 지락전류의 암페어 수

정답 ④

변압기 중성점 접지공사 시 저항값은 일반적으로 변압기의 고압, 특고압측 전로 1선 지락전류로 150을 나눈값과 같은 저항값을 가진다.

69 순고무 30% 이상을 함유한 고무 혼합물로 피복하고 내유, 내산, 내알칼리, 내수성을 갖게 만든 케이블은?

① 플렉시블 시스 케이블
② 캡타이어 케이블
③ 연피 케이블
④ 비닐 시스 케이블

정답 ②

전선을 고무로 절연 피복한 심선을 1개 내지 여러 개를 꼬아서 그 틈새가 남지 않도록 다시 고무를 압출하여 피복함으로써 완전한 안전성을 가지게 한 전선으로서 보일러의 점검이나 수리시에 사용하는 조명용이나 공구용의 이동 전선은 캡타이어 케이블이든가, 아니면 그 이상의 강도 · 절연력이 있는 것을 사용해야만 한다.

70 ACSR은 다음 중 어떤 것을 말하는가?

① 강심 알루미늄 연선
② 알루미늄선
③ 중공 연선
④ 경동 연선

정답 ①

ACSR은 강심 알루미늄 연선으로 철로 강하된 알루미늄 전도체를 말한다.

71 600V 이하의 저압 회로에 사용하는 비닐절연 비닐외장 케이블의 약호는?

① FP ② CV
③ VV ④ EV

정답 ③

비닐절연 비닐외장 케이블(VV : PVC Insulated and PVC Sheathed Flexible Power Cable)은 주로 공장, 광상, 농장 등에서 0.6/1kV 이하의 전압을 사용하는 이동용 전기기기 또는 배선용으로 사용한다.

72 테이프를 감을 때 1.2배 늘려서 감을 필요가 있는 것은?

① 리노 테이프 ② 비닐 테이프
③ 블랙 테이프 ④ 자기 융착 테이프

정답 ④

자기 융착 테이프는 합성수지와 합성고무를 주성분으로 만든 판상의 것을 압연하여 적당한 격리물과 함께 감아서 만든 것으로 약 1.2배 늘려서 감으면 서로 융착되어 벗겨지지 않는다.

73 가요전선관의 상호접속은 무엇을 사용하는가?

① 더블 커넥터 ② 스플릿 커플링
③ 앵글 커넥터 ④ 콤비네이션 커플링

정답 ②

똑같은 가요전선관의 상호접속은 스플릿 커플링을 사용하고, 금속제 가요전선관과 금속배관을 접속할 경우 콤비네이션 커플링을 사용한다.

74 보호 계전기를 동작원리에 따라 구분할 때 분류로 적당하지 않은 것은?

① 정지형 ② 전자기계형
③ 디지털형 ④ 접지형

정답 ④

보호 계전기의 동작원리에 따른 분류에는 전자기계형, 디지털형, 정지형이 있다.

75 수변전설비 구성기기인 계기용변압기에 대한 설명으로 옳은 것은?

① 높은 전압을 낮은 전압으로 변성하는 기기이다.
② 높은 전류를 낮은 전류로 변성하는 기기이다.
③ 부족전압 트립 코일의 전원으로 사용한다.
④ 회로에 병렬로 접속하여 사용하는 기기이다.

정답 ①

계기용변압기는 어떤 전압치를 이와 비례하는 전압치로 변성시키는 변압기를 말한다. 고압 회로의 전압을 저압으로 변성하기 위해 사용한다.

76 저압 구내 가공인입선으로 DV전선 사용 시 전선의 길이가 15m 이하인 경우 사용할 수 있는 최소 굵기는 몇 mm 이상인가?

① 1.5mm ② 1.8mm
③ 2.0mm ④ 2.3mm

정답 ③

저압 인입선의 시설에서 전선이 케이블인 경우 이외에는 인장강도 2.30kN 이상의 것 또는 지름 2.6mm 이상의 인입용 비닐절연전선을 사용해야 한다. 다만, 경간이 15m 이하인 경우는 인장강도 1.25kN 이상의 것 또는 지름 2mm 이상의 인입용 비닐절연전선이어야 한다.

77 **하향광속으로 직접 작업면에 직사하고 상부방향으로 향한 빛이 천장과 상부의 벽을 부분 반사하여 작업면에 조도를 증가시키는 조명방식은?**

① 직접조명 ② 전반확산조명
③ 간접조명 ④ 벽조명

정답 ②

전반확산조명은 기구로 부터 광속이 40%~60%가 직접 작업면에 입사되도록 한 배광의 조명기구를 사용한 조명방식이다.

78 **경질 비닐 전선관 1본의 표준길이 m는?**

① 1m ② 2m
③ 3m ④ 4m

정답 ④

경질 비닐 전선관 1본의 표준길이는 4m이고, 굵기는 관의 안지름 크기에 가까운 짝수 mm로 나타내고, 두께는 2mm 이상이어야 한다.

79 **토지의 상황이나 기타 사유로 인하여 보통지선을 시설할 수 없을 때 전주와 전주간 또는 전주와 지주간에 시설할 수 있는 지선은?**

① 수평지선 ② 궁지선
③ 보통지선 ④ Y지선

정답 ①

수평지선은 가공 선로의 공사 시 지선이나 지주를 설치할 수 없을 때 지선용 전주를 따로 세워 수평으로 잡아당긴 지선이다.

② 장력이 비교적 적고 공사상 부득이한 경우에 사용하는 지선이다.
③ 일반개소에 사용한다.
④ 다수의 완철을 설치한 경우, 장력이 큰 경우 또는 H주에 시설하는 경우에 사용한다.

80 접지저항의 저감대책이 아닌 것은?

① 저감제 사용
② 접지극의 길이를 길게
③ 접지극을 직렬로 연결
④ 심타공법으로 시공

정답 ③

접지저항의 저감대책
- 접지극을 병렬로 연결
- 심타공법으로 시공
- 접지극의 길이를 길게
- 접지봉의 매설깊이를 깊게
- 저감제 사용

81 지지물의 지선에 연선을 사용하는 경우 소선 몇 가닥 이상의 연선을 사용하는가?

① 3 ② 5
③ 7 ④ 10

정답 ①

지선에 연선을 사용할 경우에는 소선 3가닥 이상의 연선을 사용해야 한다.

82 조명기구를 배광에 따라 분류하는 경우 특정한 장소만을 고조도로 하기 위한 조명기구는?

① 간접 조명기구
② 직접 조명기구
③ 반간접 조명기구
④ 광천장 조명기구

정답 ②

직접 조명기구란 기구로부터 광속이 90~100% 직접 작업면에 입사되도록 한 배광의 조명기구이다.

83 22.9kV－y 가공전선의 굵기는 단면적이 몇 mm^2 이상이어야 하는가?(단, 동선의 경우이다.)

① $12mm^2$　② $18mm^2$
③ $20mm^2$　④ $22mm^2$

정답 ④

특고압 가공전선은 케이블인 경우 이외에는 인장강도 8.71kN 이상의 연선 또는 단면적이 $22mm^2$ 이상의 경동연선 또는 동등 이상의 인장강도를 갖는 알루미늄 전선이나 절연전선이어야 한다.

84 전자접촉기 2개를 이용하여 유동전동기 1대를 정 · 역운전하고 있는 시설에서 전자접촉기 2개가 동시에 여자되어 상간 단락되는 것을 방지하기 위하여 구성하는 회로는?

① 인터록회로　② 자기유지회로
③ 순차제어회로　④ Y－△기동회로

정답 ①

인터록회로는 회로에 A, B의 입력이 있으면 A를 누르게 되면 B가 동작하지 않고, B를 누르면 A가 동작하지 않는 회로로 선입력 우선회로이다.

② 푸시버튼 등의 순간동작으로 만들어진 입력신호가 계전기에 가해지면 입력신호가 제거되어도 계전기의 동작을 계속적으로 지켜주는 회로이다.
③ 선행작업이 된 후 다음 동작을 할 수 있는 회로이다.
④ 3상 유도전동기의 기동법으로 Y결선으로 기동하고 수초 후에 △결선으로 운전하는 회로이다.

85 물탱크 물의 양에 따라 동작하는 자동스위치는?

① 타임스위치　② 압력스위치
③ 3로 스위치　④ 부동스위치

정답 ④

부동스위치는 부유물이 미리 정해 놓은 수위에 도달하였을 때에 접촉에 의해서 작동되는 스위치이다.

① 각종 전기기구에 부착되어 자동적으로 개폐되는 스위치이다.
② 체 또는 기압의 압력이 설정치 이상 또는 이하에 달하면 전기접점을 개폐하는 스위치이다.
③ 3개의 단자를 가진 전환용 스냅 스위치이다.

86 연선 결정에 있어서 중심 소선을 뺀 층수가 3층일 때 전체 소선수는?

① 17 ② 27
③ 37 ④ 51

정답 ③

전체 소선수는
$N = 3n(n+1)+1$
$= 3 \times 3 \times (3+1)+1$
$= 37$

87 전선의 접속법에서 두 개 이상의 전선을 병렬로 사용하는 경우의 시설기준으로 틀린 것은?

① 같은 극의 각 전선은 동일한 터미널러그에 완전히 접속할 것
② 병렬로 사용하는 전선은 각각에 퓨즈를 설치할 것
③ 각 전선의 굵기는 동선 $50mm^2$ 이상으로 할 것
④ 같은 극인 각 전선의 터미널러그는 동일한 도체에 2개 이상의 리벳으로 접속할 것

정답 ②

병렬로 사용하는 전선에는 각각의 퓨즈를 설치하지 말아야 한다.

88 다음 중 배선기구가 아닌 것은?

① 배전반 ② 접속기
③ 개폐기 ④ 배선용차단기

정답 ①

배전반은 각 수용소에 설치되어 배전 계통을 지배하고 전기의 배분과 개폐, 안전, 계량 등을 행하기 위해서 개폐기, 차단기, 계기 등을 장치한 판을 말한다. 배선기구는 옥내 배선에서 전기 기구와 접속하거나 전기 공급을 차단하는데 필요한 기구로 스위치, 콘센트, 접속기 등이 배선용 기구이다.

89 전압계, 전류계 등의 소손 방지용으로 계기 내에서 장치하고 봉입하는 퓨즈는?

① 온도퓨즈 ② 통형퓨즈
③ 판형퓨즈 ④ 텅스텐퓨즈

정답 ④

텅스텐퓨즈는 텅스텐의 가는 선을 필요한 치수로 정밀하게 만들어 소형의 유리관에 봉해 넣고, 그 양단에 도선을 붙인 것으로 전자 기기와 같은 소전류이고 정밀한 제한을 요하는 곳에 사용한다.

① 주변 온도가 위험한 값에 도달하면, 녹아서 전류를 차단하는 퓨즈이다.
② 부하 및 전선로의 보호를 목적으로 한 가장 단순한 차단기이다.
③ 통 및 가용체로 만든 퓨즈이다.

90 변압기 고압측 전로의 1선 지락 전류값이 10A일 때 변압기 중성점 접지공사의 접지 저항값은 몇 Ω 이하이어야 하는가?

① 10Ω ② 15Ω
③ 30Ω ④ 50Ω

정답 ②

변압기 중성점 접지공사의 접지 저항값은

$R_2 = \frac{150V}{1\text{선지락전류}}$이다. 따라서

$R_2 = \frac{150}{10} = 15\Omega$이다.

91 다음 알칼리 축전지의 전해액은?

① 물 ② 염산
③ 수산화칼륨 ④ 황산

정답 ③

축전지의 전해액

- 납축전지 : 황산
- 알칼리 축전지 : 수산화칼륨

92 철판에 전선관이 들어갈 구멍을 뚫는데 적당한 공구는?

① 홀소 ② 도래 송곳
③ 반달 송곳 ④ 파이프 커터

정답 ①

홀소는 철판에 구멍을 뚫는 공구이다.

② 자루가 길고 끝이 반달 모양으로 생긴 송곳으로 목재에 구멍을 뚫는 공구이다.
③ 둥근 열쇠구멍, 나사구멍을 뚫을 때 사용한다.
④ 관을 절단할 때 사용하는 공구로 관을 3매의 롤러 날로 물고 파이프 커터를 회전하면서, 손잡이로 관을 단단히 죄어 절단한다.

93 전선접속 시 S형 슬리브 사용에 대한 설명으로 틀린 것은?

① 열린 쪽 홈의 측면을 고르게 눌러서 밀착시킨다.
② 단선은 사용 가능하지만 연선접속 시에는 사용하지 않는다.
③ 전선의 끝은 슬리브의 끝에서 조금 나오는 것이 바람직하다.
④ 슬리브는 전선의 굵기에 적합한 것을 선정한다.

정답 ②

S형 슬리브는 단선, 연선 모두 사용할 수 있다.

94 변압기의 보호 및 개폐를 위해 사용되는 특고압 컷아웃 스위치는 변압기 용량의 몇 kVA 이하에 사용되는가?

① 100kVA ② 150kVA
③ 200kVA ④ 300kVA

정답 ④

컷아웃 스위치는 주로 주상변압기 및 몰드변압기 등 주요 기기 1차 측에 부착하여 단락 등에 의한 고장으로부터 기기를 보호 및 개폐에 사용되는 스위치로 우수한 성능을 갖고 있다. 소규모 수전설비에서 300kVA 이하의 주회로 보호용으로 사용할 수 있다.

95 최대 사용전압이 15kV인 다중접지식 전로의 절연내력 시험전압은 몇 V인가?

① 11,200V ② 12,300V
③ 13,800V ④ 15,600V

정답 ③

최대 사용전압 7kV 초과 25kV 이하인 전로의 경우, 시험전압은 최대 사용전압의 0.92배의 전압이다. 즉, 15kV인 다중접지식 시험전압은 0.92배이므로 절연내력 시험전압은 $15{,}000 \times 0.92 = 13{,}800$V이다.

96 과전류차단기로 저압전로에 사용되는 30A 퓨즈는 수평으로 붙일 경우 정격전류의 1.9배의 전류를 통한 경우에 몇 분 안에 용단되어야 하는가?

① 60분 ② 120분
③ 180분 ④ 240분

정답 ①

정격전류가 16A 초과 63A 이하인 경우 60분 안에 용단되어야 한다.

97 동전선의 종단접속 방법이 아닌 것은?

① 꽂음형 커넥터에 의한 접속
② C형 전선접속기에 의한 접속
③ 가는 단선의 종단접속
④ 종단겹침용 슬리브에 의한 접속

정답 ②

종단접속 방법

- 꽂음형 커넥터에 의한 접속
- 가는 단선의 종단접속
- 직선겹침용 슬리브에 의한 접속
- 종단겹침용 슬리브에 의한 접속
- 비틀어 꽂는 형의 전선접속기에 의한 접속

98 영사실의 저압 옥내배선, 전구선 또는 이동전선의 사용전압은 최대 몇 V 이하인가?

① 120V ② 200V
③ 300V ④ 400V

정답 ④

무대, 무대 밑, 오케스트라 박스, 영사실, 기타 사람이나 무대 도구가 접촉할 우려가 있는 장소에 시설하는 저압옥내배선, 전구선 또는 이동전선은 사용 전압이 400V 이하이어야 한다.

99 노브 애자를 사용한 옥내배선에서 전선의 굵기가 원칙적으로 얼마 이상이면 십자 바인드법으로 묶는가?

① $6mm^2$ ② $10mm^2$
③ $16mm^2$ ④ $22mm^2$

정답 ③

- 십자 바인드로 묶는 전선의 굵기 : $16mm^2$
- 일자 바인드로 묶는 전선의 굵기 : $10mm^2$

100 유희용 전차에 전기를 공급하는 전로의 경우 사용전압은 직류인 경우 최대 몇 V인가?

① 40V 이하 ② 60V 이하
③ 100V 이하 ④ 200V 이하

정답 ②

유희용 전차에 공급하는 전원장치의 2차측 단자의 최대 사용전압은 직류의 경우 60V 이하, 교류의 경우 40V 이하여야 한다.